AF231810

ETUDE

LES OURAGANS

DE

L'HÉMISPHÈRE AUSTRAL.

Manœuvres à faire pour s'en éloigner et se soustraire aux avaries
qu'ils peuvent occasionner.

PAR

H. BRIDET

LIEUTENANT DE VAISSEAU, CAPITAINE DE PORT A L'ILE DE LA RÉUNION.

SAINT-DENIS (ILE DE LA RÉUNION.)

IMPRIMERIE J. RAMBOSSON, RUE SAINT-JOSEPH.

1861

ÉTUDE

sur

LES OURAGANS

de

L'HÉMISPHÈRE AUSTRAL

Renseignements à l'île pour s'en préserver et se soustraire
aux pertes et désastres occasionnés.

par

M. BRIDET

Enseigne de vaisseau, chargé du service hydrographique du port de la Réunion.

SAINT-DENIS (ILE DE LA RÉUNION)

Imprimerie Lahuppe, rue Impériale.

PRÉFACE

Des mémoires en assez grand nombre, plusieurs livres ont été publiés depuis longtemps sur cette matière et cependant combien d'incrédules encore parmi les marins? Comment la conviction n'est-elle pas venue à ceux surtout qui sont appelés à en retirer un bénéfice si immédiat et dont l'existence est chaque jour menacée par la rencontre de ces effrayants météores? Peut-être la raison de cette anomalie est-elle toute entière dans ce fait que les auteurs qui, les premiers, se sont occupés de cette partie de la science nautique n'étaient pas marins : C'étaient le colonel Reid, M. Redfield, le docteur Thom, M. Piddington, M. Keller ingénieur hydrographe, M. Bousquet, etc. etc., des savants ou des observateurs patients.

Quelle autorité pouvaient-ils avoir aux yeux de marins ayant passé toute leur vie à observer le temps et à acquérir une expérience qui ne pouvait céder facilement à une science nouvelle paraissant renverser toutes les notions qu'ils avaient péniblement amassées dans leur laborieuse carrière et qui provenaient autant de faits gravés dans la mémoire, que d'une tradition transmise d'âge en âge et de principes admis comme articles de foi?

On a dit bien souvent que rien n'était concluant comme un fait, c'est surtout pour les marins que cette assertion est exacte; leur vie se passe entre le ciel et la mer et toute leur préoccupation se dirige sur les indices qu'ils peuvent tirer de l'un et de l'autre, de là une science pratique basée sur des faits qui parlent pour eux bien plus haut que n'importe quelle théorie; le seul mot de théorie devait être aux yeux de la pratique la condamnation des travaux de ces auteurs et c'est malheureusement ce qui est arrivé.

Une autre considération devait encore arrêter l'adoption de cette théorie nautique : En voyant des figures géométriques, des paraboles, les marins se sont imaginés qu'il était question de mathématiques transcendantes, ils ont cru que l'étude qu'on leur recommandait s'était entourée de difficultés peut-être insurmontables, et le mot *science* accolé à celui de *théorie* a suffi pour empêcher d'ouvrir les livres qui auraient pu porter la conviction chez le plus grand nombre. Non seulement les marins sont donc restés indifférents, mais parmi eux, qui devaient, seuls, retirer les bénéfices des travaux publiés, il s'est rencontré des détracteurs qui ont combattu systématiquement la découverte nouvelle sans la connaître et sans avoir daigné chercher à savoir ce qu'on pouvait en attendre.

Telles sont les causes du peu de progrès faits chez les marins par cette science et ce sont les motifs qui m'ont engagé à venir, à mon tour, leur présenter un nouveau travail.

Il m'a semblé que si l'on pouvait leur offrir la preuve évidente de tout ce qui leur paraît si étrange et si peu conforme à leur expérience, en leur montrant que ce n'est pas le résultat d'études ou de calculs compliqués mais bien le fruit de conclusions tirées de faits recueillis dans des milliers de journaux de bord, on parviendrait à détruire bien des préjugés, bien des préventions!

Ces faits, comparés entr'eux, ont permis d'arriver à un ensemble que ne produisaient pas les observations isolées de chacun, et c'est ainsi qu'on a pu en tirer des conclusions pratiques d'une simplicité qui étonne et ne laisse pas l'ombre d'un doute à ceux qui veulent se donner la peine de lire attentivement.

Animé d'une conviction profonde, je n'ai pas hésité à leur soumettre le résultat de mes observations, et surtout des renseignements que j'ai puisés dans les journaux des navigateurs.

La source à laquelle je me suis adressé ne peut donc leur paraître suspecte ; c'est à eux mêmes qu'ils devront en grande partie tout ce que j'aurai à dire à ce sujet. Je ne fais que leur rendre ce que je leur ai emprunté, et j'espère que ma position de marin me donnera auprès de mes collègues l'autorité nécessaire pour me faire écouter. Qu'ils ne redoutent donc pas un instant d'attention, d'ennui peut-être, ils en trouveront la récompense dans les admirables conséquences qui surgiront naturellement de cette étude, et qui rachèteront bien l'aridité de quelques passages!

Je m'adresse à tous avec confiance, convaincu que j'aurai été assez clair pour effacer les quelques doutes qui pourraient rester aux marins déja familiarisés avec ces idées nouvelles, et plein d'espoir que la vérité sera reconnue aussi par les incrédules que la curiosité aurait poussés à feuilleter ces pages.

Saint-Denis, 15 novembre 1860.

PREMIERE PARTIE.

PARTIE PRATIQUE.

CHAPITRE Ier.

Relation de quelques ouragans. — Preuve du mouvement de rotation des ouragans. — Preuve du mouvement de translation. — Loi générale de la nature et du mouvement des ouragans.

I.

Relation de quelques ouragans.

Dans cette première partie je tacherai d'établir tout ce qui sera présenté par des faits recueillis dans les journaux de bord ; rien de scientifique , rien d'abstrait ne viendra en rendre l'étude difficile, mon but est de vulgariser, chez les marins, des idées qui doivent leur être extrêmement utiles et qui ne sortent en aucune manière des connaissances les plus simples exigées des hommes de mer.

J'entre de suite en matière et je citerai quelques exemples d'ouragans qui se sont fait sentir dans le voisinage des îles Maurice et de la Réunion.

Depuis deux jours l'état de la mer et les apparences du ciel à Saint-Denis (Réunion) indiquaient l'approche d'un ouragan, lorsque le 24 janvier 1852 un coup de vent de S. S. O. à S. O. se déclara de 6 heures du soir à minuit; ce coup de vent n'occasionna pas beaucoup de dégâts à la Réunion et fut regardé comme la queue d'un ouragan passant au large.

A peu près aux mêmes heures le *Rodolphe*, capitaine Gallerand, confirmait cette supposition : Par 22° 50' latitude Sud et 56° longitude Est , il éprouvait des vents de N.E. au N.N.E. soufflant en tourmente; c'était pour lui un véritable ouragan dans lequel il perdit ses voiles ses embarcations et cassa son gouvernail ; quelques jours après , il atteignait Maurice en avaries.

Plus loin le *Lutin*, capitaine Guillebaud, par 23°45' latitude Sud et 7° 10' longitude éprouvait les mêmes vents du N.E. au N.N.E. très vio-

Bourrasque du 24 janvier 1852 à la Réunion.

Ouragan du 24 janvier 1852, *Rodolphe*, lat. 22°50' S. long. 56° Est.

Ouragan du 24 janvier 1852, *Lutin*, lat : 23° 45' long. 57°10' E.

lents, la mer très grosse lui emportait aussi le gouvernail et cassait le gui ce qui faisait rentrer également ce navire à Maurice pour se réparer.

L'île Maurice, pendant ce temps, éprouvait des vents assez violents du O. N. O. ainsi que le *Palémon*, capitaine Dumon, qui se trouvait par 19° 30' latitude Sud et 55°20' longitude Est ; mais, pour ce navire comme pour la Réunion et Maurice, ce n'était qu'un coup de vent et non pas l'ouragan qui avait assailli le *Rodolphe* et le *Lutin* si sérieusement.

Bourrasque du 24 janvier 1852 ; Ile Maurice, Palémon, lat. 19° 30' Sud, long. 55° 20' Est.

Il en était de même pour la *Sémillante*, capitaine Mayer, qui, par 19° 30' latitude et 56° 40' longitude ressentait des vents de N.O. allant en mollissant après avoir soufflé en tempête au S.O. et à l'O. Les avaries de ce navire étaient insignifiantes : petit perroquet enlevé de dessus sa vergue, fausse sous-barbe cassée ainsi que la balancine de misaine ; peu de chose en un mot.

Bourrasque du 24 janvier 1852 ; Sémillante, lat. 19° 30' long. 56° 40'.

Pour se rendre plus facilement compte de ce qui vient d'être rapporté plaçons sur une carte des deux îles la position des quatre navires et indiquons par des flèches la direction des vents ayant soufflé tant à terre, qu'à bord. (Fig. 1.)

On est d'abord étonné à la première vue de ce vent soufflant, presqu'au même instant, dans des directions diverses et même opposées, et l'on est tout naturellement conduit à rechercher la cause d'un fait aussi singulier : Comment des vents si différents peuvent-ils souffler en tempête en même temps sur ces différents points, et ne peut-on pas supposer qu'ils appartiennent tous à un même phénomène dont il serait possible de déterminer et la forme et la cause?

Si les réflexions qui naissent de ces faits donnent l'idée de faire passer une circonférence par Saint-Denis, Port-Louis et la position du *Rodolphe*, si avec le centre de cette circonférence on en décrit d'autres passant par le *Palémon*, le *Lutin* et la *Sémillante* et qu'on mène ensuite des rayons à chacun des points dont il s'agit, la figure qui en résulte va conduire à des conclusions bien dignes d'être recueillies et notées avec le plus grand soin: La remarque qui se présente la première à l'idée c'est que les différentes directions du vent sont toutes des tangentes aux circonférences décrites, de sorte que *Maurice* et le *Palémon* qui sont sur le même rayon ont éprouvé le vent d'Ouest à O. N. O. tandis que le *Rodolphe* et le *Lutin* placés sur un autre rayon ressentaient des vents de N. E. à N. N. E. presque au même moment.

Enfin *La Réunion* placée à peu près sur le même diamètre que le *Rodolphe* et le *Lutin* a éprouvé des vents de S. S. O. au S. O. c'est-à-dire directement opposés à ceux ressentis par ces deux navires.

Une deuxième remarque à faire, et elle n'est pas la moins importante, c'est la violence plus ou moins grande des vents qui ont soufflé sur ces différents points; ainsi tandis que *La Réunion, Maurice* le *Palémon* et la *Sémillante*, avec des vents dépendant de la partie de l'Ouest, n'éprouvaient qu'une bourrasque sans importance, le *Rodolphe* et le *Lutin* souffraient d'un ouragan véritable et désastreux de la partie de l'Est.

L'analyse d'un second ouragan étudié de plus près va nous conduire à d'autres conclusions non moins dignes d'attention et qui éclairciront encore la question qui nous occupe.

II.

Preuve du mouvement de rotation des ouragans de l'hémisphère Sud.

Mes fonctions de capitaine de Port à la Réunion m'ont permis de consulter les journaux de 42 navires appareillés des diverses rades de la Colonie ou se trouvant à la mer dans le voisinage, et tous ayant plus ou moins ressenti l'ouragan de février 1860 ; j'en ai extrait des renseignements qui m'ont mis à même de constater la position occupée par ces navires, le 26 février à midi, ainsi que les vents qu'ils ressentaient à cette date et à la même heure.

Ce sont ces renseignenments que je vais consigner ici :

L'*Eugène et Amélie*, appareillé de Sainte-Suzanne le 23 Février 1860, avait gardé la cape tribord amures depuis qu'il était sous voiles, et se trouvait le 26 à midi par 19°20' latitude et 50°35' longitude, éprouvant un ouragan du S. E. qui soufflait depuis la veille avec une fureur inouïe, le baromètre avait, à cette heure, baissé à 720 et le navire était dans l'état le plus déplorable : Voiles enlevées par le vent, embarcations emportées par la mer, pavois et sabords brisés, enfin une voie d'eau considérable qui devait amener plus tard l'abandon de ce malheureux bâtiment pour le compte des assureurs.

(en marge : Ouragan de février 1866 Eugène-et-Amélie 19° 20' de lat., et 50°35' long. Est)

Ce même jour 26 février et à la même heure de midi, le *Travancore* était par 19°28' latitude et 50°29' longitude, à quelques lieues à peine de l'*Eugène et Amélie*, souffrant également d'un ouragan du S. E qui avait eu pour lui les plus tristes résultats, le baromètre à ce moment marquait 725.

(en marge : Ouragan de février 1860 Travancore, lat. 19° 28' Sud, long. 50°29' E.)

Appareillé de Saint-Denis le 25 il avait, lui aussi, gardé tribord amures jusqu'au 26 et il avait vu ses voiles et manœuvres réduites en étoupe, ses embarcations emportées par la mer et une voie d'eau considérable se déclarer, entraînant plus tard sa condamnation à Maurice.

Pendant ce temps la *Victorine*, appareillée de Saint-Pierre le 21, avait fui dès que les apparences et la force du vent lui avaient indiqué le voisinage d'un ouragan ; ce bâtiment marquait le point à midi du 26 par 18°40' latitude et 51°28' longitude et notait le baromètre à 730 ; une vingtaine de lieues seulement sépare ce navire de l'*Eugène et Amélie*, et cependant les vents soufflaient pour lui du N. O. très violents n'occasionnant néanmoins que des avaries insignifiantes.

(en marge : Ouragan de février 1860 Victorine, lat. 18°40' Sud, long. 51°28' Est.)

Par 19°32' lat. et 50°40' longitude était au même instant l'*Héloïse* qui, appareillé de Saint-Denis le 25, avait poursuivi tribord amures jusqu'à ce moment ; ce navire a déjà bien souffert : la misaine a été mangée par le vent, ainsi qu'il est dit au journal de bord, et un coup de mer effroyable de l'arrière à écrasé le canot de tribord dont on parvient à grand peine à jeter les débris à la mer ; le baromètre à 729 continue à baisser, les rafales sont de plus en plus violentes et rien n'indique la cessation d'un ouragan qui ébranle le navire dans toutes ses parties ; la cape n'est plus possible, on se décide donc à fuir au N.O. et le petit foc, qui a fait réussir cette manœuvre, ne tarde pas à être mis en lambeaux.

(en marge : Ouragan de février 1860, Héloïse lat. 19°32' S., long. 50°40' E.)

Par 21° lat. et 49°50' de long. nous trouvons, à midi le 26, le *Pacifique* qui souffre d'une mer énorme et de rafales assez intenses d'E. S. E. Le bar. est à 745 et baissera encore plus tard, le *Pacifique* cependant ne fait pas d'avaries ainsi que nous aurons occasion de le dire plus loin.

(en marge : Ouragan de février 1860 Pacifique, lat. 21° Sud, long. 49°50 Est)

Ouragan de février 1860 *D'Après* lat. 19°18' . Sud long. 51°0' Est.

Le 26 février à midi, le *D'après*, par 19°18' latitude et 51°0' longitude, baromètre 712, était soumis à des vents d'Est d'une telle violence que ce bâtiment, se couchant sur bâbord de plus en plus, la perte du grand mât et du mât d'artimon fut impérieusement exigée pour le salut de tous; le *D'après*, qui avait gardé le cape tribord amures jusqu'à ce moment, se vit dans l'obligation de fuir et commença cette course à l'Ouest et au S.O. qui devait entraîner son naufrage à Madagascar deux jours après; mais, à ce moment du 26, déjà les embarcations étaient perdues, un coup de mer affreux avait jeté le maître le long des haubans d'artimon où il était resté sans connaissance par suite de la rupture de plusieurs côtes; le timonier avait eu la jambe tellement contusionnée qu'il était également couché sur le pont tenant un des rayons de la roue du gouvernail qui s'était brisé entre ses mains, le vent qui avait commencé au S.E. s'étant fixé à l'Est, les coups de mer couvraient le navire de l'arrière à l'avant, la seule ressource semblait donc être dans la fuite, et c'est ce qui fut fait après des peines inouïes pour se débarasser des tronçons de mâts qui frappaient le navire.

Ouragan du 26 février 1860. *Messager de Nossi-Bé*, 19°42' lat. Sud 1°0' long. Est.

Le *Messager de Nossi-Bé* par 19°42' latitude et 51°0' longitude, ressentait le 26 à midi, des vents en ouragan de l'Est, son baromètre marquait 722.

Parti de Saint-Denis le 25, il avait couru tribord amures jusqu'au point où il se trouvait, et n'avait dû son salut qu'au sacrifice de son grand mât, terrible nécessité commandée par la position du navire, qui s'était couché par deux fois menaçant d'une mort certaine les malheureux qui le montaient.

Ouragan du 26 février 1860, *Washington* lat. 20°12' Sud, long. 51°0' Est.

Plus au Sud par 20°12' latitude et par la même longitude de 51°0', le *Washington*, avec son baromètre à 735, éprouvait un ouragan qui, du S.E. d'abord au départ de Sainte-Rose, soufflait à ce moment de l'Est comme pour le *Messager de Nossi-Bé* avec moins de violence cependant; ses avaries se bornaient à quelques voiles perdues ainsi que deux ou trois feuilles de cuivre.

Ouragan du 26 févr'er 1860, *Ville de Saint-Denis*, lat. 21°34' E. long. 51°0' Est.

Toujours plus Sud, par 21°34' latitude et par la même longitude encore de 51°0', se trouvait le navire la *Ville de Saint-Denis* ressentant les mêmes vents d'Est mais beaucoup moins violents.

Appareillé de Saint-Pierre le 25, ce bâtiment avait couru bâbord amures, et jusqu'au 26 à midi il n'avait éprouvé qu'une forte bourrasque qui, commençant au S. E. était maintenant fixée à l'Est. Le baromètre n'indiquait alors que 749, le vent n'augmenta pas sensiblement et les avaries furent pour ainsi dire nulles.

Ouragan du 26 février 1860. *Veaune*, lat. 19°2' Sud, long. 51° 0' Est.

Remontant au Nord par la même longitude de 51°0' et latitude de 19°2' on rencontre le *Veaune* plongé dans un calme profond qui dure de midi à 3 heures, sans que cependant son baromètre à 715 marque la moindre tendance à se relever.

Appareillé de Saint-Denis le 25, il avait conservé tribord amures jusqu'à 8 heures du matin le 26 et fui au N.O. de 8 heures à midi, l'ouragan n'avait pas varié du S.E. et une mer affreuse, frappant à coups redoublés sur ce pauvre bâtiment, l'avait mis dans un danger si imminent que le mât d'artimon avait dû être sacrifié pour le salut commun.

Le calme subit que ressentait le navire à ce moment durait jusqu'à trois heures de l'après midi et était remplacé par des rafales terribles du N.O. qui soufflaient pendant près de 24 heures,

Par la même longitude de 54°0' nous trouvons le navire l'*Angèle*, latitude 17°33' son baromètre marquant le 26 à midi 747.

Ouragan du 26 février 1860 Angèle, lat. 17° 33' S. long. 51°0' Est.

Les vents indiqués sur le journal sont directement opposés à ceux perçus par les trois navires restant au Sud de la position du *Veaune*, ce sont de fortes rafales de l'Ouest mais sans importance comme résultat : l'*Angèle* qui avait appareillé de Saint-Leu le 22, s'était décidé à fuir dès qu'on avait pu juger sainement de la situation par rapport à l'ouragan, et le 29 ce bâtiment passait sur rade de Saint-Denis sans avaries.

Un peu plus Ouest, par 50°30' longitude et 13°10' latitude, c'est-à-dire à 360 milles de la position du *Veaune*, nous constatons que l'*Estafette*, capitaine Léger, éprouve les vents en petites rafales variant d'O.S.O. à Ouest, et forçant cette goëlette de l'Etat à mettre à la cape parce que le vent est tout à fait contraire à sa destination.

Ouragan du 26 février 1860. Estafette, lat. 13°10' Sud long. 50° 30' Est.

La mer est grosse, le baromètre n'est descendu qu'à 754 et la voilure indique que la brise n'est pas très violente : grand voile et misaine goëlette avec trois ris et les trois focs ; c'est à peine une bourrasque pour ce navire, qui, appareillé de Maurice le 19 février, a eu le temps d'échapper à l'ouragan si fatal aux autres bâtiments.

Par une longitude un peu plus Est, 54°20' et latitude 19°30', la *Léonie* ressent à midi du 26 février des vents de N. E. 1/4 E. soufflant avec furie, le baromètre marque 730 et ce navire qui, après avoir gardé tribord amures, a fui un peu plus tard, ne doit son salut qu'à son extrême solidité et à ses admirables qualités nautiques ; ses voiles sont emportées en lambeaux, ses pavois défoncés et ses embarcations perdues indiquent assez la violence de l'ouragan auquel il a été soumis.

Ouragan du 26 février 1860. Léonie, lat. 19° 30' Sud, long. 51°20' Est.

A peu près par la même longitude 54°18', et latitude 19°16', le *Saint-Vincent de Paul* voit le 26 à midi son baromètre marquer 715, l'ouragan, d'abord du S. E. a tourné à l'Est, puis au N.E. où il tourmente en ce moment ; les voiles et les embarcations ont été emportées, le mât d'artimon a été sacrifié, plus tard le grand mât sera coupé, car déjà ce navire est entraîné dans cette fuite désespérée au S.O. qui doit le conduire fatalement à la côte de Madagascar, où il naufrage en effet le 28 à 2 heures de l'après midi.

Ouragan du 26 février 1860, Saint-Vincent-de-Paul, lat. 19°16' Sud long. 51°18' Est.

Le 26 février à midi, la direction du Port enregistrait à Saint-Denis le baromètre à 749.5. Les vents, d'abord du S.E. à rafales, soufflaient en ce moment de l'E.N.E. au N.E. toutes les craintes qu'avait inspirées l'aspect du temps était évanouies, l'ouragan passait au large et ne laissait de traces de son passage que les quelques désastres résultant de la mer qui avait démonté presque tous les ponts des établissements de marine de la partie du vent. C'était, pour nous, une forte bourrasque sans influence sur les plantations mais ayant causé un ras-de-marée des plus violents.

Ouragan du 26 février 1860, St-Denis (Réunion.)

Dans une direction diamétralement opposée à celle de Saint-Denis par 18°30', de latitude et 50°20', longitude, la corvette à vapeur la *Somme* commandée par M. Ansart, lieutenant de vaisseau est sous l'influence des vents de S.O. très violents, le baromètre est à 740.3, la mer très grosse et le navire, en cape tribord amures, fatigue beaucoup par les coups de tangage qui résultent des chocs répétés de lames énormes.

Ouragan du 26 février 1860 Somme lat. 18° 30' Sud long. 50°20' Est.

A 360 milles environ du point où l'ouragan semait la mort et les débris à bord des navires les plus éprouvés, par 22°5' latitude et 56°38' longitude, le *Catinat*, corvette à vapeur, ressentait le 26 à midi, quelques rafales de N. E. au N. E. 1/4 N. ; l'aspect du temps était menaçant

Ouragan du 24 février 1860. Catinat, lat. 22°5' Sud long. 56° 38' Est.

et très chargé dans le N. O. Le baromètre marquait 755 ; le Commandant s'arrêtait prudemment et ne reprenait sa route vers la Réunion que le lendemain 27 février.

Ouragan du 26 février 1860, l'*Eléonore* lat. 20° 00' Sud, long. 53°30' Est.

A peu près à même distance de la Réunion et de Maurice par 20° 00' lat. Sud et 53° 30' long. Est, se trouve l'*Eléonore* souffrant des vents assez violents du N.N.E., le baromètre marque 747 :

Appareillé de Tamatave le 22 février, ce bâtiment chargé de bœufs a fait route avec les vents variant du S.O. à O., N.O., N. et enfin N.N.E. où ils sont fixés le 26 à midi, l'*Eléonore* a beaucoup souffert par de violents roulis qui ont causé la perte de 200 bœufs sur 260 et qui ont fait craquer le grand mât qu'il faudra plus tard changer à Port-Louis.

A midi également le 26 février, Port-Louis (île Maurice) voyait son baromètre à 753, les vents variant de N. 1/4 N.E. à N.N.E. par rafales. Cette colonie n'avait éprouvé comme l'Ile voisine, qu'une bourrasque accompagnée d'un fort raz de marée ; les pertes étaient insignifiantes.

Ouragan du 26 février 1860, *Colbert*, lat. 19° 2' Sud long. 51° 50' Est.

Toujours à midi le 26 février par 19° 2' lat. et 51°50' long., le *Colbert* éprouvait des vents du Nord en tourmente et son baromètre marquait 734.

Appareillé de Sainte-Marie le 23, ce bâtiment avait conservé les amures à tribord jusqu'à ce moment.

Depuis le 25, il souffrait d'un ouragan furieux qui, ayant commencé au S.E., avait successivement tourné au S., S.O., O., N.O. et s'était fixé en ce moment au Nord.

La violence inouïe du vent avait emporté toutes les voiles par lambeaux, la mer monstrueuse, couvrant le navire de bout en bout, avait écrasé la chaloupe sur le pont, et le *Colbert* n'atteignait Saint-Denis qu'avec une voie d'eau des plus sérieuses, qui l'a fait vendre à Port-Louis pour compte des assureurs.

Ouragan du 26 février 1860, *Adolphe Lecour* lat. 19 2' Sud, long. 52 13' Est.

Notons maintenant ce qui avait lieu à bord de l'*Adolphe-Lecour* le 26 février à midi par latitude 19° 2' et longitude 52° 13' :

Le baromètre est remonté à 736 après avoir atteint 718 ; le vent souffle du Nord avec rage et le navire a souffert considérablement ; appareillé du Bois-Rouge le 23 au soir, l'*Adolphe-Lecour* a couru jusqu'à ce moment tribord amures, à 1 heure du matin le 26 le baromètre était à 718 ; les vents ayant varié du S.E. au S.S.O. ; N.O. et N. où ils soufflaient à midi par rafales très violentes ; puis le temps s'embellit et ce trois mâts rentre au Bois-Rouge avec des avaries qui l'obligent à débarquer une partie de sa cargaison.

Ouragan du 26 février 1860, *Alfred* (de la Réunion), lat. 19 2' Sud, long. 50 10' Est.

Je puiserai enfin un dernier extrait dans le journal de l'*Alfred*, trois mâts de la colonie, qui se trouvait le 26 à midi par 19° 2' latitude et 50° 10' longitude : le baromètre indique 736 et l'ouragan qui a soufflé d'abord du S.E. a tourné alors au Sud pour ce navire qui, continuant à fuir ainsi qu'il l'avait fait au début, ne souffre pas beaucoup et rentre à Saint-Denis trois jours après son départ sans avaries.

Quant aux résultats généraux de l'ouragan, ils sont déplorables : cinquante-cinq hommes ont péri, engloutis par la mer ou emportés par les maladies contractées après les souffrances d'un naufrage à Madagascar.

Trois navires ont disparu ; *Albert le Grand*, *Bryerön* et *Courrier des Antilles*.

Trois autres se sont brisés à la côte de Madagascar : *Saint-Vincent de Paul*, *D'Après et Meunier* dont les chargements ont été entièrement perdus ; quatre navires ont été condamnés à St-Denis ayant fait des avaries considérables dans la coque et leur chargement : *Eugène et Amélie*, *Ar-*

tilleur, *Veaune et Infatigable*; deux ont également été condamnés à Maurice pour compte des assureurs : *Travancore et Colbert* après avoir avarié aussi la plus grande partie de leur chargement; enfin sur les quarante et un navires dont j'ai pu consulter les journaux, dix seulement n'ont eu que de légères avaries; les trente et un autres, soit par leur perte, soit par leurs réparations ont fait supporter aux assureurs un dommage de plus de trois millions de francs.

Nous voici donc en présence d'un ouragan bien caractérisé, et des plus désastreux, voyons à en tirer les conséquences qui doivent nécessairement en découler :

Je reprendrai la carte des deux îles et je placerai suivant leur latitude et leur longitude les vingt navires dans les journaux desquels j'ai copié textuellement les renseignements qui précèdent, en indiquant, par des flèches, la direction des vents qu'ils ressentaient, les uns et les autres, le même jour et à la même heure, 26 février 1860 à midi. (Fig. 2.)

Si, par chacune des positions de ces navires, on élève des perpendiculaires à la direction des flèches on est tout étonné de voir qu'elles convergent et se rencontrent à peu près au même point, qui est celui occupé par le *Veaune*.

Si, de ce point comme centre, on décrit des circonférences passant par tous ces navires on verra, comme dans la première analyse faite plus haut, que toutes les directions des vents perçus sont tangentes à ces circonférences; tous les points situés sur un même rayon doivent donc ressentir la même direction du vent, c'est ce qui arrive en effet pour les navires 1 et 2 qui éprouvent des vents de S.E., 6, 7, 8, 9 qui ressentent des vents d'Est, 20 et 21 des vents de Nord, etc. etc.

La même remarque que nous avions déjà faite se retrouve ici, c'est que, pour le même diamètre, deux vents directement opposés de direction se font sentir sur chacun des rayons de ce diamètre : Aussi tandis que 1 et 2 ont des vents de S.E., 3 éprouve des vents de N.O. ; 6, 7, 8, 9 souffrent des vents d'Est, lorsque 11 voit le vent de l'Ouest, enfin 14 et 15 ont des vents de N.E. et pour le navire n° 16 la direction est directement opposée du S.O.

Cette fois encore la violence du vent est d'autant plus grande qu'on se rapproche plus du n° 10, centre de toutes ces circonférences, où il existe un calme profond, et cette fois aussi nous voyons le baromètre baisser d'autant plus qu'on se rapproche de ce même point central.

Ce dernier fait n'est pas tout à fait exact; mais si l'on tient compte de la difficulté d'estimer la route faite à bord d'un navire dans une perturbation aussi grande, et par conséquent de l'embarras qu'on éprouve à placer chaque navire dans la position réelle qu'il occupait, si l'on fait attention que de nombreuses irrégularités existent dans ces baromètres non vérifiés pour la plupart et surtout non comparés entr'eux, on voit que, néanmoins, cette remarque importante est parfaitement exacte.

N'oublions pas de mentionner que les navires 3, 11, 12 et 16 qui ont éprouvé des vents de la partie de l'Ouest ont beaucoup moins souffert que ceux assaillis par les vents de la partie de l'Est, quoique cependant les uns et les autres à même distance du centre.

Nous pouvons aussi constater dès à présent quelle étendue occupent ces terribles fléaux : Du centre où le calme existe au *Catinat* qui ressent une bourrasque assez forte du N.E., il y a 360 milles, tandis que l'*Estafette* à même distance de ce même point éprouve une forte brise d'Ouest.

Voilà donc une zone de plus de 700 milles soumise aux effets plus ou moins violents, plus ou moins désastreux d'un même phénomène.

Enfin comme dernière indication dont on tirera les plus utiles conséquences pour la manœuvre des navires, il faut enregistrer avec soin la manière dont sont orientées ces différentes directions du vent par rapport au point central de cet ouragan et par rapport au Nord vrai du monde.

Le vent de S.E. est au S.O. du point central, le vent d'Est au Sud, le vent de Nord à l'Est du même point, le vent de N.O. au N.E. tandis que nous voyons le vent de S.O. se trouver au N.O. et le vent d'Ouest au Nord de ce point central.

A la simple inspection de cette figure et si l'on n'oublie pas que le vent soufflait dans toutes ces directions différentes à la même heure du même jour, n'est il pas évident que cet ouragan était un véritable tourbillon, n'est-ce pas la seule manière d'expliquer ces directions du vent tangentes aux diverses circonférences décrites du même point, et peut-il rester le moindre doute quant à la nature de l'Ouragan dont je viens de décrire les phases si diverses ?

III.

Preuve du mouvement de translation des ouragans de l'hémisphère austral.

Si l'on poursuit l'étude de cet ouragan et qu'on examine ce qui se passait deux jours plus tard, le 28 février, nous retrouvons le *Saint-Vincent de Paul*, le *Daprès* et le *Meunier* naufragés à Mananzari sur la côte Est de Madagascar et enveloppés encore par l'Ouragan auquel ils n'ont pas pu ou plutôt pas su se soustraire, à peu de distance un quatrième navire, l'*Héloïse* échappe à grand'peine au désastre de ces trois bâtiments.

La comparaison jour par jour du temps éprouvé par ces navires avec le temps qu'il a fait à Saint-Denis va nous fournir la preuve, qu'en outre du mouvement de rotation dont nous venons de parler, les ouragans sont animés d'un mouvement de translation bien évident: (Fig. 3).

Saint-Vincent de Paul.	*D'Après.*	Saint-Denis (Réunion).
25 février 1860.	25 février 1860.	25 février 1860.
A 5 h. du matin le feu de Bel-Air se relève au S.E. 1/4 S. du compas distance environ 20 milles; pluie abondante, rafales violentes du S.E. bar. à 748; gouverné en cape courante toute la journée tribord amures sous le grand hunier, le petit foc et l'artimon la brise augmentant toujours.	Ainsi que nous l'avons déjà dit le *D'Après* a quitté la rade de St-Denis en même temps que tous les navires le 25 à 8 h. 30 du matin. Toute la journée on conserve les amures à tribord en cape le vent souffle en augmentant sans discontinuer du S.E., la mer devient affreuse et le bar. en baisse progressive atteint dans la soirée 745.	Au moment de l'appareillage le baromètre est à 754, le thermomètre à 27°2. La mer est très grosse, le vent commence à souffler en rafales du S.E. au S.S.E.; la pluie tombe par grains abondants, les nimbus chassent avec grande vitesse et la mer grossit de plus en plus ; tout indique que l'ouragan se rapproche.
A 6 h. du soir les rafales sont de plus en plus violentes, le grand hunier est emporté, la mer affreuse ne permet plus de rester à la cape, cargué l'artimon et laissé porter au NO en fuyant à la lame ; on s'estime à environ 80 milles dans le N.N.O de Saint-Denis.		A 6 h. du soir, le temps empire, le baromètre descend à 750.6 oscillant à chaque rafale ; la pluie tombe sans discontinuer toute la soirée. Barom. à minuit 750.10, therm. 27° 0.

Saint-Vincent de Paul.	*D'Après.*	Saint-Denis, (Réunion.)
26 février.	26 février.	26 février.

Saint-Vincent de Paul.

De minuit à 4 h. — Même tems affreux le bar. baisse de plus en plus, a 3 h. du matin il est à 730. Les rafales du S.E. excessivement violentes ; le navire vient subitement au lof et engage, largué la misaine pour faire arriver et fui de nouveau, la misaine est emportée.

De 4 h. à 8 h. — Même tems, le navire toujours en fuite.

De 8 heures à midi. — Rafales terribles ; à 8 heures le navire engage de nouveau, coupé le mât d'artimon pour reprendre la fuite, le vent hale l'E. puis l'E.N.E. avec la même violence le bar. descend à 712.

De midi à 4 h. — L'ouragan est dans toute sa fureur N.E. Le point estimé place le navire par 19° 18' lat. et 51° 16 long. Continué la fuite au S.O. Le bar. remonte un peu à 715.

De 4 h. à 8 h. — Le vent revient à l'E, le bar. à 720, le navire en fuite suit les variations du vent.

De 8 h. à minuit. — Vers 8 h. Le vent saute au S.S.E. et au Sud obligeant à modifier la route, le bar. est redescendu à 712, les rafales et la mer des plus affreuses. à 10 h. du soir, calme subit le ciel s'embellit quoique le bar. descende encore et atteigne 709. Assujeti les vergues du grand mât dont les bras et balancines ont été coupées par la chute du mât d'artimon et travaillé à dégager le navire.

Le 27 février.

De minuit à 4 h. — Le calme dure à peu près jusqu'à minuit; quelques minutes après cette heure les rafales recommencent subitement du N.O. au N.N.O. avec une violence inouie. Le navire fuit au S.E. et un peu plus tard au S.O. à cause des vents qui ont sauté au N.E. vers 2 h. du matin ; le bar. est à 712.

D'Après.

De minuit à 4 h. — Le temps empire encore, le bar. est à 735. Les rafales ne varient pas du S.E., conservé la cape tribord amures.

De 4 h. à 8 h. — La mer frappe le navire de chocs épouvantables, les embarcations sont enlevées, les voiles emportées en lambeaux, la lisse de babord est brisée par la mer, le bar. descend encore et arrive à 720.

De 8 h. à midi. — Même temps et même vent.

De midi à 4 h. — Le point estimé est lat. 19° 48' long. 51° 0'. Le *D'Après* s'incline de plus en plus et menace de sombrer ; coupé le mât d'artimon et le grand mât et laissé porter à l'O., le vent ayant halé l'E. le barom. marque 712.

De 4 h. à 8 h. — Même temps épouvantable.

De 8 h. à minuit. — Le vent cesse subitement vers 8 h. sans que le bar. remonte; la mer fait rouler le navire d'une manière effrayante, le bar. ne remonte pas.

A 11 h. l'ouragan recommence avec une nouvelle furie de l'E.N.E. et souffle sans discontinuer toute la nuit.

27 février.

De minuit à 4 h. — Rafales on ne peut plus terribles, bar. à 712 ; le navire disparaît à chaque coup de mer qui le couvre d'un bout à l'autre; la nuit est terrible.

Saint-Denis, (Réunion.)

De minuit à 4 h. — Les rafales de S.E. augmentent de violence, le bar. descend encore et à 4 h. il marque 747.60; ther. 27°. La mer très grosse et le vent sans variation du S.E. au SS.E.

De 4 à 8 h. — Pluie abondante, même temps, les nimbus commencent à chasser d'E.S.E. Bar. remonte à 749.15.

De 8 h. à midi. — Les rafales diminuent un peu de force en halant l'E. S.E. 1/4 E. Le bar. oscille de 749.20 à 748.50, therm. 27° 2, la mer, toujours horrible, brise au mouillage des navires.

De midi à 4 h. — Le temps s'améliore., les rafales d'E.S.E. sont moins violentes, le bar. reste à 749, therm. 27° 2 et quoique la mer soit aussi forte, l'amélioration est sensible ; les grains se forment au N.E. mais les nimbus chassent toujours d'E.S.E..

De 4 h. à 8. — Le vent souffle de l'E. en mollissant, le bar. est à 751.30.

De 8 h. à minuit. — La mer très grosse, les nimbus chassent d'E. N.E., les rafales viennent d'E. 1/4 N.E. moins violentes, l'amélioration continue pendant toute la soirée ; bar. 751.40, therm. 27° 3.

27 février.

De minuit à 4 h. — Le vent est E.N.E., grande brise, la pluie diminue, le bar. remonte à 752. L'ouragan s'éloigne évidemment et ne fera pas grand mal à la Réunion, le ther. se tient à 27° 5.

Saint-Vincent-de-Paul.

27 février.

De 4 h. à 8 h. —Le vent ne cesse de sauter brusquement, de l'E.N.E, il vient à l'E.S.E. soufflant avec fureur. Le bar. oscille de 712 à 715 et une mer effrayante fatigue horriblement le navire; le grand mât de perroquet casse au ras du chouquet, impossible de songer à l'envoyer en bas.

De 8 h. à midi. — Vers 9 h. du matin le vent qui était revenu au S.E. cesse tout à coup; une embellie très marquée permet de se débarasser des débris de mâts et de voiles qui encombrent le navire; filé à la mer l'ancre de babord dont la bosse debout est cassée.

De midi à 4 h. — Le point estimé est 20° lat. 48° 40' long. Le bar. se maintient à 712, le calme dure jusqu'à 1 h. 30' les rafales recommencent alors du N.E. toujours en ouragan; la mer est horrible à voir, fui au S.O. à sec de toile.

De 4 h. à 8 h. — Même tems, le vent halant l'Est; à 4 h. 30' on apperçoit par tribord un navire, que l'on suppose le *D'Après*, en fuite n'ayant plus que son mât de misaine.

De 8 h. à minuit— Le vent saute au S.E. en ouragan, le bar. retombe à 709, la pompe ne suffit pas à étancher l'eau qui envahit le navire de tous côtés.

28 février.

De minuit à 4 h. —Le vent mollit sensiblement, les rafales sont presque modérés de l'E. à l'E.N.E. mais le bar. oscille de 709 à 715 et le navire fatigue horriblement par les roulis qui sont effrayants.

De 4 à 8 h. — Rafales violentes d'E.S.E. à E.N.E. bar. 717, la mer déferle de tous côtés sur le navire qui n'obéit plus à la barre; on décide la perte du grand mât.

De 8 h. à midi. —Même tems affreux à 10 h. 30' le grand mât est coupé et entraîne dans sa chute deux malheureux matelots qui coupaient les rides des bas **haubans.**

D'Après.

27 février.

De 4 h. à 8 h. — On s'apperçoit au jour que les bastingages de tribord sont arrachés, les pompes engagées par le riz peuvent à peine fonctionner, le navire s'enfonce évidemment, on jette à la mer une partie du chargement par le panneau de l'arrière qui est le moins exposé; le vent hale l'Est.

De 8 h. à midi. — Même temps, le bar. au même point. A 11 h. trois des hommes qui sont à la pompe sont enlevés par un coup de mer monstrueux malgré les cordes dont ils s'étaient entourés, le quatrième est roulé sur le pont presque noyé; l'équipage consterné abandonne la pompe qu'il est désormais impossible de faire fonctionner.

De midi à 4 h.—L'estime place à peu près par 19° 55' lat. et 48° 30' long., continué la fuite.

Toujours les mêmes rafales qui de l'Est ont sauté au S.E., le *D'Après* est dans un état pitoyable. A 3 h. une accalmie se déclare subitement, on recommence le jet à la mer.

De 4 h. à 8 h. —Les rafales reprennent de l'E.S.E avec fureur le bar. descend à 709; on apperçoit à 4 h. 30' le *Saint-Vincent de Paul* par babord en fuite.

De 8 h. à minuit. —La soirée est désespérante, le navire craque de toutes parts, les portes de la dunette sont enfoncées par la mer qui ne laisse aucun refuge aux malheureux matelots qui sont épuisés de fatigues.

28 février.

De minuit à 4 h.— Le navire est toujours en fuite, suivant les variations du vent qui sautent de E.S.E. à E.N.E., le bar. est à 709 avec oscillations.

De 4 h. à 8 h. — Même temps et mêmes circonstances, quant au vent et à la mer, le bar. a cependant une tendance à monter, il varie de 715 à 720.

De 8 h. à midi.— Les rafales de l'Est sont un peu moins violentes mais le navire est entre deux eaux, chaque coup de mer menace de l'engloutir, la position est

Saint-Denis, (Réunion.)

27 février.

De 4 à 8 h. — La mer mollit un peu, la direction des lames est plus du Nord que précédemment, le vent ne souffle plus que par bouffées d'E.N.E., le bar. remonte rapidement à 756.00, therm. 27°5.

De 8 h. à midi. —Le bar. remonte encore et atteint 756.40 à midi. La mer mollit toujours. La brise n'est plus que modérée de l'E.N.E. Le therm. marque 27°.8.

De midi à 4 h. — Les nimbus chassent du N.E. mais peu rapidement, la mer tombe sensiblement; le bar. se maintient presque à même hauteur, 756.25, le ther. à 28°.0; l'ouragan poursuit sa course en continuant à s'éloigner.

De 4 à 8 h. — Le temps est presque beau, le ciel se dégage et le bar. monte à 758. Faible brise d'E.N.E.

De 8 h. à minuit. — Beau temps, La mer tombe à vue d'œil; la brise de terre reprend le dessus, ce qui annonce la cessation complète du mauvais temps.

28 février.

De minuit à 4 h. —Beau temps, mer un peu grosse, vent S. à S.S.O. faible. Bar. 758.30, ther. 27°.

De 4 h. à 8 h.—Le ciel couvert de cirrus venant du N.O., quelques nimbus chassent du S.E., la mer un peu houleuse, bar. 758.95, ther. 26° 3.

De 8 h. à midi. — Un grain de pluie, vers 9 h. mer belle, la corvette à vapeur la *Somme* rentre du déradage sans avaries sérieuses, l'*Eléonore* mouille venant de

Saint-Vincent de Paul.	D'Après.	Saint-Denis, (Réunion),
28 février.	28 février.	28 février.

La mer emporte un 3ᵐᵉ matelot qui voit briser dans ses mains la roue du gouvernail par un coup de mer horrible.

De midi à 4 h. — Le *St-Vincent de Paul* n'est plus qu'à quelques lieues de la côte de Madagascar et les rafales d'E.S.E. sont toujours aussi violentes, l'ouragan ne diminue pas et l'état du navire est déplorable, la mer le couvre de bout en bout par d'énormes paquets qui ne permettent plus de maintenir l'équipage à la pompe. A 1 h. 30 le changement de couleur de l'eau indique qu'on est très près de terre, mais que faire ?

Transis de froid par la pluie, accablés de fatigue, blessés pour la plupart, les malheureux matelots qui travaillent sans repos depuis 60 heures, voient avec une sombre résignation s'avancer le dénouement fatal auquel ils n'ont plus la force de s'opposer.

Le bar. est encore à 715 et le temps aussi affreux que les deux jours précédents ne laisse aucun espoir d'échapper au naufrage.

A 2 h. 30. Une choc effroyable renverse tout à bord du navire qui, brisé en deux d'un seul coup, se trouve couché sur les récifs qui bordent la côte de Mananzari, tout est fini !

Le *Saint-Vincent de Paul*, est perdu sans ressources et le lendemain les matelots parviennent enfin à terre rendant grâce à la Providence qui les a arrachés à la mort qu'ils ont vu de si près pendant ces oisj our s de mortelles angoisses.

des plus critiques pour les matelots dont l'énergie est brisée par les fatigues inouies qu'ils ont supportées.

De midi à 4 h. — Le bar. remonte à 730, l'habitacle a été emportée, on fuit sans savoir où l'on va en suivant les sautes de vent, cependant il semble y avoir amélioration.

De 4 h. à 8 h. — L'amélioration devient sensible, on s'occupe à dégager le navire de tous ses débris. A 5 h. du soir le bar. a remonté à 736, les rafales de l'Est sont moins violentes, l'espoir revient au cœur de ce malheureux équipage lorsque la couleur de l'eau, indique par son changement, qu'on approche de la grande terre de Madagascar ; on tente un dernier effort, on essaie de venir au vent, mais les rafales sont encore trop violentes et le *D'Après* pour ainsi dire entre deux eaux, se couche menaçant de ne plus se relever.

Qu'aurait pu faire du reste ce navire dans l'état de délabrement où il se trouve ?

Complètement désemparé, à moitié submergé, le naufrage était pour lui inévitable !

La fuite est donc reprise et l'on arrive près de terre par un fond de 18 brasses où l'ancre est mouillée à 6 h. du soir.

Mais l'ancre chasse, et 1 h. plus tard le *D'Après* s'ouvre sous la violence des coups de talon que chaque coup de mer lui fait donner, la nuit se passe dans cette position affreuse. Le lendemain matin le sauvetage commence, et ce qui reste de l'équipage du *D'Après* aborde à terre exténué de faim et de fatigues.

Tamatave et ayant reçu le coup de vent assez violent ; la corvette à vapeur le *Catinat* mouille sur rade venant de Chine, n'ayant qu'à peine ressenti le coup de vent. Le bar. est à 759.70, ther. 27° 5.

De midi à 4 h. — Continuation du beau temps, mer belle, l'*Alfred* rentre du déradage. Les vents généraux du S.E., faible brise, reprennent le dessus ; bar. 759.10, ther, 28.50.

De 4 h. à 8 heures. — Très beau temps, la mer belle, bar. 759.55.

Le ciel est étoilé comme dans les plus beaux jours, une petite brise de Sud se fait sentir et rafraîchit l'atmosphère ; tout le monde se réjouit d'avoir échappé à un danger qui pouvait être si désastreux pour la colonie.

La manière dont ont varié les vents ne laissent aucun doute sur le passage d'un ouragan au Nord de la Réunion, aussi éprouve-t-on des craintes sérieuses pour les navires qu'on a vu courir tribord amures en se dirigeant au Nord de l'Ile.

Que doit-on conclure de l'examen de ce tableau ?

Nous voyons le *Saint-Vincent de Paul* et le *D'Après* appareiller de la rade de Saint-Denis au moment où le vent du S.E. commence à souffler en rafales menaçantes et dix heures après, à peine, ces navires sont déjà soumis à toute la violence d'un ouragan qui va les envelopper de telle manière qu'ils ne pourront plus en sortir.

Nous pouvons suivre cet ouragan, pour ainsi-dire, pas à pas, les journaux de ces navires nous font assister aux terribles péripéties qui les ont assaillis ; heure par heure nous les voyons au milieu d'un cercle infran-

— 12 —

chissable, et tandis que ces malheureux navires, courrant à une perte inévitable, se brisent sur les récifs de Madagascar, la Réunion au contraire
n'a plus aucune crainte sur les suites d'un ouragan qui l'a épargnée ; le
temps est tout à fait remis au beau, le baromètre est remonté presque à son
point normal et des vents généraux permettent, ainsi que l'état de la mer,
de laisser revenir les bâtiments déradés qui, plus heureux que le *Saint-
Vincent de Paul* et le *D'Après*, ont pu éviter les désastres auxquels ceux-
ci ont succombé.

Soumis aux mêmes assauts, le brig le *Meunier*, qui, lui aussi, avait pris
la fuite le 26, naufrageait également à Madagascar le 28 vers 3 heures 1/2
du soir à peu près à égale distance du *D'Après* et du *Meunier*.

L'*Héloïse* était plus heureuse mais ce n'était pas sans avoir bien souffert:
comme les trois navires précédents nous l'avons vu en fuite le 26 ; jusqu'au 28 la fuite se continue et c'est seulement alors qu'on essaie de prendre bâbord amures dès que les vents à l'Est ont un peu molli.

A midi l'*Héloïse* se trouve par 23°10 lat. et 46°25 long. à 60 milles à
peine de la côte que l'on évite grâce aux bonnes conditions de navigabilité
du navire dont le chargement a été à moitié mis à terre ayant l'appareillage, ce qui permet de prêter côté à des rafales encore bien violentes.

D'autre part nous voyons l'ouragan ne se déclarer à Madagascar
que le 27, et ce météore, continuant sa course à travers la grande île afri-
raine, y causer des désastres et une inondation effroyables qui font un
nombre considérable de victimes.

Puisque nous avons pu nous procurer des renseignements si positifs
sur la course de l'ouragan, il est bien évident que si nous joignons le lieu
du naufrage au point indiqué pour le centre le 26, nous aurons d'une manière presque certaine la ligne suivie par ce centre pendant deux jours.
Nous pourrons constater alors que cet ouragan ou plutôt ce tourbillon
s'est transporté dans une direction de l'E.N.E. à l'O.S.O. ce qui lui cons-
tituait, outre son mouvement de rotation, un second mouvement de
translation d'environ 7 milles à l'heure.

Ce double mouvement est rendu aussi évident que le premier, il me
semble, d'après l'analyse à laquelle nous venons de nous livrer, nul doute
ne peut subsister quant à cet ouragan , bien entendu, et il est impossible
de se refuser à une conclusion aussi manifeste.

Nous allons retrouver encore ce mouvement de translation bien clairement démontré par la comparaison de plusieurs ouragans perçus à
Maurice et à la Réunion :

| | Maurice. | | | Réunion. | | |
Année.	Minimum du baromètre.	Vents.	Date et heure du minimum.	Date et heure du minimum.	Minimum du baromètre.	Vents.
1819	731	S. O.	25 janvier 8 heures du soir.	26 janvier 5 heures du matin	743	S.O. et O.
1820	749	E.	24 février 11 heures du soir.	25 février 11 heures du matin	749	E. à N.E.
1823	742	N.E.	6 mars 2 heures du matin.	6 mars 2 heures du soir	758	E. à N.E.
1836	713	E. N.E	6 mars 6 heures 30 m. du soir	7 mars 5 heures du matin	728	S.O. et O.
1840	730	O.	10 avril 1 heures du matin.	10 avril 6 heures du soir.	747	O. à O.N.O.

Il eut été facile de multiplier les exemples, est-ce bien nécessaire et ne peut-on pas constater dès à présent, par ce tableau restreint, que Maurice a toujours ressenti les effets d'un ouragan douze heures en moyenne, avant la Réunion, quelle qu'ait été la direction du vent ?

Même avec les vents de S.O. et d'O. comme en 1819 et 1840 on voit qu'ils ont soufflé à Maurice 9 heures, 17 heures avant qu'on en ait eu les atteintes à la Réunion placée cependant dans l'O.S.O. de cette première colonie.

N'est-ce pas suffisant pour prouver bien évidemment que l'ouragan a un mouvement de translation tel, qu'un pays ou un navire à l'Est d'un autre est toujours frappé avant ce dernier ?

Voilà donc deux mouvements bien distincts, bien clairement reconnus au moins pour les ouragans que nous venons d'étudier. Ce que j'ai fait ici a été accompli pour un nombre considérable d'autres ouragans et au moyen de l'examen de milliers de journaux ; chaque fois qu'on a eu à constater la présence d'un ouragan, et qu'on a pu se procurer des renseignements de navires occupant des positions variées par rapport à cet ouragan, on a reconnu le même phénomène, c'est-à-dire double mouvement de rotation et de translation ; les directions des vents autour du point central se sont toujours trouvées orientées de la même manière par rapport à ce point central et par rapport aux points cardinaux du monde, tandis que le mouvement de translation entraîne l'ou-

[...] raison que les ouragans obéissent à des règles presque invariables et pouvant se formuler en une sorte de loi qu'on a appelé la loi des tempêtes, loi générale pour les deux hémisphères se réduisant à ces deux principes simples et bien faciles à retenir :

Loi Générale.

1° Les ouragans sont des tourbillons de plus ou moins grand diamètre dans lesquels le vent augmente de tous les points de la circonférence jusqu'au centre, où règne un calme d'une étendue et d'une durée variable.

2° Ces tourbillons se meuvent suivant une direction variable pour chaque hémisphère ; mais à peu près constante dans chacun d'eux.

Ce double mouvement, l'un de rotation et l'autre de translation, quelqu'extraordinaires qu'ils paraissent au premier abord, sont-ils donc inadmissibles et les objections devraient-elles venir des marins ? Je ne le pense pas ; tous les jours nous voyons des phénomènes analogues que nous sommes habitués à regarder comme des axiomes fondamentaux et indiscutables. Qui de nous n'a pas vu souvent des trombes animés du double mouvement que je signale ici, et qui ne sait pas combien sont dangereux les phénomènes lorsqu'il se trouve atteint par eux et soumis au mouvement rotatoire si rapide qui les anime ?

Les ouragans ne sont que de vastes trombes dont le diamètre considérable ne nous permet pas d'apercevoir l'ensemble.

Rien ne nous semble plus naturel que d'admettre le double mouvement de la terre et de toutes les planètes, rien ne paraît surprenant dans les conséquences qu'on en tire, et nous trouvons tout simple que chaque point de l'équateur parcourt en une seconde 465 mètres, animé ainsi d'une vitesse peu près moitié de celle d'un boulet de canon, tandis que le mouvement de translation de la terre dans l'écliptique est beaucoup plus considérable dans le même temps.

Pourquoi donc hésiter à reconnaître ce double mouvement dans les ouragans? Le mouvement rotatoire n'est-il pas partout dans la nature? Les vents, les courants n'accomplissent-ils pas des évolutions circulaires dans les deux hémisphères? Et lorsqu'on pense, en définitive que, si deux forces sont opposées, c'est toujours le mouvement circulaire qui est le résultat de leur opposition, qu'en un mot le mouvement circulaire est, de tous, le plus facile à produire, pourquoi ne pas admettre que la nature, elle aussi, emploie les moyens les plus simples pour arriver à son but quelqu'immenses que soient les résultats qu'elle veut atteindre?

Nous comprenons difficilement cette masse tourbillonnante s'avançant dans une direction donnée qu'elle sème de deuil et d'épouvante, parce que nous n'en voyons que les effets sans pouvoir en apprécier l'étendue et la cause, parce que nous rapportons tout à nous même sans comparer entre elles les observations recueillies à des distances plus ou moins grandes.

Qu'est-ce pour la nature que la création de ces vastes fléaux et oublierons-nous toujours la puissance infinie des moyens dont elle dispose?

Ne voyons donc là rien que de très ordinaire en comparaison de ce dont la science nous a appris à ne plus douter, et cherchons à profiter des conclusions pratiques qui doivent naturellement découler de cette loi générale, sans nous obstiner à nier une science que, chaque jour, des faits nouveaux viennent confirmer d'une manière irréfragable!

CHAPITRE II.

Loi particulière à l'hémisphère austral. — Parabole parcourue par les ouragans, manière
dont le vent varie suivant la position qu'on occupe par rapport à cette parabole; demi cercle dangereux, demi cercle maniable.

Nous avons dit que la loi dont nous venons de citer les deux principes
à la fin du chapitre précédent, était générale pour les deux hémisphères,
c'est-à-dire que, dans chacun d'eux, les ouragans étaient des météores animés d'un double mouvement de rotation et de translation.

Mais chaque hémisphère présente ce double phénomène d'une manière
qui lui est propre, et de même que le mouvement de rotation ne se fait pas
dans le même sens, de même le mouvement de translation ne s'opère
pas suivant la même direction dans l'un et l'autre hémisphère.

A l'inspection de la fig. 4, il n'est pas difficile de se rendre compte de
la manière dont s'accomplit le mouvement de rotation dans l'hémisphère
austral, il serait donc inutile d'en parler; d'ailleurs peu importe le sens
dans lequel les molécules d'air se meuvent dans le tourbillon, pourvu
qu'on sache la manière dont les vents y sont placés par rapport au centre
du phénomène et aux points cardinaux du monde et qu'on se rappelle
surtout que cette orientation de la direction des vents est toujours invariablement la même.

J'ai eu souvent occasion de reconnaître que cette indication du sens
dans lequel tournent les molécules d'air donnait lieu à une confusion fâcheuse dans l'esprit de ceux auxquels on s'adressait; je me bornerai donc
à indiquer ici quels sont les vents que l'on éprouve suivant le point du
tourbillon où se trouve le navire par rapport au centre de ce tourbillon, et
je formulerai la loi particulière à l'hémisphère sud de la manière suivante :

Loi particulière à l'hémisphère austral.

1° Le mouvement de rotation se fait de telle manière que tous les
points situés au Nord du centre éprouvent des vents d'Ouest, tous ceux
placés à l'Est du centre ressentent des vents de Nord, tous ceux au Sud
du centre ont des vents d'Est et enfin les points qui se trouvent à l'Ouest
du centre subissent des vents de Sud, etc., etc. Les autres directions des
vents se rencontrent dans les positions intermédiaires à celles-ci.

2° Le tourbillon une fois formé, se met en marche de son point d'origine vers l'O.S.O. ou le S.O. du monde, continuant dans cette direction
jusqu'à ce qu'il ait atteint une certaine latitude ; il descend ensuite vers
le Sud du monde pendant quelque temps pour prendre enfin sa direction
vers l'E.S.E. ou le S.E, se mouvant ainsi suivant une parabole dont les
deux parties que nous appellerons, pour plus de facilité, les deux branches,
s'écartent plus ou moins l'une de l'autre.

Les ouragans prennent généralement naissance par une latitude de
5 à 10° le mouvement vers l'O.S.O. ou le S.O. dans la première branche
s'accomplit ordinairement jusque par la latitude de 20° ou 25°.

Le mouvement vers le Sud n'occupe guère plus de 2 à 3 degrés de latitude et c'est, dans la plupart des cas, entre les latitudes de 30° à 35° que
l'on rencontre la deuxième branche parcourue par l'Ouragan.

Une figure fera mieux saisir encore la position des vents dans l'Ouragan et la nature du mouvement de translation :

Supposons que A. G. S. E. (Fig. 4) représente le cercle dans lequel un ouragan fait sentir son action et que le diamètre A. S. soit orienté suivant la ligne Nord et Sud du monde; si l'on indique par des flèches la direction des vents telle que nous l'avons établie on se rendra parfaitement compte de chacune des directions différentes du vent par rapport au point central et par rapport aux points cardinaux du monde ; cette figure n'est que la reproduction de ce que nous avons constaté dans les ouragans qui ont été analysés.

Tous les points situés sur le rayon I. A. ressentent les vents d'Ouest tandis que ceux placés sur I. S. directement opposé à I. A. subissent les vents de la partie de l'Est. Le vent de Nord règne sur I. E, et les vents de Sud sur I. G. ; tous les points de I. B. éprouvent les vents de N.E. et I. C. ceux du S.O; enfin I. D. voit souffler les vents N.O. tandis que chaque point de I. F. doit souffrir des vents de S.E.

Le point I, centre de la figure, est entouré d'un cercle, d'un diamètre indéterminé et où règne un calme presque absolu.

C'est cette figure que le Colonel Reid appelle carte d'ouragan et qu'il a imaginé de tracer sur une feuille de corne ou de papier transparent pour faciliter l'étude de la loi des tempêtes.

J'engagerai les capitaines à construire eux-mêmes cette carte d'ouragan, non pas pour s'en servir au moment où ils se trouveraient enveloppés dans un de ces météores, il est trop tard pour songer à étudier ! Mais pour pouvoir se rendre bien compte des diverses phases par lesquelles peut passer un navire, alors qu'il est frappé par un ouragan dans l'une des branches de la parabole qui marque sa course.

Quant à cette parabole, elle peut être représentée ainsi (fig. 5.) : Les branches sont plus ou moins ouvertes et jusqu'à présent on n'a pas pu assigner de loi fixe à cet écartement plus ou moins grand.

Pour faire comprendre et mieux saisir ce double mouvement de rotation et de translation qui anime un ouragan M. Piddington indique une petite expérience qui peut en effet, donner une idée des phénomènes qui se présentent dans les ouragans :

Il prend un verre à fond plat y verse une certaine quantité d'eau et une petite quantité de molécules légères et noirâtres, il agite l'eau vivement en tournant de gauche à droite ; l'eau par l'effet de ce mouvement de rotation, s'élèvera sur les bords du verre en se creusant au milieu, et cette déformation du centre représentera l'espace de calme qui existe au centre de l'ouragan; les points noirs tourbillonnant dans l'eau, indiqueront la direction des vents successifs et si l'on promène le verre dans la direction du N.E. au S.O. sur un point représentant la position d'un navire sur le routier, on verra parfaitement la manière dont le vent change pour ce navire suivant le côté qu'il occupe par rapport à la ligne suivie par le centre de ce verre, dont l'eau représente un tourbillon. On peut avoir ainsi par cette expérience bien simple, une idée assez exacte de ce qui se passe en grand dans la nature, et sans y attacher plus d'importance qu'il ne mérite, j'ai cru utile de relater ce moyen pratique de se rendre compte du double mouvement.

La forme circulaire indiquée pour l'ouragan et figurée dans la carte d'ouragan, n'est pas exactement celle qui existe dans la nature ; on comprend très bien que des déformations doivent se présenter au milieu de cette masse fluidique, soit par la rencontre d'une terre, soit par toute autre cause mais c'est cependant assez approché de la vérité pour n'avoir pas à s'en préoccuper. De même pour le mouvement de translation , il n'arrive pas toujours qu'un ouragan parcourt complètement les deux branches de l'une des paraboles que nous indiquons dans la fig. 5 , on a constaté souvent qu'un ouragan disparaît après avoir fourni la première partie de sa course , mais la loi générale n'en existe pas moins , et on ne doit pas hésiter à s'y confier.

Voyons maintenant dans chaque branche de la parabole comment les vents se succèdent pour un navire qui est rencontré par un de ces météores.

II.

Parabole parcourue par un ouragan.

Supposons (fig. 6)que X Y représente la parabole suivie par un ouragan depuis sa naissance jusqu'au point où il disparait, et que les trois cercles. B C H G, indiquent trois des diverses positions occupées par cet ouragan dans cette parabole ; nous porterons sur ces cercles les différents vents tels qu'ils sont orientés par rapport au Nord du monde ; supposons de plus que A B et C, soient les positions de trois navires frappés par l'ouragan et que ces trois navires traversent l'ouragan , suivant les lignes A F B G et C H.

Rappelons nous avant d'aller plus loin ce qui a été établi précédemment: 1° Que le vent régnant est toujours perpendiculaire au rayon, c'est-à-dire que tous les points d'un même rayon ressentent exactement le même vent ; 2°. Que ce vent est d'autant plus violent qu'on se rapproche du centre de l'ouragan ou du moins du cercle central intérieur où règne le calme et examinons maintenant ce qui se passe pour chacun des trois navires A, B et C.

On verra rien qu'en regardant le cercle de la première position , que le navire situé en A éprouvera des vents de S.E.1/4S. fraichissant de plus en plus jusqu'en I, centre de l'ouragan, où il rencontrera un calme de plus ou moins grande durée après lequel le vent sautera subitement , cap pour cap, au N.O.1/4N. soufflant , dès le début avec la plus grande violence mais mollissant de plus en plus jusqu'au point de rencontre avec le cercle extérieur de l'ouragan ; ce navire ne subira que deux vents directement opposés l'un à l'autre et changeant d'une manière subite.

Le navire en B entrera dans l'ouragan par des vents de S. E.1/4E. variant E.S.E., E.,E.N.E., N.E., N.N.E. se terminant au Nord.

Ces vents, dont les variations seront souvent subites, iront en fraichissant jusqu'en D, point de la plus courte distance au centre , à partir duquel ils molliront jusqu'à la sortie du cercle qui indique la limite de l'ouragan.

Le navire en C débutera par des vents de Sud à S. 1/4 S. O. variant S.S.O., S.O., O.S.O.,O. et finissant au O. 1/4 N.O. ayant fraîchi jusqu'en V, pour mollir ensuite jusqu'à la fin de la tourmente.

Si l'on passe à la seconde position on verra : Que le navire A. entrera dans l'ouragan par des vents d'Est et en sortira par des vents d'Ouest après avoir subi le calme du centre ; que le navire B éprouvera des variations de vent du N.E. 1/4 E., N.E., N.N.E., N.,N.N.O et N.O. fraichissant jusqu'en D. et mollissant ensuite.

Et que le navire C, avec des vents de S.E, S.S.E, S, S.SO, S.O,

O.S.O, les verra augmenter de violence jusqu'en V pour diminuer alors rapidement.

Enfin si l'on examine la troisième position on se rendra facilement compte des variations de vent éprouvés par les trois navires :

A aura des vents de N.E. 1/4 N. sautant subitement au S.O. 1/4 S. après le calme du centre.

B aura les vents au N, N.N.O, N.O, O.N.O, O, O.S.O, et S.O. 1/4 O. fraichissant jusqu'en D et mollissant après, tandis que C aura les vents de l'Est 1/4 N.E, E, E.S.E, S.E. et S.S.E. dont la plus grande violence sera en V à la plus courte distance du centre.

Dans ces trois différentes positions de l'ouragan, les seules qu'il puisse avoir dans l'hémisphère Sud suivant la latitude où il règne, on voit que les navires B et C n'éprouveront pas de calme entre les variations du vent comme le navire A, ce qui s'accorde avec ce que chaque marin a été à même d'observer un très grand nombre de fois, et qui fournit la preuve évidente que le vent n'a pas besoin de faire le tour du compas pour appartenir à un ouragan comme on le croit communément.

A ce propos il n'est pas inutile de faire observer que pour aucun des navires A,B,C, cette circonstance des vents faisant le tour du compas ne s'est offerte ; nous expliquerons plus tard comment, cependant, ce phénomène peut se présenter très près du centre d'un ouragan et comment le navire A peut, seul, avoir à le signaler.

Nous voyons encore que, dans chacune des trois positions occupées par l'ouragan le centre reste toujours dans la même direction par rapport à chacun des vents constitutifs de l'ouragan, c'est-à-dire que, par rapport au vent de Nord par exemple, le centre est constamment à l'Ouest du monde, par rapport au vent d'Est le centre se trouve au Nord du monde, et ainsi de suite pour tous les autres rhumbs de vent, de sorte qu'il est déjà facile d'entrevoir la possibilité d'indiquer la position du centre d'un ouragan d'après le vent que l'on éprouve.

Pour bien comprendre comment les navires A,B,C, peuvent recevoir un ouragan suivant les lignes AF, BC et CH, la carte d'ouragan offre une grande facilité :

Admettons que l'on trace en effet la parabole suivie par un ouragan, et qu'on place les trois positions qu'un navire peut occuper par rapport à cette parabole : sur la ligne même ou de l'un et de l'autre côté de cette ligne: supposons de plus qu'on n'ait pas oublié la direction constante qu'on doit toujours conserver à la carte d'ouragan, c'est-à-dire que la ligne qui joint le vent d'Est au vent d'Ouest reste toujours orientée suivant la ligne Nord et Sud du monde, et faisons glisser cette carte d'ouragan, en lui conservant son centre sur la parabole et l'orientation dont nous venons de parler, nous verrons d'une manière bien claire que les variations du vent se présentent pour les navires A,B,C, ainsi que nous venons de le dire.

Pour en finir avec toutes les inductions tirées des trois figures que nous venons d'analyser, terminons par une remarque très importante et sur laquelle nous aurons à revenir fréquemment plus tard ; c'est que l'un des deux 1/2 cercles de l'ouragan est plus dangereux que l'autre, parce que le vent y est animé d'une plus grande vitesse: il est facile en effet de s'apercevoir, en faisant glisser la carte de l'ouragan sur la parabole, que, pour le navire B, la direction des vents de l'E. au N.E. étant dans le même sens que le mouvement de translation du N.E. au S.O, la force du vent pour ce navire sera augmentée de la vitesse de translation tandis que, pour le navire C, qui ressent des vents de l'O. au N.O, c'est-à-dire en sens contraire du mouvement de translation, la force du vent sera diminuée de la vitesse de ce mouvement et cela est vrai, quelque soit celle des trois positions occupées par l'ouragan, de sorte que, si le mouvement de translation est de 10 milles à l'heure et la vitesse du vent de 80 milles, le navire B aura à subir des rafales qui souffleront avec une force de 90 milles, tandis que le navire C s'il passe à la même distance du centre que B, n'aura à supporter qu'un effort de 70 milles; soit une différence de 20 milles ou un peu plus du 1/5; il en est de même pour tous les points situés dans la même position que B et C par rapport à la ligne décrite par le centre, il en résulte qu'on a donné le nom de 1/2 cercle dangereux à celui dans lequel le vent souffle avec le plus de violence, par opposition à 1/2 cercle maniable qui est la dénomination du second, dénomination qui lui appartient encore à plus juste titre par la facilité de manœuvres qu'on y rencontre ainsi que nous aurons lieu de le constater plus tard.

Ce fait se comprend encore plus facilement en employant le verre dans lequel l'eau est agitée, ainsi que nous l'avons expliqué page 16, et en le faisant glisser sur la place occupée par un navire comme nous l'avons fait avec la carte d'ouragan.

On voit mieux comment les deux mouvements s'ajoutent dans un cas et se retranchent dans l'autre, de sorte que le même tourbillon peut être ouragan pour l'un, tempête pour l'autre et coup de vent ou bourrasque pour un troisième, selon qu'ils se trouvent plus ou moins éloignés du centre et dans l'un ou l'autre demi cercle.

Remarquons enfin que, suivant la branche de la parabole où se trouve l'ouragan, le 1/2 cercle dangereux occupe soit la partie Sud, soit la partie Est ou la partie Nord de l'ouragan. Dans le premier cas, c'est-à-dire lorsque l'ouragan suit la première branche de la parabole, vers le S.O, ce sont les vents du S.E. à l'E, N.E. et Nord qui soufflent dans le 1/2 cercle dangereux; dans le deuxième cas, c'est-à-dire au moment où l'ouragan prend sa course au Sud, les vents du 1/2 cercle dangereux sont ceux du N.E, N, N.O, tandis que dans le dernier cas, lorsque l'ouragan parcourt la deuxième branche vers le S.E, les vents du Nord à l'Ouest et au S.O. règnent dans le 1/2 cercle dangereux; tels sont les phénomènes que présente un ouragan dans l'hémisphère austral.

Le but que je me suis proposé, la nature des notes que j'ai rassemblées moi-même ne s'étendant qu'à cet hémisphère, je m'en occuperai exclusivement, et il doit être bien entendu que, dans tout ce qui va suivre, rien ne s'applique à l'hémisphère boréal.

CHAPITRE III.

Relation de divers ouragans. — Ouragans parcourant la première branche de la parabole. — Ouragans descendant du Nord au Sud. — Ouragans parcourant la 2ᵉ branche de la parabole. — Résumé des conclusions fournies par l'étude de ces ouragans.

Relation de divers Ouragans.

Quelques exemples d'ouragans extraits de journaux de bord ou provenant d'observations recueillies à la Réunion, sont nécessaires pour bien faire comprendre ce qui se passe dans chacune des trois positions diverses, dans lesquelles peut se trouver un ouragan sur la ligne parabolique qui représente la direction de sa course, depuis le moment où ce phénomène prend naissance jusqu'à celui où il disparaît.

Ce seront autant d'applications qui confirmeront la vérité des conclusions qui viennent d'être établies, et dont on tirera des enseignements qui serviront, plus tard, à prescrire les seules manœuvres à faire pour échapper aux désastres qui accompagnent toujours le passage de ces terribles météores.

Ouragans parcourant la première branche de la parabole.

Ouragans passant directement sur le lieu de l'observation.

La *Rosalie*, capitaine Dupuis, (fig. 7), allant dans l'Inde, se trouvait le 19 janvier 1855 par 15°28' latitude Sud et 54°14' longitude Est lorsque le temps, qui menaçait depuis deux jours, devint tout à fait mauvais, le vent soufflait du S.E. à rafales violentes qui forçaient à mettre à la cape et le bar., déjà à 751, annonçait une tendance à baisser encore davantage.

La matinée du 20 janvier fut plus mauvaise, le grand hunier ne put être conservé et on continua la cape, tribord amures, sous le petit foc et la benjamine, bar. 748.

Toute la journée le vent se maintint du S.E. au S.S.E. et souffla en augmentant à chaque instant de violence ; le soir c'était un véritable ouragan, le baromètre était descendu très rapidement à 730, le petit foc avait dû être serré et l'on était en cape sous la benjamine seule.

Le 21 à une heure et demie du matin cette voile est emportée, la mer est épouvantable et couvre d'un bout à l'autre le navire qui reste affreusement couché sur le côté de babord, frémissant sous les chocs violents de lames monstrueuses.

L'avant de la dunette à babord est défoncé, la lampe d'habitacle, le baromètre sont enlevés, la mer envahit le navire par le côté de babord dont les bastingages sont noyés, il faut fuir vent arrière, mais on le tente en vain ; le petit foc à peine hissé est enlevé, le point de misaine largué au vent a le même sort ainsi qu'une bonnette qu'on cherche à développer dans les haubans de misaine ; la barre au vent n'a plus d'action sur ce malheureux bâtiment à moitié chaviré et qui passe ainsi toute une journée dans ce péril imminent.

Le soir l'ouragan est encore plus violent s'il est possible ; le navire se couche de plus en plus. La ressource suprême est impérieusement commandée, le mât d'artimon est coupé à la hâte, mais, dans la précipitation d'un pareil sacrifice, rien n'a pu être prévu, il tombe entraînant avec lui le grand mât dont il ne laisse qu'un tronçon et celui-ci est cause de la perte du mât de misaine qui disparaît dans le même désastre.

Le navire se relève et l'on travaille à grands efforts à se débarasser de tous ces tronçons de mâture qui deviennent autant de périls des plus sérieux.

La nuit se passe ainsi, terrible et traversée d'émotions affreuses, lorsqu'à 7 heures du matin le 22, les rafales cessent tout d'un coup et une accalmie de quatre heures permet d'abandonner à la mer tous les débris qui environnent la *Rosalie*, et qui étaient si menaçants.

Le 22 à onze heures le vent saute subitement au N.O. avec une violence inouïe, la mer affreuse remplit à chaque lame le coffre du bâtiment, les lisses, les échelles, les claire-voies, les embarcations sont emportées et ce n'est que le lendemain 23, que, le vent devenant un peu moins violent, on commence à croire que le danger s'éloigne.

La journée du 24 se passe avec une grande brise toujours du N.O. mais la mer et le vent s'embellissent sensiblement, on installe un foc sur le tronçon du grand mât et on travaille à établir une mâture de fortune qui va permettre de rallier le port le plus voisin.

Voilà bien un de ces exemples terribles dans lequel les évènements se succèdent ainsi que nous l'avons établi pour le navire A de la figure 6, N° 1 : Le vent a été toujours en augmentant de violence depuis le 19 jusqu'au 22, un calme de quatre heures a succédé à cette première phase de l'ouragan, et le vent a sauté subitement au N.O. en tourmente pour diminuer progressivement le 23 et le 24 en conservant la même direction.

Le baromètre a toujours été en baissant depuis le 19 jusqu'au 22 et, s'il n'eut pas été brisé, nous l'aurions vu se relever successivement à mesure que l'ouragan perdait de sa violence, ou plutôt à mesure que la *Rosalie* s'éloignait du centre fatal.

N'oublions pas de consigner ici que la première partie de l'ouragan celle des vents de S.E. au S.S.E. a duré 67 heures, tandis que dans la seconde partie les vents de N.O. n'ont soufflé que 50 heures.

Je rapporterai un autre exemple de navire s'étant trouvé dans la même position, et je terminerai par l'ouragan du 1er mars 1850 qui a passé, directement sur la Réunion :

Etant en mission à Mozambique à bord de la goëlette de l'Etat l'*Eglé*, commandée par M. Leclaire, enseigne de vaisseau, j'ai eu l'occasion d'éprouver un de ces ouragans que l'on appelle dans le pays, *Mounoumouçaya*; ces météores ne sont pas autres que ceux dont nous avons déjà parlé, et les phénomènes qu'ils présentent ne diffèrent en rien de ce qui a été observé dans l'hémisphère austral : (fig. 8).

L'*Eglé*, avril 1858. Mozambique.

Le 1er avril 1858 dans la nuit, le vent prit à rafales du S.E. au S.S.E. accompagnées d'une pluie diluvienne, la mer un peu grosse était néanmoins arrêtée par la terre et ne fatiguait pas trop la goëlette mouillée sur deux ancres ; à six heures du matin le baromètre marquait 758.

Vers midi, le baromètre continuant à baisser et le vent à augmenter sans changer de direction, nous vîmes bien que nous allions avoir affaire à un ouragan des tropiques et nous prîmes nos précautions en conséquence.

Deux autres ancres furent mouillées et filées avec les deux premières qui se trouvèrent alors avec 50 brasses de chaîne, et les deux dernières avec 25 ; un trois mâts Portugais, à peu de distance de la goëlette, ne nous permettait pas d'en filer davantage ; mais nous étions par cinq brasses de fond, avec nos quatre ancres nous pouvions résister.

La mâture fut réduite aux seuls bas-mâts et à 2 h. de l'après midi nous n'avions plus qu'à attendre les effets du vent qui soufflait toujours du S.E. avec la plus grande violence, le barmètre indiquait 755.

Toute la journée le vent augmenta et le baromètre baissa : à 6 h. du soir, il était à 748 ; la mer devenait très grosse malgré l'abri de la terre et la goëlette tanguait de manière à faire croire à chaque instant à la rupture des chaînes ; le plus grand nombre des bateaux arabes chassaient sur leurs faibles amarres, quelques uns déjà étaient à la côte, la nuit se faisait et le vent soufflait en augmentant encore et toujours du S.E.

Vers 9 h. du soir la pluie redoubla d'intensité, le vent de fureur, nous constations avec plaisir que nous ne chassions pas, lorsque nous vîmes passer, à nous toucher, un pangaie arabe qui s'en allait en dérive à la côte.

A onze heures le bar. marqué 742 ; toujours mêmes rafales du S.E. sans variation.

A onze heures 45 minutes, un calme subit succède aux rafales au moment où elles semblaient être le plus violentes ; la tempête s'est apaisée d'une façon si brusque que nous passons sans transition des craintes les plus vives à la sécurité la plus complète.

Le pangaie arabe est à quelques brasses derrière nous, mais désormais plus de crainte ! Le temps s'embellit, la pluie cesse, et les étoiles se montrent au ciel ; la mer est encore grosse, mais déjà elle diminue et le calme complet dont nous jouissons permet de s'assurer de l'état dans lequel se trouve la goëlette :.

La pompe n'accuse pas d'eau, le guindeau a cédé un peu, mais il a résisté aux efforts des chaînes dont les empreintes profondes attestent l'effort violent qu'elles lui ont fait supporter ; la chaloupe et une grande embarcation du Port sont coulées derrière la goëlette qui n'a aucune avarie sérieuse.

Autour de nous flottent des débris appartenant à ces nombreux bateaux arabes qui sont en dérive ou déjà naufragés ; des cris se font entendre, on appelle au secours et ce sont les Français qu'on implore. A quelque distance nous apercevons une masse noirâtre qui va à la dérive et le temps est assez clair pour que nous distinguions quelques pauvres matelots cramponnés à ce débris flottant ; c'est une goëlette portugaise qui a chaviré et sur la quille de laquelle ils se maintiennent à grand'peine.

Malheureusement nous n'avons sur les porte-manteaux qu'un youyou trop faible pour affronter la mer encore très grosse. Les cris s'éloignent et se perdent bientôt au milieu du bruit de la mer qui roule sur le rivage.

Pendant que le temps semblait tout à fait revenir au beau et que le calme le plus complet permettait de tenir sur le pont une bougie allumée, le baromètre, seul, se maintenant à 740, nous indiquait que nous passions par le centre de l'ouragan qui, suspendu pour un moment, allait reprendre avec fureur.

A 1 heure en effet, les premières rafales du N.O. tombaient à bord comme un coup de foudre et faisaient pirouetter la goëlette qui allait subir un nouvel assaut.

Cette fois le vent et la mer nous poussent sur l'île de Mozambique à peu de distance de laquelle nous sommes mouillés ; la mer, venant du fond de la baie, a le temps de se développer, aussi devient-elle tellement grosse, qu'à chaque lame l'*Eglé* disparaît tout entière.

Mais le danger le plus terrible vient de ce malheureux bateau arabe qui s'est arrêté à quelques brasses de nous; la direction tout-à-fait opposée du vent fait qu'il est droit sur notre avant et nous ne tardons pas à nous apercevoir qu'il ne peut résister aux efforts réunis de la mer et du vent.

Une heure se passe en anxiété fiévreuse; la pluie a recommencé avec la saute de vent et la mer devient monstrueuse; le Pangaie se rapproche et dans une rafale affreuse vient tomber en travers sous notre beaupré.

L'*Eglé*, soulevée par la mer enfonce son avant dans ce malheureux bateau, des craquements sinistres se font entendre; les mâts et les vergues tombent à bord et, dans cette lutte désespérée entre ces deux faibles navires, il est à craindre qu'il y ait deux victimes.

Enfin le Pangaie cède et ses deux tronçons nous quittent chargés encore de malheureux arabes que le péril glace d'effroi; ils s'en vont à la mort sans un geste, sans un cri, sombres et résignés, eux d'ordinaire si criards à la moindre manœuvre !

Nous en avions sauvé quatorze avec des cordes que nous leur avions lancées; les autres se noyaient à quelques brasses sans qu'il nous fut possible de les arracher à la mort. A peine ces malheureux ont-ils disparu que nous songeons à nous-mêmes: la goëlette ne fait pas d'eau mais deux des chaînes ont été cassées par l'effort qu'elles ont eu à soutenir, et nous nous appercevons bientôt que, cédant à la violence de l'ouragan, nous sommes poussés à la côte par les coups de mer qui couvrent la goëlette de bout en bout, les ancres chassent !

Cependant le baromètre remonte et nous indique que l'ouragan, s'il n'a pas diminué de violence, touche du moins à son terme; il est trois heures du matin et dans quelques heures nous pouvons être sauvés ; cet espoir s'évanouit bientôt, un coup de talon nous annonce que nous sommes à la côte !

Le gouvernail est démonté, la roue vole en éclats, nous sentons, à chaque coup de mer, le pont nous manquer sous les pieds et nous voyons les mâts vibrer comme des joncs menaçant à chaque instant de nous broyer dans leur chute !

L'*Eglé* n'est pour ainsi dire plus qu'une épave que la mer couvre à chaque lame; la pluie est si intense, l'obscurité si profonde que nous ne pouvons voir l'endroit de la côte où nous avons été jetés, la nature des chocs nous fait espérer cependant que nous sommes sur la seule plage de sable qui existe près du débarcadère

Au point du jour en effet nous distinguons le Palais du gouverneur au pied duquel nous sommes échoués.

Mais la mer est toujours aussi forte, l'avant de la goëlette flotte encore, notre arrière seul frappe sur le fond à cause de la différence de tirant d'eau, et la goëlette pourrait se briser, mieux vaut donc la mettre à la côte tout à fait:

Les chaînes sont prises par l'arrière, un foc hissé nous fait abattre sur place et l'avant monte sur la plage où l'*Eglé* se couche comme sur un bert; nous sommes sauvés ! Le spectacle qui s'offre à nous est navrant.

De tous les navires mouillés la veille dans la baie trois seuls ont résisté, tous les autres et tous les bateaux arabes sont à la côte, des milliers d'hommes courent sur la plage cherchant à disputer à la mer quelques débris, une seule embarcation du Port a survécu à la tourmente et fait des efforts inouis pour venir à notre secours, toute la journée la mer est trop grosse pour y réussir, vers 6 h. du soir seulement nous pouvons communiquer avec la terre et nous trouvons chez M. le gouverneur l'hospitalité la plus empressée.

Le temps s'améliore sensiblement, la mer mollit, le baromètre remonte et le lendemain, grâce aux secours intelligents fournis par le port, nous pouvons remettre à flot la goëlette qui avait si vaillamment supporté tant d'assauts divers.

L'ouragan a été terrible à terre : Les plantations ont été ravagées, des arbres séculaires arrachés, les cocotiers dévastés, partout la désolation et la ruine !

L'élévation de la mer a produit une inondation qui a fait de nombreuses victimes , plus de 200 arabes ont été noyés à bord de leurs bateaux, enfin c'est un bouleversement comme on n'en connaît pas de mémoire d'homme dans la province de Mozambique.

Mais c'est assez s'appesantir sur les effets de l'ouragan, constatons maintenant que comme dans l'exemple précédent le vent a augmenté de violence sans changer de direction , jusqu'au point central marqué par le calme subit, en même temps que le baromètre baissait jusqu'à ce même point.

Après cette accalmie d'une heure, le vent à sauté subitement cap pour cap, et a continué dans la même direction jusqu'à la cessation de l'ouragan, tandis que le baromètre ne commençait à remonter qu'après les premières rafales de cette seconde partie de la tempête.

Nous n'avons éprouvé que deux vents de direction parfaitement opposée : la première partie de l'ouragan, avant que le calme se fit sentir, a duré environ 24 heures tandis que, 18 heures après le calme, les rafales avaient cessé ; enfin l'*Eglé* a passé par les mêmes phases que le navire la *Rosalie* et nous retrouvons les phénomènes indiqués pour le navire A. (Fig. 6 N° 1.)

Les renseignements que je me suis procurés m'ont permis de reconnaître que cet ouragan était bien un météore tourbillonnant et animé en même temps d'un mouvement de translation .

Le navire la *Vestale*, se trouve le premier avril à midi, à environ une vingtaine de lieues dans l'Est de Mozambique , les vents qui ont débuté au S.E. sont à l'Est excessivement violents, et ce navire se voit obligé de sacrifier son grand mât pour éviter une perte imminente ; plus tard les vents tournent au N.E. et, le 4 avril, la *Vestale* mouille sur rade de Mozambique.

Le navire la *Pétulante* était, le 1er avril à midi, à environ 50 lieues dans le N.N.E. de Mozambique, souffrant de rafales violentes du S.O. à l'O. et au N.O ; mais, plus heureux que la *Vestale*, ce bâtiment en était quitte pour un bout dehors de grand foc et, le 4 avril, il arrivait également au mouillage de Mozambique.

C'en est assez pour indiquer le mouvement rotatoire ; quant à celui de translation, il est suffisamment prouvé par les extraits des navires la *Pallas* et l'*E .H. Miller :*

Le 31 mars au matin la *Pallas* , navire français commandé par M. Daban, est au mouillage de Mayotte ; le vent souffle en rafales très violentes du S.E, le baromètre est à 756.

A onze heures et demie l'ouragan est dans toute sa force, le baromètre a atteint 738 ; le navire casse ses deux chaînes et est jeté à la côte.

A midi et demi, petite accalmie d'une demie heure; à une heure, les rafales reprennent au N.E. et au Nord, dégageant un peu le navire qui parvient à se déséchouer le lendemain sans avoir souffert d'avaries graves.

La *Pallas* a passé par le centre du tourbillon, et si l'on fait attention que Mozambique est situé à 300 milles dans le S.O. 1/4 O. de Mayotte, nous voyons que l'*Eyle* ayant reconnu le passage du centre, de minuit à une heure, le 2 avril, c'est trente-six heures que le centre du tourbillon et par conséquent l'ouragan lui-même a mis à parcourir cette distance de 300 milles, c'est-à-dire qu'il était animé d'une vitesse de translation de 8.33 milles à l'heure.

L'*E.H. Miller*, goëlette américaine, mouillée à Quillimane, à 306 milles au S.O. de Mozambique, ne ressentait la plus grande violence de l'ouragan que dans la nuit du 2 au 3, à peu près trente heures plus tard que l'*Eyle*, les vents venaient du S.O. à O. très violents pour cette goëlette, qui mouilla cinq ancres pour résister à la fureur du vent et de la mer.

Le mouvement de translation est donc encore aussi bien prouvé que celui de rotation et je me suis un peu étendu sur cet exemple, pour établir d'une manière certaine, que les ouragans du canal Mozambique sont assujetis aux mêmes règles que tous les ouragans de l'hémisphère austral, quant à leur course générale et aux variations du vent.

Passons à l'ouragan qui a ravagé la Réunion le 1ᵉʳ mars 1850.

Le 27 février la mer est grosse, le baromètre est à 731, le temps est gris, [illegible] la brise souffle du S.S.E. as-...

Le 28 la mer ayant beaucoup grossi, la communication est interdite.

Le ciel est très chargé, le baromètre à 732 et la brise de S.E. qui a régné toute la journée tombe graduellement; au coucher du soleil le ciel prend une teinte cuivrée très prononcée, des risées de vent chaud du S.E. se font sentir et sont remplacées par un calme qui oppresse. La nuit se passe ainsi avec des alternatives de bouffées d'air brûlant du Sud au S.E. et d'accalmies plus ou moins prolongées.

Le lendemain 1ᵉʳ mars à 6 heures du matin le baromètre a baissé de 3 millimètres, le lever du soleil est d'aussi mauvais aspect que le coucher de la veille, une petite pluie fine tombe par grains, la mer roule des lames effrayantes, tout annonce d'une manière certaine, un ouragan; la brise se fait un peu du S.S.E. vers 9 heures du matin, on en profite pour faire appareiller les navires qui s'éloignent dans le N.E., à midi le baromètre est à 747, les rafales commencent au S.E. avec des alternatives de calme jusqu'à 4 heures de l'après midi et se succèdent ensuite sans interruption; le baromètre est à 739.

A 8 heures du soir l'ouragan est dans toute sa violence, le baromètre à [illegible], la marée est horrible, la pluie tombe mais pas très abondante.

A partir de ce moment jusqu'à minuit le baromètre baisse rapidement ainsi qu'il suit, pendant que le vent souffle avec fureur du S.E. au S.S.E.

    A 8 heures 30 le baromètre indique 731.5
    A 9 heures 732
    A 9 heures 30 . . . . 728.5
    A 10 heures 728
    A 10 heures 30 723
    A 11 heures 725
    A   minuit 724.5

De minuit, à 1 heure le baromètre oscille de 725 à 724, tantôt montant tantôt descendant, et à 1 heure un calme subit succède au vent si terrible du S.E, la mer semble s'embellir , et la pluie cesse comme par enchantement.

De 1 heure à 3 heures, le 2 mars, mêmes oscillations du baromètre , même accalmie qui cesse tout à coup pour faire place à des rafales effrayantes du N.O., le baromètre est alors à 725.

La journée du 2 mars se passe ainsi; le vent et la mer sont déchaînés, cependant le baromètre remonte depuis la saute de vent , il est à 8 heures du soir à 740.

Les rafales sont un peu moins violentes, surtout à partir du 3, le vent de N.O. dure cependant toute cette journée encore et la hausse barométrique est presque insensible , le baromètre n'est qu'à 741 à 8 heures du soir, la mer mollit aussi un peu.

Le lendemain 4, la brise de N.O. à O.N.O. souffle encore, mais en mollissant sensiblement , à midi le baromètre a atteint 746, tout est fini ! le calme a succédé à l'ouragan qui a été on ne peut plus désastreux pour la Colonie:

Tous les quartiers du vent ont horriblement souffert, des sucreries sont à terre, les ponts des marines renversés, des magasins défoncés, les plantations ravagées comme si on avait tiré des volées de mitraille dans les champs de cannes, les dernières giroflcries et cafeiries à jamais perdues, gissent sur le sol et les quelques arbres, qui ont résisté, sont desséchés à tel point qu'ils semblent avoir subi l'action du feu.

Mais un malheur plus grand frappe la population pauvre qui voit en quelques heures ses cases emportées et la récolte de maïs anéantie ; ce qui fait vivre à grand peine ces malheureux , leur unique ressource, leur est enlevée et la perspective d'une famine affreuse succède à celle de l'abondance que leur imagination caressait la veille avec bonheur.

Tels sont les effets d'un ouragan dont le centre frappe une colonie qu'une culture éminemment intelligente a rendu si prospère, mais que sa position intertropicale expose chaque année à des catastrophes semblables à celle que je viens de rapporter.

En dehors de ces considérations nous reconnaissons, encore ici les mêmes phénomènes que pour les deux navires précédents, seulement les 50 heures qu'ont duré les vents de N.O. ont de beaucoup excédé la première partie des vents de S.E. qui n'ont soufflé que pendant douze heures.

En résumé nous avons constaté par ces trois exemples :

1° Que les navires ou les terres, placés directement sur le parcours d'un ouragan ne ressentent exactement que deux vents de direction diamétralement opposée.

2° Qu'un espace de calme de plus ou moins grande durée sépare ces deux vents.

3° Que le vent va toujours en augmentant jusqu'à la rencontre de ce calme, et que le vent qui lui succède avec fureur va, au contraire, en diminuant jusqu'à la fin de l'ouragan.

4° Que le baromètre suit une marche analogue, c'est-à-dire qu'il baisse de plus en plus jusqu'au calme où il s'arrête, pour remonter ensuite dès que le vent a sauté cap pour cap jusqu'à ce que l'ouragan s'éteigne.

5° Enfin que la première partie d'un ouragan, c'est-à-dire celle représentée par les vents de S.E., dure plus longtemps que la seconde partie, ou celle des vents de N.O. Cette dernière remarque dont je ne présente ici

que deux cas sur trois est ce qui arrive presque toujours, ainsi que je
pourrais l'établir par de nombreux exemples qu'il m'est impossible de
rapporter ; ce qui est arrivé pour la Réunion n'est qu'une exception
que j'expliquerai plus tard.

*Ouragan passant au Nord du lieu de l'observation dans la première
branche de sa parabole.*

Examinons maintenant ce qui se passe pour les navires ou les terres
dans la position du navire B, c'est-à-dire qui se trouvent au Sud de la
première partie de la trajectoire d'un ouragan :

Le 25 février 1854, la frégate la *Jeanne d'Arc*, commandée par M.
Jaurès, capitaine de vaisseau, se trouvait par latitude 13°41' et longitude
53°56' en retour d'Aden à la Réunion, (Fig. 10). La brise fraichissait du
S.E. au S.S.E., et, au coucher du soleil, une teinte cuivrée très prononcée
colora le ciel de toutes parts ; une pluie abondante tombait sans discontinuer ; le temps devint noir et menaçnt, plongeant la frégate dans une
obscurité profonde que sillonnaient des éclairs fréquents, la mer était
très grosse, et le baromètre, en baisse depuis deux jours, marquait à 8
heures du soir 752 ; tous ces indices ne devaient laisser aucun doute sur
l'approche d'un ouragan.

La frégate cependant se comportait bien et l'on courait à l'Est tribord
amures sous la misaine, les huniers amenés sur le tenon, grand voile goëlette, le petit foc et l'artimon de cape.

A 10 heures l'ouragan se déclare par un coup de fouet d'une violence
extrême : Le petit foc est emporté, la frégate se couche et engage, on car-
gue tout en pagaille et la barre mise au vent permet enfin d'arriver et de
se débarasser de toutes les voiles, puis on fait route ensuite à l'E.N.E. en
cape courante.

Toute la nuit est affreuse, il n'y a plus de doute, on est réellement sous
l'influence d'un ouragan et on s'occupe activement à prendre les précautions qu'une telle certitude commande : Les perroquets sont dégréés, les
voiles rabantées avec des drisses de bonnette, les embarcations saisies
avec soin, enfin on ramasse les lambeaux du grand hunier qui vient
d'être défoncé en cassant sa vergue.

A 8 heures du matin le vent et la mer sont effrayants, le baromètre est
descendu à 745, la benjamine est enlevée et l'on est obligé de serrer la
misaine goëlette dont la corne vient de craquer.

A midi, les vents, qui n'avaient pas varié jusque là du S.E., tournent
à l'E.S.E. en augmentant encore de violence, le baromètre a atteint 734
et rien n'annonce que l'ouragan doive mollir, lorsqu'à midi et demi une
accalmie subite succède à la tempête et permet de dégager un peu le navire, on largue les voiles pour les serrer avec plus de soin et l'on prend
tous les ris aux huniers avant de les rabanter ; la frégate reste alors sous
ses voiles goëlettes et la trinquette.

A 1 heure de faibles bouffées du N.E. au N.N.E. se font sentir, le baromètre a encore baissé un peu, il est à 732.5, on brasse tribord partout,
on change les voiles goëlettes et la route est donnée au S.E.

A 2 heures 20, l'ouragan reprend avec fureur du N.E. la frégate se
couche de nouveau ; le canot major est emporté par la mer, sous le vent,
la drosse du gouvernail casse et les mêmes péripéties que précédemment

se renouvellent : Les voiles goëlettes sont carguées à la hâte et la frégate se relève enfin sous l'action de sa barre, que font mouvoir les palans qu'on a eu soin de mettre en place à l'avance.

Cependant le baromètre remonte un peu quoique l'ouragan soit dans toute sa violence, il est à 733 à 4 heures, et à 8 heures il atteint 740; la direction du vent n'a pas changé, il souffle toujours du N.E.

Le 27 février, à minuit, il y a un peu d'amélioration : la brise encore violente du N.E. n'est plus qu'à fortes rafales, et le baromètre continue à monter à 745; à 4 heures du matin il est à 748, grande brise de N.E; à 8 heures du matin le temps est devenu maniable, on établit les huniers trois ris, la misaine, le petit foc et l'artimon, et on continue la route au S. S.E.

A midi, le point donne par l'observation 14°45' latitude et 54°16' longitude, l'ouragan est terminé.

Si nous tirons les conclusions que nous offre l'étude de cet ouragan, nous voyons que tout ce qui a été établi pour le navire B, dans le N° 1 de la figure 6, se trouve ici confirmé :

Les vents ont varié S.S.E, S.E, E. N.E, N.N.E. et, s'il s'est présenté un moment d'accalmie, c'est que la route à l'E.N.E. avec les vents de S.S.E. conduisait droit au centre de l'ouragan, la frégate a donc rencontré le bord extrême du calme central; dès que les vents ont santé au N.E, il est clair que, si la *Jeanne d'Arc* était restée en cape serrée, sans presque changer de place, elle aurait vu les vents varier au Nord, peut-être au N.N.O. à mesure que l'ouragan se serait éloigné, mais la cape courante lui permettait de faire, au S.E., un peu de route qui la conduisait au Sud de l'ouragan, tandisque la dérive et le courant dû au mouvement de translation de cet ouragan la portaient dans le S.O. avec à peu près autant de vitesse qu'elle en avait elle-même en ligne directe au S.E, il en est résulté que la frégate est sortie de l'ouragan en restant toujours sur le même rayon et que par conséquent les vents n'ont pas dû varier; aussi les voyons-nous persister au N.E. sans variation aucune.

Le vent a été d'autant plus violent qu'on s'est trouvé plus près du centre et enfin le baromètre, après avoir été en baissant jusqu'à 1 heure de l'après midi du 26 février, heure à laquelle la frégate se trouvait au point le plus rapproché du centre, a commencé à monter à mesure qu'on s'en éloignait et ne s'est plus arrêté jusqu'à la cessation du mauvais temps.

Nous constaterons que le vent a été en augmentant de violence depuis le 25 février à midi, jusqu'au 26 à midi, c'est-à-dire pendant 24 heures, et qu'il a diminué de violence depuis 2 heures de l'après midi jusqu'au 27 à 8 heures du matin, ou pendant 18 heures.

L'ouragan qui a frappé si cruellement la Réunion en 1829, mais qui a été surtout si désastreux pour les navires, va nous présenter les mêmes phénomènes et donner lieu aux mêmes conclusions : (Figure 11.)

Le 6 février le baromètre est à 758,5, en baisse progressive depuis le 2, le temps est superbe, le vent varie du S.E. à E.S.E. jolie brise, mais la mer, magnifique jusque là, commence à grossir dans la soirée du 6.

Le 7 le baromètre est à 757,5, beau temps, la brise a fraîchi toujours du S.E. et la mer est plus grosse que la veille.

Le 8 le temps est très clair, il vente belle brise du S.E, le baromètre baissant plus rapidement que les jours précédents a atteint 652,5, la mer toujours très grosse devient affreuse dans la nuit du 8 au 9, et comme toutes les nuits précédentes, le calme sucéède à la fraîche brise de la journée.

A 5 heures du matin, le 9, la mer est effroyable, les caboteurs s'éloignent en toute hâte et l'on profite d'une faible brise du S.E. au S.S.E. pour faire dérader les navires; le baromètre est à 754.2, une heure après il vente grande brise du S.E.

A 9 heures une goëlette, qui n'a pas pu s'éloigner, est chavirée et coulée ainsi que les quatre chaloupes des établissements qu'on n'avait pas eu le temps de rentrer.

A midi, le temps toujours beau, brise très forte du S.E, mer affreuse, baromètre à 749.5.

A 6 heures du soir la pluie commence à tomber, la mer est de plus en plus mauvaise, le baromètre est à 748.9.

La brise augmente de violence sans changer de direction, la teinte cuivrée du coucher du soleil augmente les inquiétudes que l'on avait depuis la veille, et le temps prend une apparence si menaçante que les habitants voient s'évanouir l'espérance, qu'ils avaient conservée jusqu'alors, d'être épargnés; le doute n'est plus permis, il est évident pour tous, qu'un ouragan va frapper la Réunion.

A 2 heures du matin, le 10 février, il vente ouragan, le baromètre est à 747, les rafales du S.E. sont d'une violence extrême et la mer, de plus en plus alarmante, atteint à 9 heures du matin un développement inconnu jusqu'à ce jour : les magasins de marine, situés au bord de la mer, sont couverts par des lames monstrueuses et le mur protecteur du barachois s'écroule en plusieurs endroits; une goëlette de 40 tonneaux, en construction à la partie Est du barachois, est brisée sur place, et les débris en sont emportés au large ; une autre goëlette de 20 tonneaux, l'*Alerte*, en réparation, est soulevée, et lancée à 15 mètres plus loin, sur le toit des bureaux du Port où elle reste en équilibre après l'avoir effondré ; enfin la jetée, qui forme le barachois, est balayée et, à 3 heures du soir, il n'en reste plus qu'un amas de blocs qui sont roulés par la mer.

La pluie tombe sans interruption et le vent souffle ouragan, variable du S.E. à E.S.E., toute l'après midi, le baromètre a baissé encore, et à 6 heures du soir il est à 744.

A minuit le 11 février, le vent, qui jusque là tenait du S.E. à E.S.E., saute avec la même violence à E.N.E., baromètre 743, la mer paraît mollir un peu.

A 6 heures du matin elle est un peu moins grosse, le temps a toujours très vilaine apparence, les rafales d'E.N.E. sont cependant moins intenses, la Rivière de Saint-Denis déborde et les ravages d'une inondation viennent s'ajouter aux désastres de l'ouragan.

Cependant le baromètre est remonté à 748; à midi il est à 754, le vent au N.E., à 6 heures du soir 755.4, les rafales plus éloignées du N.N.E. et à minuit, le 12 février, on le note à 756.2, belle brise du N.N.E.

La tempête a été toujours en mollissant depuis minuit, le 11 février, ainsi que le ras-de-marée que le changement de direction du vent a empêché de se développer, indices certains que le danger s'éloigne de plus en plus.

A 6 heures du matin, en effet, le vent souffle faible brise d'E.N.E. à N.E., le beau temps est revenu.

Cet ouragan, quoique n'ayant pas fait baisser beaucoup le baromètre, a été terrible pour la Réunion:

Sans compter les désastres occasionnés par la mer, les plantations ont été ravagées ; la récolte, considérablement diminuée, prive les habitants

3

des ressources sur lesquelles ils avaient compté, et va les conduire à cette catastrophe commerciale dont la Réunion gardera à jamais le douloureux souvenir !

Quant aux navires appareillés de la colonie, et qui presque tous ont couru au N.E. ou au Nord, tribord amures, ils ont été se jeter, tête baissée, au devant du danger qui s'offrait si menaçant : 19 ont disparu corps et biens et les moins malheureux, ceux qui ont échappé à cet effroyable désastre, sont revenus dans l'état le plus déplorable.

Pendant ce temps une goëlette du plus faible tonnage, la *Sémillante*, fuyait sous le vent de l'île et, quoique balayée à chaque instant par la mer, réussissait à éviter le sort auquel tant d'autres avaient succombé ; huit jours après, cette frêle embarcation reparaissait à la grande stupéfaction de tous ceux qui possédaient la moindre expérience de la mer !

Est-il nécessaire de répéter ce que nous avons dit au sujet de la *Jeanne d'Arc* quant aux conclusions que nous cherchons à tirer de cette étude nouvelle ? le vent, le baromètre, la mer ont passé par les mêmes phases que pour la *Jeanne d'Arc*, et ainsi que nous l'avons dit pour le navire B du N° 1 figure 6 ; remarquons néanmoins que la première partie de l'ouragan a duré depuis le 9 février à 6 heures du matin jusqu'au 11 février minuit, c'est-à-dire 42 heures, tandis que, 30 heures après, le beau temps était presque revenu.

Ouragans passant au Sud du lieu de l'observation.

Nos dernières analyses vont nous conduire à ces mêmes conclusions générales, lorsqu'il s'agira d'un ouragan passant au Sud d'un navire ou d'une terre quelconque :

Jeanne - Dumas, avril 1852, latitude 21°53' Sud longitude 57°24' Est.

Le 22 avril 1852, la *Jeanne Dumas*, capitaine Lieutaud, venant de France, se trouvait, à midi, par une latitude de 21°53' et longitude 57°24' (Figure 12.)

La brise, à rafales du S.E. au S.S.E., avait obligé de prendre deux ris aux huniers et on courait ainsi au N.N.E. tribord amures ; le soir les apparences furent très mauvaises, le vent avait augmenté de violence, on fut forcé de prendre la cape sous le grand hunier au bas ris.

Le 23, à minuit, le baromètre avait beaucoup baissé : il marquait 745, les rafales, beaucoup plus violentes, étaient aussi plus rapprochées ; le grand hunier est serré, et le navire fatigue beaucoup par les coups de mer qui le frappent à chaque instant.

A midi le vent tourne au S.S.O. très violent, surtout dans la soirée.

Le 24, à 2 heures du matin, le baromètre est à 728, il vente tempête d'O.S.O. et la mer, devenue affreuse, submerge le navire à chaque lame : le canot de bâbord est enlevé, les pièces majeures du gaillard d'avant sont démolies, tout le plat bord de la poulaine est emporté ainsi que la lisse et le plat bord de tribord, plusieurs haubans cassent leurs chaînes, le navire, en un mot, souffre horriblement dans sa coque et son gréement, obligé qu'il est, de rester à la cape à sec de toiles.

Au jour, le temps semble s'améliorer, le baromètre a déjà remonté, à midi il est à 740 et le vent n'est plus qu'à fortes rafales du O.N.O., on peut faire un peu de toile, le grand hunier est rétabli ainsi que le petit foc et la benjamine ; dans la soirée, la brise devient maniable du N.O. au N.N.O.

C'est là, bien évidemment, ce que nous avons indiqué pour le na-

vire C dans le N° 1. de la figure 6 : vents variant du S.S.E. au Sud.
S.S.O., S.O., O.S.O., O. et N.O., soufflant de plus en plus fort à mesure
qu'on se rapproche du 24 avril vers 2 heures du matin , heure à laquelle
la *Jeanne Dumas* se trouve à la plus courte distance du centre de l'ouragan et mollissant ensuite lorsque ce navire s'en éloigne ; quant au
baromètre , il baisse progressivement jusqu'à ce qu'on atteigne ce point
plus courte distance, pour remonter dès qu'on s'en écarte.

On doit noter encore que la violence du vent a forcé de mettre à la cape dans l'après-midi du 22 , c'est-à-dire 36 heures avant d'atteindre le
moment de la plus grande violence du vent, tandis que, 24 heures après,
le temps, devenu maniable, permettait de faire route ; la partie croissante
de l'ouragan a donc été de plus longue durée que celle décroissante.

Un second extrait des journaux de navires va nous faire enregistrer les
mêmes faits : (Figure 13.)

Le 25 avril 1855, le *Bengale*, capitaine Duval, se trouvait à midi par 2°44'
Sud et longitude 83°16' Est, en retour de Calcutta à la Réunion, les vents
de la partie du S.O. forçant de faire route au plus près , tribord amures,
mais permettant de conserver toutes voiles dessus ; le soir le temps se mit
à la pluie et à grains , la voilure fut réduite , on serra les petites voiles ,
les perroquets et on prit deux ris aux huniers.

La nuit du 25 au 26 fut mauvaise et , le 26 à midi, par 4°44' latitude
et 84°33' longitude, il ventait tourmente de S.O ; on prit la cape sous le
grand hunier au bas ris.

Le temps empira encore dans l'après midi ainsi que dans la nuit; le lendemain matin, 27 à 6 heures, le vent , sautant à l'Ouest avec une violence inouïe, fit coucher le navire qui se trouva ainsi exposé aux chocs répétés de lames monstrueuses; les pompes ne suffisant plus à franchir , on
fut obligé de jeter du riz à la mer et, pour éviter un plus grand malheur,
on prit la résolution de se mettre en fuite à l'Est sous le grand hunier au
bas ris , le petit foc et la misaine goëlette.

À 3 heures de l'après midi les vents halent le O.N.O. et N.O ; la fuite
est conservée vent arrière, une rafale très violente défonce et emporte la
misaine goëlette, le grand hunier déchire et le navire, privé de ses voiles
qui lui permettaient de fuir devant la lame , reçoit un coup de mer affreux qui remplit le coffre, enfonce plusieurs sabords, enlève une partie
du bastingage , démonte la roue du gouvernail , brise deux hublots et,
dans le choc violent qui en résulte, fait craquer le beaupré et la mèche du
gouvernail.

Dans la soirée le temps s'améliore et , à minuit le 28 avril , on peut
considérer le mauvais temps comme à peu près terminé.

Les variations du vent, pour ce navire, ont été les mêmes que pour la
Jeanne Dumas et tout s'est passé, sous ce rapport, comme nous l'avons dit
pour le navire C du N° 1 figure 6 ; malheureusement le baromètre n'a
pas été enregistré sur le journal du bord , et nous ne pouvons en tirer
aucune conclusion.

Un dernier exemple , observé à la Réunion , peut être encore utile à
consigner ici :

Depuis deux jours le baromètre était en baisse progressive , la mer
grossissait sensiblement , et le ciel, très chargé au N.E., donnait des inquiétudes ; le 24 mars 1860 , à 6 heures du matin , le baromètre avait
atteint, à Saint-Denis, 754, 35 ; l'horizon s'était éclairci au N.E. , et les
indices menaçants avaient halé le Sud , où l'on voyait un bandeau noir et,

Bengale , avril 185
latitude 2°44' Sud
longitude 83°16' Est.

Réunion, mars 1860.

épais de mulcuo-nimbus , qui , s'en échappant à chaque instant , passaient avec rapidité au dessus des plus hautes montagnes et annonçaient, bien évidemment , que les vents du Sud au S.O. soufflaient grand frais dans la partie sous le vent ; c'est ce qui arrivait en effet à Saint-Pierre , Saint-Leu et Saint-Paul, où les navires étaient obligés d'apparciller.

A quatre heures du soir , les nimbus chassaient du S.O. et l'on voyait la mer moutonner au large à grande distance , le baromètre atteignait 751.20.

Pendant ce temps la mer , grosse les jours précédents , s'embellissait à vue d'œil, indice certain que l'ouragan poursuivait sa route au Sud de la Réunion ; et les navires, au mouillage de Saint-Denis, ne ressentaient que de faibles brises variant de tous côtés, abrités qu'ils étaient , des vents violents du Sud et du S.O., par les hautes montagnes de l'Ile ; il était évident qu'ils commenceraient à éprouver les effets de l'ouragan lorsque les vents, tournant à l'Ouest, pourraient débouquer du Cap Bernard.

A 6 heures du soir , le baromètre avait déjà remonté à 752.35 , nous avions donc passé le point de plus courte distance. La direction des vents, qui devaient certainement venir de l'Ouest, permettant, à tout événement, l'appareillage, je fis prendre aux navires toutes les précautions nécessaires pour résister à l'ancre et je me décidai à les conserver au mouillage de Saint-Denis, alors qu'on voyait, au large, ceux de tous les autres quartiers de l'île.

A onze heures du soir , les rafales commencèrent en effet, de l'Ouest et continuèrent toute la nuit, mais le baromètre, à 752.50 au moment où la bourrasque se déclarait , avait atteint , le 25 à 6 heures du matin , 754.35.

Les rafales violentes de la nuit allaient mollir , il n'y avait plus rien à craindre pour les navires, même en admettant que les vents tournassent au N.O.

La plupart avait chassé pendant la nuit et quelques uns le firent encore dans la journée, quoique la mer fut belle, mais aucun ne dérada et nous évitâmes, ainsi, cet appareillage toujours si fâcheux dans cette saison de l'année, à cause des difficultés qu'on éprouve à reprendre ses amarres lorsqu'on rentre du déradage.

Le soir, à 6 heures, les vents halaient le O.N.O., maniable, le baromètre était à 756.4, aucun motif d'inquiétude n'existait plus.

A mesure que la mer s'embellissait pour nous , elle grossissait à Saint-Pierre et dans tous les quartiers Sous le Vent où se déclarait un ras-de-marée très violent.

Cette bourrasque insignifiante, quant à ses résultats, pour la Réunion, était bien réellement due à la présence d'un ouragan dont le centre a passé à environ 250 milles au Sud, où il exerçait ses ravages, ainsi que nous l'ont appris les rapports des navires : l'*Amélie*, le *Malouin* et le *Volney*, qui en ont ressenti les effets désastreux, le 26 et le 27 mars.

Amélie, mars 1860, latitude 30° Sud, longitude 54° Est.

L'*Amélie*, capitaine Lemière, venant de France , se trouvant par latitude 30° et longitude 54°, notait, à 9 heures du matin le 26, le baromètre à 721 ; la mer est très grosse, la pluie continuelle et les sautes de vent du S.S.Æ. au Sud, S.O.O., et N.O. , en tourmente , enlèvent le petit foc et tiennent le navire couché sur babord, dans une position périlleuse à cause des coups de mer violents auxquels il est exposé , jusqu'à ce que les rafales, mollissant , lui aient permis de se relever et de faire vent arrière.

L'*Amélie*, a beaucoup souffert quoique n'ayant pas fait beaucoup d'avaries, et le capitaine Lemière a pu se convaincre, par la violence des rafales, qu'il avait affaire à un ouragan véritable.

Le capitaine Lauzier du *Malouin*, faisant route pour la Réunion, était, lui, plus maltraité encore, par latitude 28°15' et longitude 56°30'.

Malouin, mars 1860, latitude 28° 15' Sud, longitude 56° 30' Est.

Le 26 mars, à 2 heures du soir, son baromètre marquait 724 ; la pluie fouette avec tant de force qu'il est impossible de tenir le visage au vent, la mer est épouvantable et les rafales d'une violence inouïe ; le petit foc et le grand hunier sont défoncés ; la grand voile et le grand foc sont emportés malgré les rabans de ferlage, et le navire souffre beaucoup dans son gréement.

Les vents tournent en sens contraire de celui qui s'est présenté pour l'*Amélie* : Ils soufflent de l'Est puis E.N.E., N.E., N. et N.O.

Volney, mars 1860. latitude 31° Sud, longitude 56° 48' Est.

Quant au *Volney*, capitaine Gigaut, venant de France à la Réunion, il est par 31° Sud et 56° 48', le 26 mars, en proie à un ouragan violent qui a varié du S.E. à E., N.E., N. et N.O. défonçant le perroquet de fougue, puis la benjamine et emportant, de dessus leurs vergues, les voiles ferlées et rabantées avec soin ; les sous-barbes de beaupré cassent dans un coup de tangage affreux, le petit mât de perroquet est brisé et le canot de babord est emporté, tandis que la cuisine est balayée sur le pont.

Il ne peut donc rester aucun doute sur la cause de la bourrasque du 25 mars à la Réunion ; ce mauvais temps est bien le résultat d'un ouragan qui, quoique passant au loin, a néanmoins fait varier les vents ainsi que nous l'avons dit, au sujet du navire C, du N° 1 (figure 6).

Les vents du Sud et S.O. se sont fait sentir assez violents au Sud de l'île, et Saint-Denis n'a éprouvé que ceux d'Ouest et de N.O., à cause des montagnes très élevées qui arrêtaient les vents de Sud et S.O. régnant à Saint-Pierre.

Le baromètre, en baisse jusqu'au moment de la plus courte distance au centre, celui où les vents sont au S.O., se relève ensuite en même temps que le vent mollit et vient confirmer ce qui a été avancé à ce sujet.

Si nous résumons ce que nous a appris l'étude de cette première partie de la parabole suivie par les ouragans tropicaux, nous arriverons à ces conclusions diverses :

1° Le vent est d'autant plus violent qu'on se rapproche plus du centre d'un ouragan, où règne un calme de plus ou moins grande étendue.

2° Le baromètre baisse d'autant plus qu'on se trouve plus rapproché de ce point central, où il atteint son minimum de hauteur, pour remonter ensuite à mesure qu'on s'en éloigne.

3° Sur la trajectoire ou ligne de parcours d'un ouragan, le vent ne souffle que de deux directions complètement opposées, S.E. et N.O. ; la saute de vent, cap pour cap, n'ayant lieu qu'après un intervalle de calme d'une durée variable.

4° Pour les navires, qui passent au Sud d'un ouragan et qui se trouvent dans la partie que nous avons appelée dangereuse, le vent tourne sur la rose des vents de gauche à droite S.E., E., N.E., N., c'est à dire en sens inverse du mouvement ordinaire des aiguilles d'une montre.

5° Les navires qui passent, au contraire, au Nord d'un ouragan, dans la zone que nous avons appelée maniable, voient les vents se succéder du S.S.E. au Sud, S.O., O. et N.O., c'est à dire de droite à gauche sur la rose des vents ou, mieux encore, dans le sens du mouvement ordinaire des aiguilles d'une montre.

6° Dans ces trois positions que peut occuper un navire, le vent souffle en augmentant de violence jusqu'au centre, ou jusqu'au point qui en est le plus rapproché, pour aller ensuite en mollissant à mesure qu'on s'en éloigne, et la durée du temps pendant lequel la force du vent va en croissant, est presque toujours plus grande que celle qui est marquée par une diminution progressive de la violence des rafales.

Ouragans descendant du Nord au Sud.

Ouragans passant directement sur le lieu de l'Observation.

Nous passons maintenant à l'étude des phénomènes qui accompagnent un ouragan, alors qu'il descend, du Nord au Sud, avant d'accomplir la deuxième branche de sa parabole.

Elodie, janvier 1858 sous le vent de la Réunion.

Le 16 janvier 1858, l'*Elodie*, capitaine Fournier, appareille, vers neuf heures du matin, de la rade de Saint-Denis, avec des vents de S.E. à E.S.E. à rafales; le baromètre, à 754 au départ, marque, à midi, 745 (figure 15). La route est donnée au N.O., sous la grand voile goëlette et le petit foc et, toute la journée, les vents fraîchissent et hâlent l'Est, le soir ils soufflent en tourmente. A dix heures, le petit foc est emporté; à onze heures, le petit hunier se déferle à bâbord et il n'en reste bientôt que les ralingues, la mer est affreuse et couvre le navire qui est presque engagé; à minuit, le calme succède tout-à-coup à la fureur de l'ouragan, la mer frappe de tous côtés sur le navire qui fatigue horriblement; le baromètre est à 720.

Cette accalmie ne dure qu'une demi heure.

Le vent reprend avec rage de l'O. et l'*Elodie* est obligée de fuir; vent arrière, pour échapper à la hauteur incalculable des lames, qui s'élancent sur l'arrière du navire; heureusement le vent souffle en mollissant, le temps s'embellit et cette nouvelle tempête ne dure que quatre heures, le baromètre remontant à partir de la saute de vent.

Au moment de l'accalmie, l'*Elodie* s'estimait à 60 milles dans le O.N.O. du cap Bernard.

Il ne peut pas y avoir de doute pour ce navire, quant à la position qu'il occupe sur le passage de l'ouragan qui descend sur lui du Nord au Sud; tout se passe ainsi que nous l'avons expliqué pour le navire A n° 2, figure 6.

Le vent d'Est qui souffle sans variation dès que l'ouragan est déclaré, est remplacé par le calme auquel succède le vent d'Ouest excessivement violent.

Le vent a été en augmentant de force jusqu'au calme qui indique le centre de l'ouragan. Il a repris ensuite avec la plus grande intensité, en sautant cap pour cap, puis a été en mollissant, à mesure que l'ouragan, par sa route au Sud, s'éloignait de l'*Elodie*.

Le baromètre, descendu jusqu'au point central, est remonté dès que la saute de vent s'est fait sentir; enfin la durée croissante de l'ouragan a été de 14 heures, tandis que celle décroissante n'a pas excédé 6 heures.

Le passage d'un tourbillon, descendant du Nord au Sud sur la Réunion même, va nous conduire aux mêmes résultats.

Réunion, mars 1859.

Le 8 mars 1859, (figure 16), à 6 heures du soir, la brise grand frais de l'E.S.E., le ciel très chargé au N.E., la mer grosse et le baromètre à 757, en baisse depuis plusieurs jours, faisaient craindre l'approche d'un ouragan; au coucher du soleil les nuages se colorèrent d'une teinte cuivrée très prononcée et, l'aspect général du ciel annonçant que la perturbation atmosphérique n'était pas éloignée, l'ordre d'appareillage fut donné aux navires sur rade de Saint-Denis. La pluie tombait avec abondance et redoubla encore dans la nuit, pendant que le vent halait l'Est en mollissant un peu.

Le 9, à 8 heures du matin, le baromètre était descendu à 754 ; le vent reprit alors à rafales de l'Est et la mer devint très grosse, à midi, elle était affreuse ; le vent toujours violent de la même direction, le baromètre à 753.

Jusqu'à 6 heures du soir la brise augmenta de violence, sans varier de l'Est et le baromètre atteignit 749.

A 6 heures 30, la brise tomba tout d'un coup ; le coucher du soleil colora, comme la veille, les nuages d'une teinte rougeâtre, livide, et quelques éclairs se montrèrent au Nord.

De 6 heures à minuit, le baromètre se maintint de 748.80 à 749 oscillant de 2 à 3 dixièmes de millimètres ; et, pendant ces quelques heures, le calme le plus complet régna, n'étant interrompu que par de légères bouffées d'un vent chaud qui se levait de tous les côtés ; la pluie avait cessé, le ciel au N.E. s'était un peu éclairci, tandis qu'il se chargeait de plus en plus au Nord que sillonnaient des éclairs nombreux.

Vers 8 heures, quelques coups de tonnerre se firent entendre au loin dans la partie du Nord ; à 9 heures, la mer commença à mollir et, en même temps, on remarquait au N.O. une panne noire et menaçante qui s'élevait, laissant l'horizon clair en dessous ; c'était absolument l'apparence d'un fort grain qui gagna de proche en proche, s'étendant du N.O. au N.E. ; toute la partie Nord du ciel était ainsi couverte de nimbus noirs, formant une masse sombre, en arc, au dessus de l'horizon.

A 10 heures 30, cette espèce de grain monta rapidement, passa au dessus de nos têtes et se dissipa n'ayant donné que quelques bouffées de vent d'O.N.O. sans force.

A minuit 45 minutes, le 10, le baromètre ayant remonté à 750, la brise se déclara d'Ouest violente, accompagnée de grains d'une pluie très abondante, et il en fut ainsi toute la nuit ; pendant ce temps, la mer s'embellissait à mesure que les lames changeaient de direction.

A 6 heures du matin, le baromètre est à 751, le temps semble s'éclaircir et les rafales d'O 1/4 N.O. diminuent d'intensité.

A midi, la mer a tout à fait la direction de l'Ouest, mais elle a molli considérablement ainsi que les grains de pluie qui sont plus rares ; le vent toujours à rafales d'Ouest, le baromètre remonte à 752, à 6 heures du soir, il a atteint 754, le temps est presque tout à fait beau, la mer n'est plus qu'un peu houleuse et la brise d'Ouest souffle seulement grand frais, allant en diminuant encore jusqu'à minuit.

Le lendemain, 11, le temps est très beau, la mer très belle et quelques navires rentrent au mouillage, sans avoir presque souffert de cette bourrasque dont la violence a été bien moindre que celle des ouragans ordinaires.

Il est à remarquer que, malgré cette circonstance, tout s'est passé comme pour les ouragans les plus violents ; c'était un tourbillon de même nature, mais ne produisant pas les effets terribles qui en sont habituellement la conséquence ; le baromètre n'a presque pas baissé, la brise n'a pas été très violente, la mer seule a été très grosse, moins cependant que dans nos ras-de-marée les plus forts.

Les conclusions que nous pourrions en tirer, quant à la position de Saint-Denis par rapport à cet ouragan, sont bien les mêmes que pour l'*Elodie*, et pour le navire A du N° 2, figure 6 : vent soufflant, sans varier de l'Est, en augmentant jusqu'au centre indiqué par le calme auquel succède le vent d'Ouest violent, mais diminuant de plus en plus, à mesure qu'on s'éloigne du centre.

Le baromètre en baisse progressive jusqu'au centre, après lequel il remonte de plus en plus.

Enfin la durée du vent d'Est a été de 30 heures et celle du vent d'Ouest de 24 heures seulement.

Ouragans passant à l'Ouest du lieu de l'observation.

Arrivons à l'étude des faits que nous avons indiqués par le navire B, du N° 2 (figure 6.)

Veaune, novembre 1854, latitude 20° Sud, longitude 65° 52' Est. Depuis 24 heures, le baromètre avait une tendance à la baisse pour le navire le *Veaune*, qui, revenant de l'Inde à la Réunion, se trouvait, le 29 novembre 1854, à midi, par latitude 20° et longitude 65° 52' (figure 17.)

La nuit précédente et la matinée avaient été très pénibles ; tant par la violence du vent, variant d'E.N.E. au N.E., que par les coups de mer qui remplissaient à chaque instant le coffre du navire en fuite sous le petit foc.

A midi, le baromètre atteint 754, et le vent varie du N.E. au N.N.E.

A 6 heures du soir, le baromètre marque 746 ; la violence du vent augmente encore du N.N.E : le petit foc est emporté, les drosses du gouvernail cassent et le navire, n'obéissant plus à sa barre, vient au lof subitement et engage ; le côté de bâbord est noyé presque jusqu'au grand panneau et le *Veaune* reste dans cette terrible position jusqu'à 10 heures du soir, où les vents sautant au Nord, lui permettent de se relever et de recommencer à fuir vent arrière, à sec de toile.

A minuit, le vent est N.N.O. aussi violent qu'au Nord ; le baromètre, à 744, paraît avoir tendance à une hausse prochaine.

A 6 heures du matin, le baromètre a remonté en effet à 754, la chambre est pleine d'eau et le navire, dont les sabords ont été défoncés à bâbord, est constamment submergé par la mer, qui balaye tout ce qui est sur le pont ; cet état de choses dure toute la journée, les vents au N.O. très violents et la mer affreuse.

Ce n'est qu'à 6 heures du soir qu'il y a une amélioration dans le temps. Le baromètre est à 758, et le vent d'O.N.O. va mollissant pendant toute la nuit, le lendemain matin on peut faire de la toile, le danger est passé !

Voilà bien pour le *Veaune*, tout ce que nous avons annoncé devoir se passer pour le navire B du N° 2, figure 6 :

Vent d'E.N.E. tournant, en fraichissant, au N.E., N.N.E,. et Nord où ils sont fixés à 10 heures du soir.

Baisse progressive du baromètre jusqu'à ce moment qui est celui de la plus courte distance au centre.

A partir de cet instant, les vents diminuent de violence en tournant au Nord, N.N.O., N.O. et O.N.O., pendant que le baromètre remonte à sa hauteur ordinaire. La durée de la partie croissante de l'ouragan est de 22 heures, tandis que la partie décroissante est de 20 heures.

Un second exemple pris à la Réunion confirmera ce qui vient d'être reconnu.

Dès le 15 janvier 1858, le ras-de-marée, interdisant les communications avec la rade, ainsi que l'apparence du temps, (vent à rafales du S.E. et grains de pluie) annonçaient l'existence d'un ouragan au large ; le 16, à 6 heures du matin, les mêmes symptômes subsistant, le baromètre ayant baissé à 758, les navires reçurent l'ordre d'appareiller : les nimbus fuyaient avec rapidité, le vent avait tourné à l'E.S.E. et à l'Est.

A midi, il soufflait de la même direction par rafales violentes, le baromètre en baisse à 756, et la mer de plus en plus grosse.

A 6 heures du soir, le vent hâle un peu l'E. 1/4 N.E., très violent, baromètre à 749 ; les grains de pluie sont toujours très abondants jusqu'à minuit où le vent saute au N.E., encore plus violent, baromètre 744.

A 6 heures du matin, le 17, le vent a tourné au N.N.O., les rafales sont beaucoup moins fortes et moins rapprochées, le temps s'améliore, et, à midi, il ne reste plus qu'une jolie brise de N.O. ; le baromètre, en hausse depuis le matin, a atteint 753, le beau temps est complètement revenu.

Dans ce nouvel exemple, nous voyons les vents augmenter de violence jusqu'au 17 à minuit, heure à laquelle Saint-Denis se trouve à la plus courte distance de l'ouragan, et le baromètre baisser en même temps jusqu'à la même heure, ce que nous avons reconnu déjà par l'exemple précédent et qui a été indiqué pour le navire B du n° 2, figure 6.

Nous remarquerons encore que, 18 heures après le mauvais temps déclaré, la Réunion s'est trouvée à la plus courte distance du centre, tandis qu'il n'a fallu que 12 heures pour voir revenir le beau temps.

Cette bourrasque, quoique assez violente, n'a pas eu de conséquences funestes pour la Réunion ; les quartiers Sous-le-Vent cependant, Saint-Paul, Saint-Leu, Saint-Louis, Saint-Pierre, ont plus souffert que ceux de la partie du Vent, parce qu'ils se trouvaient plus près du centre de l'ouragan que ces derniers ; la mer néanmoins a été très violente et trois ponts des établissements de marine ont été renversés.

Les navires qui, après l'appareillage, ont été rapidement entraînés dans l'Ouest, ont été encore plus près du centre de l'ouragan ; nous en avons cité un exemple en parlant de l'*Elodie* qui a vu le baromètre descendre à 720, aussi ont-ils fait pour la plupart de graves avaries, presque tous perdirent des voiles, des embarcations ; le *Château du Gol*, le *Batavia* et l'*Eléonore* furent démâtés, ayant trouvé le vent d'une force inouïe à quelques lieues de la Réunion.

Il n'est pas inutile de faire observer ici que la Réunion ne s'est pas tout-à-fait trouvée dans la position du navire B du n° 2, figure 6 : les vents d'E.S.E. à Est au début ont permis facilement l'appareillage ; tandis que, s'ils s'étaient déclarés du N.E. au N.N.E. avec violence, la manœuvre des navires eût été on ne peut plus difficile. C'est la position la plus défavorable pour les navires, qui sont mouillés au Nord de la Réunion, que celle où l'ouragan courbe en descendant du Nord au Sud, de manière à ce que son centre passe à peu de distance à l'Ouest de cette Ile ; nous aurons occasion de parler de cette circonstance, à propos des manœuvres à faire pour s'éloigner de l'Ile.

Ouragans passant à l'Est du lieu de l'observation.

Terminons ce qui est relatif à cette seconde position de l'ouragan par un exemple extrait des rapports des navires :

Thétis, février 1856, latitude 27° 22' Sud, longitude 58° 58' Est,

La *Thétis*, capitaine Nogues, venant de France (figure 19), se trouvait, le 4 février 1856 à midi, par 27° 22' latitude et 58° 58' longitude, le temps se chargea au Nord où se montrèrent quelques éclairs, et le soir la brise de S.E. augmenta et força à prendre deux ris aux huniers. Pendant la nuit, la violence du vent obligea de serrer toutes les voiles, à l'exception du grand hunier et du petit foc sous lesquels le navire resta à la cape ; la mer était horriblement grosse.

Le 5 à midi, le vent avait halé le S.S.E. et le Sud très violent.

A partir de ce moment les rafales tournèrent en mollissant au S.S.O. et au S.O. Le lendemain, 6, le temps était devenu beau et on put, de nouveau, faire route pour la Réunion. La *Thétis* se trouvait alors par 24° 21' et 58° 31'. Ainsi, les vents ont varié du S.E. au S.S.E., S, S.S.O., et S.O.; ils ont été en augmentant jusqu'au Sud et en mollissant ensuite; quant au baromètre, il baissait jusqu'à l'instant où le vent soufflait du Sud, pour remonter ensuite.

Les variations du vent et du baromètre, sont bien celles indiquées pour le navire C du n° 2, figure 6. Je ne m'étendrai pas davantage sur cette seconde position de l'ouragan au moment où son mouvement de translation le fait courber directement au Sud, et je passerai de suite à l'étude de la seconde branche de la parabole suivie par l'ouragan.

Ouragans dans la deuxième branche de leur parabole.

Ouragans passant directement sur le lieu de l'observation

Parlons d'abord du navire qui se trouve droit sur la trajectoire de l'ouragan, comme nous avons supposé le navire A, au n° 3 de la figure 6.

Nouvelle Antigone, octobre 1849, latitude 38° 40' Sud, longitude 9° 49' Est.

Le 15 octobre 1849, par 38° 40' latitude Sud, et 9° 49' longitude Est, la *Nouvelle Antigone*, (figure 20) était en calme, les vents variant du N.E. au N.O., grosse houle du N.O.

A 8 heures du soir, les vents se dessinèrent par fortes rafales du N.E. au N.N.E., le baromètre était à 749 ; on mit en cape sous le grand hunier au bas ris, le petit foc, et on prit toutes les précautions possibles contre le mauvais temps.

Le 16, à minuit, la pluie est abondante, des éclairs sillonnent le ciel de tous côtés, le vent augmente de violence, toujours de la même direction, et, à 4 heures du matin, il vente tourmente, le baromètre ayant atteint 738. Alors se fait une accalmie d'une demi heure, après laquelle le vent saute au S.O., variant O.S.O., tempête; pluie très abondante qui diminue sensiblement dans la matinée, le baromètre ayant remonté aussitôt la saute du vent.

A 8 heures le vent n'est qu'à rafales et, à midi, il n'y a plus qu'une jolie brise d'O.S.O., permettant de faire de la toile; le baromètre a atteint sa hauteur ordinaire : 758.

D'après ce que nous venons de rapporter, il est facile de reconnaître que la *Nouvelle Antigone* s'est trouvée dans la position du navire A, n° 3 de la figure 6, c'est-à-dire droit sur la trajectoire suivie par un ouragan, dans la deuxième branche de sa parabole. Nous voyons ensuite que le vent a été toujours en augmentant du N.E., sans varier, jusqu'au point où le calme s'est fait sentir, et que ce calme a été remplacé par une brise de S.O., soufflant en tempête, qui a diminué à partir de ce moment. Le baromètre a suivi la marche indiquée déjà : baisse progressive jusqu'au calme, et hausse subite dès que le vent a sauté cap pour cap.

Enfin, nous remarquons que la première partie du coup de vent dure depuis 8 heures du soir, le 15, jusqu'au lendemain 16, à 4 heures du matin, c'est-à-dire 8 heures, tandis que, 6 heures après, le temps est déjà maniable.

Toutes conséquences déjà établies par les exemples précédents et qu'une nouvelle étude viendra corroborer encore.

Le 6 juin 1854, le *Duguesclin*, capitaine Bouteloup, marquait le point, à midi, par 32° 43' Sud et 52° 24' Est (figure 21) lorsque le vent, qui s'était maintenu très modéré du N.E. toute la matinée, se mit à rafales ; la grand'voile, ayant été défoncée, fut carguée, on prit un ris à la misaine et des ris aux huniers, la pluie tombait avec violence et l'apparence du temps, au coucher du soleil, était on ne peut plus menaçante ; la nuit fut plus inquiétante encore, la brise allait en augmentant et soufflait avec fureur, toujours du N.E.

Duguesclin, juin 1854, latitude 32° 43' Sud, longitude 52° 24' Est.

Le lendemain matin, 7, le vent très violent n'avait pas varié d'un quart ; à 10 heures un grain menaçant s'élevait dans le S.O. malgré la brise très forte du N.E. ; à 11 heures une accalmie subite se fit sentir mais ne dura pas plus d'un quart d'heure après lequel le vent sauta, déchaîné, au S.O. où il resta jusqu'au lendemain 8 juin, à 8 heures du matin, mais mollissant depuis le moment où la saute de vent avait eu lieu.

Il est facile de retrouver, dans cette nouvelle analyse, les phénomènes présentés par la *Nouvelle-Antigone* et d'en déduire, par conséquent, les mêmes conclusions ; nous ne les répéterons donc pas. Après ces exemples de navires, s'étant trouvé directement s urle parcours d'un ouragan qui accomplit la 2ᵉ branche de sa parabole, je passerai à ceux qui sont rencontrés par un ouragan comme il a été dit pour le navire B du n° 3 de la figure 6.

Ouragans passant au Sud du lieu de l'observation.

Le 13 décembre 1858, à midi, par 35° 27' latitude Sud et longitude 63° 46' Est, le *Saint-Augustin*, en route de France à la Réunion, éprouvait une mer très grosse et des vents N.N.E. à fortes rafales qui le contrariaient singulièrement au moment où la longitude, qu'il avait atteinte, lui permettait de faire route au nord ; le capitaine mit donc en cape à l'Est attendant que la brise eut varié favorablement (figure 22).

Saint-Augustin, décembre 1858, latitude 35° 27' Sud, longitude 63° 46' Est.

Le 14, la direction avait peu varié, le vent seulement était plus violent que la veille et le temps, de détestable apparence, ne laissait pas encore prévoir la fin de la bourrasque.

Le 15 la brise fut très violente, les variations du vent e fai sant du N.N.E. au Nord ; la cape courante, qui avait, dans la matinée, été prise tribord amures, fut forcément changée à midi ; la mer encore plus grosse que la veille fatiguait beaucoup le navire.

A six heures du soir le vent, qui soufflait en tempête du Nord depuis midi, saute tout à coup au N.O. plus violent encore, si c'est possible, et la mer redouble de fureur, on diminue les voiles et on reste en cape sous le grand hunier.

Le lendemain 16, à midi, les rafales diminuaient un peu de violence paraissant avoir tendance à haler le O.N.O.

Le 17, à 6 heures du matin, il y a amélioration dans le temps, le vent est Ouest et permet de porter à un quart et demi de la route sous les huniers deux ris, la misaine et le petit foc. A midi il vente encore grande brise mais elle tombe graduellement, et à six heures du soir, le coup de vent passé ne laisse plus qu'une brise maniable et modérée du S.O.

Je n'ai pas eu de renseignements sur la marche du baromètre, quant au vent; on le voit augmenter progressivement depuis le 13 jusqu'au 15 à 6 heures du soir, moment de la plus courte distance, pour diminuer ensuite jusqu'au 17 à 6 heures du soir; les vents ont varié du N.N.E. au Nord, N.O., O.N.O., O., et O.S.O, ainsi que cela a été établi pour le navire B, du n° 3 de la figure 6, et nous pouvons remarquer encore que la durée de la première partie de ce coup de vent, du 13 à midi au 15 à 6 heures du soir, est de 54 heures, tandis que la seconde, du 15 à 6 heures du soir au 17 à midi, n'est que de 42 heures; mêmes conclusions que celles auxquelles nous sommes arrivés précédemment.

Je rapporterai un second exemple relatif à la Réunion.

Réunion, février 1824. — Le 23 février 1824, à 6 heures du matin, (figure 23) les navires sur rade de St-Denis avaient été forcés à l'appareillage par l'aspect du temps, coïncidant avec un ras-de-marée très violent et des rafales de S.E. au S.S.E. le baromètre étant déjà à 749. Dans l'après midi la brise hâle le S.O. et l'Ouest en mollissant et, le lendemain matin, 24, la brise n'était plus que faible et variable du N. O. à l'E.N.E., le temps déjà beau et la mer presque belle, le baromètre avait remonté à 750.

Le 25 il a atteint 753, le temps est superbe, la mer belle, toutes craintes sont évanouies et la brise, variable d'E.N.E. au N.N.O, ramène au mouillage les navires empressés de reprendre leurs amarres.

Vers une heure, la mer commence à grossir de nouveau du Nord, dans l'après midi quelques bouffées du N.N.E. au N.N.O. soufflent un air chaud et brûlant de mauvais augure, tandis que le baromètre reprend tout à coup son mouvement de baisse; les nuages, d'un noir sombre, chassent avec rapidité du côté du cap Bernard, et l'on voit au large moutonner la mer, soulevée par la brise venant du côté de Saint-Paul. La mer grossit toujours, à 6 heures du soir le port signale de profiter du moment favorable pour appareiller, ordre que la direction fâcheuse du vent empêche d'exécuter.

Dans la soirée, les apparences deviennent de plus en plus fâcheuses; l'horizon au large est tout chargé de nuages menaçants, le baromètre baisse toujours, un grain noir s'élève lentement et inspire les plus vives inquiétudes à tous les navires qui n'ont pu encore quitter le mouillage.

A 11 heures du soir, le baromètre est à 749, le vent souffle subitement en rafales très violentes du N.N.O. A 1 heure du matin le baromètre baisse encore, mais peu cependant, il est à 748. 27; la brise est plus violente, la mer très grosse, et onze navires se trouvent à la côte, sans avoir pu échapper au naufrage dont leurs ancres ont été impuissantes à les préserver.

La frégate l'*Armide* vient talonner sur le récif de la pointe des jardins, mais le commandant Villaret Joyeuse avait pu se rendre à son bord et, grâce à son nombreux équipage, grâce surtout à la grande supériorité de marche de sa frégate, il parvint à éviter une perte certaine, par un appareillage audacieusement réussi.

Le 26, à 6 heures du matin, le baromètre a peu varié: 748. 57, le vent est toujours très violent mais il a tourné successivement du N.N.O. au N.O. et O.N.O. La mer, toujours très grosse, diminue cependant de violence ainsi que le vent qui tourne à l'ouest grand frais vers midi, tandis que le baromètre remonte rapidement à 752; à 3 heures du soir calme et tout-à fait beau temps. On s'occupe activement du sauvetage des navires qu'une bourrasque violente de quelques heures a suffi pour briser sur la côte.

Ce coup de vent, quoique d'une durée si courte, nous ramène aux mêmes conclusions que précédemment, quant aux variations du vent et quant à la baisse du baromètre, inutile donc de s'y arrêter davantage ; mais ce qu'il est indispensable de faire observer c'est que cette position de Saint-Denis, par rapport à un ouragan, est, avec celle dont nous avons parlé à propos de l'ouragan de janvier 1858, la plus défavorable pour les navires; la direction fâcheuse des vents du Nord au N.N.O. contrarie l'appareillage, et met dans une cruelle situation celui à la vigilance duquel tant d'existences et tant d'intérêts sont confiés.

Nous avons vu se renouveler les mêmes désastres en février 1844, quatre navires n'ont pu s'élever de la côte où l'ouragan les a broyés ; enfin, en janvier 1854, je me suis trouvé moi-même obligé d'ordonner l'appareillage avec des vents de N.N.E. au Nord, faible brise, sans pouvoir cependant hésiter au souvenir des ces deux événements fâcheux les navires ont couru de grands dangers, quelques uns ayant été poussés très près de terre et, s'ils ont eu tous le bonheur de se sauver, cela tient surtout à ce que les vents de N.O. n'ont pas débuté avec une grande violence.

Nous arrivons enfin à la dernière position qu'un navire peut occuper dans un ouragan qui accomplit sa seconde branche vers le S.E. et nous allons en citer quelques exemples.

Ouragans passant au Nord du lieu de l'observation.

Le 26 mai 1852, l'*Actif*, capitaine Goudinot, (figure 24) se trouvant par 33°29' latitude Sud, et 54°26 longitude Est , vit le temps prendre un aspect menaçant, la brise se faisait grand frais du N.E. et à grains, qui obligèrent à prendre le second ris aux huniers.

Actif, mai, 1852, latitude 33° 29' Sud, longitude 54° 26' Est.

Le 27 à minuit, le vent soufflait avec violence marquant une tendance à haler l'E.N.E., la pluie tombait avec abondance , la mer dure et très grosse fesait considérablement souffrir le navire.

A midi, le vent continue à tourner vers l'Est et souffle en tempête, la mer couvre l'*Actif* à chaque coup de tangage, et la mâture fouette à faire craindre pour sa conservation, on met en cape sous le grand hunier et le petit foc.

Le 28 à minuit le vent est S.E. aussi violent que précédemment, la pluie n'a pas cessé et les pompes sont continuellement en jeu.

A midi enfin le temps s'améliore, le vent passe au S.S.E. grand frais et on peut songer à faire de la toile.

Cet extrait de journal de bord nous fait voir clairement que l'*Actif* s'est trouvé dans la position du navire C du N° 3, figure 6.

Le vent a varié du N.E. à E.N.E., E., S.E. et S.S.E. allant en augmentant de violence jusqu'à midi du 27, point de la plus courte distance au centre, et a molli ensuite jusqu'à la fin de ce coup de vent.

Malheureusement, encore, il ne m'a pas été donné d'avoir des renseignements sur le baromètre.

La durée des parties croissantes et décroissantes de l'ouragan a été à peu près la même: 24 heures chacune.

Un second exemple avant d'aller plus loin :

Le 5 juin 1852, le *Bernica* , capitaine Geffroy , venant de France à la Réunion, (figure 25) était par 31°50 et 51°30' avec un temps pluvieux et orageux, la mer très grosse et des vents de N. E. à E.N.E., grand frais ,

Bernica, juin 1852, latitude 31° 50' Sud, longitude 51° 30' Est.

qui forcèrent, un peu plus tard, à mettre en cape sous le grand hunier au bas ris et le petit foc.

Le 6, à minuit, les rafales sont plus lourdes d'E.N.E., et la mer, plus grosse encore, fatigue beaucoup le navire.

A midi le vent a halé l'E. en augmentant de violence , des éclairs se montrent au N.O., la mer est monstrueuse et la pluie tombe sans discontinuer.

A minuit, le 7, la brise commence à mollir, quoique toujours très forte; elle a tourné a l'E.S.E., et, le 7 au matin, le temps est presque maniable.

Ce second navire nous conduit naturellement aux mêmes conclusions que le précédent, de plus nous constatons que la première partie, jusqu'au point de plus courte distance, dure 24 heures tandis que, 18 heures après, le mauvais temps est à peu près terminé.

A ces quelques extraits de journaux de bord, je pourrais ajouter un bien plus grand nombre de documents, car ils ne manquent pas ; je pense que c'est inutile et que les exemples, relatés ici, suffiront pour que chacun puisse se rendre compte de la marche d'un ouragan et des différentes manières dont il peut frapper un navire, ils sont au moins en assez grand nombre pour rappeler, au souvenir des marins qui fréquentent nos parages, ce qu'ils ont pu observer par eux-mêmes si souvent dans le cours de leur carrière maritime.

Résumé des conclusions fournies par l'étude des ouragans rapportés précédemment.

Nous pouvons résumer maintenant les enseignements que nous fournit l'étude complète à laquelle nous nous sommes livrés, et en tirer des conclusions générales sur lesquelles j'aurai souvent occasion de revenir et qu'il importe, par conséquent, de bien classer dans sa mémoire :

Les ouragans et coups de vent, quelle que soit la latitude où ils sévissent, sont des phénomènes dans lesquels le vent souffle en tourbillonnant autour d'un centre, avec une intensité plus ou moins grande.

En outre de ce mouvement rotatoire excessivement violent, ces météores sont animés d'un mouvement de translation qui leur fait parcourir la distance, d'un point à un autre, avec une vitesse assez modérée.

Il résulte de ce double mouvement qu'on peut assimiler les ouragans et coups de vent à de vastes trombes d'un diamètre plus ou moins considérable, mais ce qui les en distingue essentiellement c'est qu'ils sont soumis à des lois fixes, quant à leur mouvement de rotation et de translation.

La ligne qui représente la course complète d'un ouragan est une courbe, à peu près parabolique, dont la première branche, dans l'hémisphère austral, est dirigée du N.E. au S.O., ou de l'E.N.E. au O.S.O., et la seconde branche du N.O. au S.E., ces deux parties étant raccordées par une petite courbe descendant du Nord au Sud.

Au centre des ouragans il existe une espace de plus ou moins d'étendue où règne le calme, ou de folles brises de faible intensité; et c'est tout autour de ce calme central que l'ouragan a la plus grande violence.

Au milieu de ce calme le ciel se dégage, la pluie cesse, et les apparences du beau temps sont quelquefois assez manifestes pour que l'on puisse croire que tout danger a disparu.

Le vent, par lequel débute un ouragan, augmente de force à mesure qu'on se rapproche du centre, et diminue dès qu'on s'en éloigne.

Le baromètre baisse, d'une manière continue, jusqu'au point central, marqué par ce calme, où il atteint le minimum de sa hauteur, pour remonter ensuite dès que le centre s'éloigne de l'observateur, de sorte que pour les navires, qui ne passent pas par le centre, le baromètre baisse jusqu'à la plus courte distance de ce même point, pour remonter ensuite à mesure que la distance augmente.

L'intensité de l'ouragan est donc d'autant plus grande que l'on se rapproche plus du centre, il en est de même de la durée de l'ouragan puisque le navire, qui passera par le centre, traversera le phénomène suivant un diamètre, tandis que, dans toutes les autres positions, il le coupera suivant une ligne d'autant moins grande qu'il sera plus éloigné du point central; c'est ainsi que le même météore peut offrir cette particularité d'être ouragan pour l'un, coup de vent pour l'autre, et simple bourrasque pour un troisième.

Il suit de là, tout naturellement, que la position la plus fâcheuse, pour un navire ou un pays, est celle où ils passent par le centre d'un ouragan et c'est à s'en éloigner que doivent tendre tous les efforts d'un capitaine.

Tous les navires soumis à un ouragan ou à un coup de vent, qu'ils le traversent directement au centre ou qu'ils en passent à une distance plus ou moins éloignée, remarquent deux phases bien distinctes : la première est celle pendant lequel le vent souffle en augmentant progressivement, ce qui est accompagnée d'une baisse simultanée du baromètre, et la seconde est celle où, au contraire, le vent diminue successivement, tandis que le baromètre remonte jusqu'à sa hauteur normale ; la première phase est, presque toujours, de plus grande durée que la seconde.

La trajectoire, ou ligne de parcours, qui représente la direction suivie par l'ouragan dans son mouvement de translation, le divise en deux demi-cercles ou zônes, dans lesquels le vent ne souffle pas avec la même violence, aussi les a-t-on distingués par deux appellations différentes : demi-cercle dangereux et demi cercle maniable.

Les variations ou sautes du vent se font d'une manière tout à fait inverse dans chacune de ces deux zônes: ainsi, dans la zône dangereuse, ces variations ont toujours lieu de gauche à droite, ou dans un sens inverse au mouvement des aiguilles d'une montre, tandis que, dans la zône maniable, les variations du vent se font de droite à gauche; c'est à dire dans le sens du mouvement des aiguilles d'une montre.

Cette différence, essentielle et très importante, est vraie pour toutes les positions quelconques qu'un ouragan peut occuper sur la ligne parabolique de son parcours.

Si l'on se suppose placé sur un point quelconque de la parabole, et regardant l'ouragan courir devant soi, on aura toujours le demi-cercle dangereux à sa gauche, ou à bâbord de la ligne du parcours, et le demi-cercle maniable à sa droite ou à tribord de la trajectoire de l'ouragan ; cette remarque est également exacte pour toutes les positions occupées par l'ouragan sur la ligne de sa course parabolique.

Enfin comme observation finale, j'appellerai l'attention des marins sur ce fait qui ressort si manifestement de cette étude: c'est que des seules positions que peuvent occuper une terre ou un navire par rapport au centre d'un ouragan, dans l'une ou l'autre branche, aucune n'offre ce phénomène si anciennement accrédité que, dans les ouragans, le vent fait toujours le tour du compas ; cette particularité, qui ne se présente jamais pour les navires qui passent à une certaine distance du centre, n'est pas même exacte pour ceux qui n'ont pas su éviter ce centre si dangereux, nous avons vu en effet que ces derniers ne ressentent que deux vents de direction tout à fait opposée. Nous expliquerons plus loin comment, cependant, cette circonstance exceptionnelle du vent, faisant le tour du compas, peut se rencontrer pour une terre ou un navire passant très près du centre, et nous reconnaîtrons que, si ce fait est plus fréquent pour les navires que pour les terres, cela n'est dû qu'à de fausses manœuvres souvent répétées et résultant de l'ignorance, dans laquelle on est resté jusqu'à ce jour, au sujet des lois qui président à la nature et au mouvement de ces météores désastreux.

Telles sont les conclusions dont il faut bien se pénétrer avant d'aller plus loin; seront-elles admises sans restriction et ne laisseront-elles aucun doute dans l'esprit de nos lecteurs? J'ose l'espérer, lorsque je considère que ces diverses conclusions proviennent exclusivement de faits et non d'une théorie élaborée à plaisir.

Ces faits, je le répète, auraient pu être relatés en plus grand nombre, mais cette compilation, d'événements presque identiques, eut été d'autant plus fastidieuse qu'elle n'aurait conduit à aucun principe nouveau, j'ai donc dû m'abstenir.

Puissent les lecteurs avoir trouvé, au contraire, trop longue cette série d'extraits de journaux, ce serait une preuve qu'ils ont bien compris et j'aurais d'autant mieux atteint le but que je me propose, que les critiques à ce sujet seraient plus nombreuses!

CHAPITRE IV.

Avant de parler des manœuvres qui doivent être faites dans chacune des circonstances qui peuvent se présenter, je dirai quelques mots de la vitesse de rotation et de celle de translation qui animent les ouragans.

Vitesse de rotation.

La vitesse de rotation est très variable, c'est elle qui constitue, seule, la violence du tourbillon et qui en fait, pour les lieux qu'il rencontre ou les navires sur lesquels il frappe, un ouragan, un coup de vent ou une simple bourrasque; ainsi nous avons vu, en mars 1859, un tourbillon passer directement sur l'île de la Réunion, en présentant toutes les phases d'un ouragan, et n'être, cependant, qu'une forte bourrasque sans importance; beaucoup d'autres exemples pourraient être cités à l'appui de cette observation, car les cas recueillis sont nombreux.

Ces ouragans animés d'un double mouvement et ces tourbillons qui présentent exactement les mêmes phénomènes que les ouragans, quant au double mouvement de rotation et de translation, doivent être, il me semble, désignés par une appellation particulière, pour être distingués des simples coups de vent qui soufflent d'une seule direction sans variation aucune; quelques auteurs les ont appelés ouragans ou tempêtes rotatoires, cette qualification ne me paraît pas suffisante puisque nous établissons qu'une simple bourrasque peut être également rotatoire; je me rangerai donc à la désignation proposée par M. Piddington, et nous appellerons désormais, *cyclone*, tout phénomène animé du double mouvement de rotation et de translation, quelle que soit la violence et quelle que soit la latitude ou la longitude des lieux sur lesquels il exerce son action.

La vitesse de rotation est donc très variable, et il n'est pas possible de la mesurer à bord d'un navire, mais lorsque le cyclone est un ouragan véritable on estime que les molécules d'air tournent autour du centre avec une vitesse de 125 à 150 milles, vitesse considérable et qui explique suffisamment les ravages et les désastres produits par le passage de ces terribles météores.

Vitesse de translation.

La connaissance de la vitesse de translation est bien plus intéressante pour un capitaine, car c'est souvent ce qui dicte la manœuvre à faire, mais c'est encore chose si variable qu'on ne peut guère offrir à l'avance qu'une vitesse moyenne pour chacun des parages dans lesquels s'exerce un ouragan:

Entre 5° à 10° latitude et 75° à 100° longitude, alors qu'un cyclone est très près du lieu d'origine, on a reconnu que la vitesse de translation est assez faible et varie de 1 à 5 milles à l'heure, augmentant à mesure que la latitude augmente et la longitude diminue, c'est-à-dire à mesure que l'ouragan s'avance vers l'Ouest.

De 15° à 25° latitude et 75° à 40° longitude, la vitesse de translation varie entre 5 milles et 10 milles ; elle a été trouvée en moyenne de 8, 55 milles entre Maurice et la Réunion.

Par les latitudes plus élevées, où l'ouragan accomplit sa course vers le S.E., la vitesse de translation augmente encore et peut être supposée de 12 à 18 milles.

Courant dû au mouvement de translation d'un cyclone.

Cette vitesse de translation donne lieu à un courant qui entraîne les navires, et les maintient dans le cercle d'activité d'un ouragan bien plus longtemps qu'ils n'y resteraient sans cela ; il est, en effet, évidemment impossible qu'un phénomène, d'une si grande étendue , n'entraîne pas avec lui les molécules d'eau soumises au frottement de son passage , aussi a-t-on reconnu un courant assez rapide , d'un ou deux milles à l'heure environ, dans la direction que suit le cyclone par l'effet de son mouvement de translation.

Manière de reconnaître la position du centre d'un ouragan au moyen de la carte d'ouragan.

Nous pouvons , maintenant, nous occuper des diverses manœuvres à faire dans chacun des cas particuliers que nous avons déjà examinés.

Il est évident, d'après tout ce que nous avons dit , que le point dangereux, celui dont il faut s'écarter *à tout prix* est le centre du cyclone.

On comprend donc combien il serait important de connaître, à chaque instant, où est situé ce point redoutable car, avec cette connaissance, il n'est pas un marin qui n'en conclue de suite la manœuvre à faire , pour ne pas courir au devant du danger.

Nous avons reconnu que , quelle que soit la position d'un cyclone sur sa parabole, quelle que soit la latitude où il se trouve , les différentes directions du vent étaient toujours placées de la même manière par rapport au centre d'un ouragan , si donc on se sert de la carte d'ouragan, en l'orientant de manière à ce que le diamètre, qui joint le vent d'Ouest au vent d'Est, soit toujours dirigé suivant la ligne Nord et Sud vraie du monde, on pourra se convaincre, qu'avec des vents de S.E., par exemple, le centre reste au N.E. de l'observateur, avec des vents d'Est le centre est au Nord, avec des vents d'Ouest il est au Sud, et ainsi de suite.

Une figure fera mieux comprendre encore la manière de se servir de la carte d'ouragan : Dès que les apparences du temps , la force de la brise , la baisse du baromètre font craindre le voisinage d'un cyclone , on marque, sur le routier, le point où se trouve le navire.

Supposons (figure 26) que A soit la position du navire et que NESO représente une carte d'ouragan , supposons de plus que le vent régnant soit S.E : on prend la carte d'ouragan NESO et on pose, sur le navire A, le point de la circonférence extérieure où est écrit vent S.E., en ayant soin que la ligne EO soit orientée Nord et Sud vrai du monde, on voit de suite que le centre C reste au N.E. du monde , de la position A du navire dont il est question.

Si le vent était N.O. (figure 27) en posant sur le navire A le point de la circonférence où est écrit vent N.O., et plaçant toujours la carte d'ouragan suivant l'orientation dont nous venons de parler, on verra clairement que le centre C se trouve dans le S.O du navire.

Enfin la figure 28 montrera évidemment encore, qu'avec des vents de N.E., le navire voit le centre lui rester au N.O. du monde.

La carte d'ouragan, employée d'une manière analogue pour une direction quelconque de vent régnant à bord d'un navire, servira donc facilement à reconnaître, de suite, dans quel aire de vent reste le centre d'un cyclone, et il n'est pas nécessaire de multiplier les figures davantage pour faire comprendre la manière d'utiliser, sous ce rapport, la carte d'ouragan.

Mais on saisira facilement que s'il faut, au moment d'un ouragan, avoir toujours recours à la carte d'ouragan, alors que la manœuvre exige impérieusement la présence du capitaine sur le pont, ce procédé devient illusoire, aussi recommanderons-nous de travailler à se familiariser avec la position qu'occupe le centre suivant que souffle tel ou tel vent, il faut qu'on puisse se passer de ce moyen, utile sans doute, mais qu'il n'est plus temps d'employer au moment du danger.

Il ne peut être du reste bien difficile de se rappeler la position du centre par rapport aux quatre vents principaux, N., E., S., O., et de ne pas oublier : qu'avec des vents de Nord, le centre du cyclone est à l'Ouest par rapport à vous ; qu'avec des vents d'Est, il occupe le Nord du lieu où vous êtes ; que les vents de Sud indiquent le centre à l'Est du monde, et que les vents d'Ouest l'annoncent au Sud du lieu de l'observateur ; avec cette connaissance générale, on en déduit facilement la position du centre pour toutes les autres circonstances et l'on doit pouvoir se passer de la carte d'ouragan.

Voici du reste, pour faciliter l'étude qu'on doit faire à ce sujet, un tableau indiquant la position du centre d'un cyclone par rapport à un observateur et aux différents vents qu'il éprouve :

Les vents sont supposés corrigés de la variation et les rhumbs de vent, indiqués pour la direction du centre, sont les rhumbs de vent vrais du monde.

Tableau de la position du centre par rapport aux vents régnants.

SI LE VENT SOUFFLE DE	LE CENTRE DE L'OURAGAN RESTE A	SI LE VENT SOUFFLE DE	LE CENTRE RESTE A
Nord	**Ouest**	**Sud**	**Est**
N. $\frac{1}{4}$ N.E.	O. $\frac{1}{4}$ N.O.	S. $\frac{1}{4}$ S.O.	E. $\frac{1}{4}$ S.E.
N.N.E.	O.N.O.	S.S.O.	E.S.E.
N.E. $\frac{1}{4}$ N.	N.O. $\frac{1}{4}$ O.	S.O. $\frac{1}{4}$ S.	S.E. $\frac{1}{4}$ E.
N.E.	N.O.	S.O.	S.E.
N.E. $\frac{1}{4}$ E.	N.O. $\frac{1}{4}$ N.	S.O. $\frac{1}{4}$ O.	S.E. $\frac{1}{4}$ S.
E.N.E.	N.N.O.	O.S.O.	S.S.E.
E. $\frac{1}{4}$ N.E.	N. $\frac{1}{4}$ N.O.	O. $\frac{1}{4}$ S.O.	S. $\frac{1}{4}$ S.E.
E.	N.	O.	S.
E. $\frac{1}{4}$ S.E.	N. $\frac{1}{4}$ N.E.	O. $\frac{1}{4}$ N.O.	S. $\frac{1}{4}$ S.O.
E.S.E.	N.N.E.	O.N.O.	S.S.O.
S.E. $\frac{1}{4}$ E.	N.E. $\frac{1}{4}$ N.	N.O. $\frac{1}{4}$ O.	S.O. $\frac{1}{4}$ S.
S.E.	N.E.	N.O.	S.O.
S.E. $\frac{1}{4}$ S.	N.E. $\frac{1}{4}$ E.	N.O. $\frac{1}{4}$ N.	S.O. $\frac{1}{4}$ O
S.S.E.	E.N.E.	N.N.O.	O.S.O.
S. $\frac{1}{4}$ S.E.	E. $\frac{1}{4}$ N.E.	N. $\frac{1}{4}$ N.O.	O. $\frac{1}{4}$ S.O.
S.	E.	N.	O.

Ce tableau appris par cœur évitera tout embarras et toute surprise au moment où un cyclone se fera sentir, et on le retiendra d'autant plus facilement qu'on peut remarquer que l'aire de vent, auquel reste le centre, est toujours à 90° à gauche de celui qu'indique la direction du vent régnant. Cette dernière remarque conduit à un moyen tout à fait pratique de reconnaître immédiatement la position du centre d'un cyclone.

Moyen pratique de reconnaître la position du centre d'un cyclone.

On se place dans la direction du vent qui souffle, de manière à lui faire face et qu'il vous frappe en plein visage.

Le centre du cyclone, étant toujours, sur la gauche de l'observateur, à 90° de la direction du vent, il est clair, qu'en étendant le bras gauche horizontalement et parallèlement à la surface du corps, on indiquera immédiatement la position du centre ; on peut voir en effet, qu'en supposant des vents de Nord et se tournant dans cette direction, le bras gauche, placé dans la position que nous signalons, indique bien que le centre du cyclone se trouve à l'Ouest. Il en est de même pour tous les vents régnants, et cette méthode pratique de reconnaître le centre d'un cyclone, en même temps qu'elle ne souffre aucune exception, est si facile à retenir qu'il ne peut plus être permis à un marin d'ignorer où se trouve le centre fatal, qu'il *faut fuir* à tout prix.

Après avoir donné la manière de reconnaître la position du centre d'un ouragan, il semblera peut-être superflu d'indiquer aux marins ce qu'ils ont à faire, pour éviter un danger qui leur est signalé, le centre marqué sur le routier, en même temps que le point, est absolument comme un récif, un haut fond, un péril quelconque d'un autre genre que ceux dont nos cartes marines fourmillent, mais plus à craindre encore néanmoins et dont il faut s'éloigner sans hésiter; c'est, pour ainsi dire, un danger ignoré que le capitaine découvre et dont il trace la position sur la carte.

Est-il donc bien utile de dire à un marin, qui reconnaît un danger au N.E, à l'E. au N.O, ne courrez pas au N.E, à l'E. ou au N.O? La seule inspection du routier indique, à première vue, le point vers lequel il ne faut pas se diriger, et il n'est pas nécessaire d'avoir une longue expérience de la mer pour savoir la route à suivre en pareille circonstance.

Je viens de dire tout à l'heure que ce centre dangereux, tout en pouvant être assimilé à un récif quelconque signalé sur une carte, était cependant plus à craindre encore;

Un récif en effet est immobile et le navire auquel sa position est connue peut, en restant en place lui-même, n'avoir rien à en redouter. L'ouragan au contraire est animé d'un mouvement de translation qui peut le conduire sur le navire, si celui-ci ne fait rien pour l'éviter, et c'est en raison de sa mobilité même que l'ouragan est bien plus redoutable qu'un autre danger de quelque nature qu'il soit.

Il ne suffit donc plus de ne rien faire, il faut agir le plus promptement possible et c'est à combiner les manœuvres de son navire, en vue du double mouvement des cyclones, que doivent tendre tous les efforts d'un marin habile; voilà le motif qui nous engage à entrer dans quelques détails et qui nous conduit à examiner ce que doit faire un capitaine dans l'une des trois positions indiquées déjà :

1° Dans le demi cercle dangereux.

2° Dans le demi-cercle maniable.

3° Enfin sur le passage du centre.

La figure 6 va nous servir à faire comprendre ce que nous aurons à dire à ce sujet ; il suffit, en effet, de ne pas oublier que le cyclone se transporte de X en Y suivant la courbe X Y pour voir de suite que la route qui éloigne le plus promptement du centre, est la perpendiculaire à la ligne de translation de l'ouragan.

Manœuvre à faire pour un navire qui se trouve dans le demi cercle dangereux.

Il est évident que si le navire B, n° 1, qui éprouve au début des vents variant E.S.E. à Est, adopte la fuite vent arrière, ainsi qu'on le fait si souvent, il se dirigera à l'O.N.O ou à l'Ouest et s'exposera à rencontrer le centre du cyclone, puisque celui-ci court vers le S.O, cette manœuvre lui est donc absolument interdite ; s'il met le cap au N.E. ou au N.N.E. il court juste au devant du centre qui se trouve dans cet aire de vent, il n'y faut donc pas songer davantage ; la seule route à faire pour ce navire est celle qui rapproche le plus de la perpendiculaire à la course du cyclone, c'est-à-dire du S.E., il devra donc gouverner au Sud ou au S.S.E., autant que possible, et par conséquent au plus près *babord amures*.

Dans le n° 2 on verra facilement que, si le navire B, qui ressent des vents d'E.N.E. au N.E, courrait à l'O.S.O. ou au S.O. vent arrière, ou au plus près le cap au Nord ou N.N.O., il se rapprocherait du centre qui se dirige lui-même au Sud. Il en résulte que la route à faire est celle qui se rapproche le plus de l'Est, direction perpendiculaire à la course du cyclone, le navire B devra donc dans ce cas prendre, comme précédemment, *babord amures* pour s'éloigner du centre.

Enfin le n° 3 montrera également que les vents de Nord au N.N.O. ne permettent pas de courir au Sud ou au S.S.E., pas plus qu'à l'Ouest ou au O.S.O., puisque ces routes diverses rapprochent du centre du cyclone, le navire B est donc obligé de gouverner au plus près *babord amures* pour se rapprocher de la ligne perpendiculaire à la course de l'ouragan, seule route qui éloigne du centre.

Dans le demi-cercle dangereux, on doit donc, *pour s'éloigner du centre*, conserver autant de toile que possible, *au plus près babord amures*, jusqu'au moment où la force du vent vous oblige à mettre à la cape.

L'inspection des figures indiquera de plus que la cape doit être conservée *babord amures* ; la manière dont nous avons établi que se succèdent les variations du vent, à mesure que l'ouragan poursuit sa course, fait voir que, pour un navire babord amures, le vent, quelque brusques que soient ses variations, ira toujours en *adonnant*, le navire présentera donc toujours l'avant à la lame et pourra, chose importante, gouverner dans tous les cas pour la mer qui, ne suivant pas le vent dans ses variations subites, continue, pendant plus ou moins de temps, à régner suivant la direction du vent précédent, les coups de mer venant toujours frapper l'avant du navire seront, pour celui-ci, moins dangereux et beaucoup moins à craindre.

Certes avec de telles amures au plus près, et plus tard à la cape, on ne fait pas beaucoup de chemin pour s'éloigner du danger mais les autres routes font courir au devant du centre qu'on cherche à éviter ; il n'y a, donc pas à hésiter.

Cette obligation de ne pouvoir faire route qu'au plus près, c'est-à-dire d'adopter précisément la manœuvre qui ne permet au navire qu'une vitesse très limitée au début, et nulle dès qu'il est à la cape, cette obligation, dis-je, est la raison principale qui a fait donner à ce demi-cercle de l'ouragan le nom de dangereux.

Si le navire, placé dans cette position, avait pris tribord amures, non seulement il aurait mis le cap sur le centre de l'ouragan, mais encore il aurait vu les vents lui refuser de plus en plus, le masquer peut-être dans une de ses variations subites, et le faisant culer contre une mer horrible, l'exposer à être démoli par l'arrière; ou bien encore, s'il échappait à ce danger par une grande abattée, le navire se verrait exposé à recevoir, droit par derrière, des lames effrayantes qui lui feraient au moins de très graves avaries.

C'est là surtout et presque toujours la cause unique de tous les désastres maritimes: le navire dévoré par la mer qui frappe à coups redoublés l'arrière et menace d'enlever le gouvernail, ne voit plus de salut que dans la fuite aussi prompte que possible, et va se jeter tête baissée au centre de l'ouragan, pour échapper à un danger qui ne provient que des mauvaises amures sous lesquelles on a placé le navire en commençant.

Rien ne peut excuser un capitaine qui, dans le demi-cercle dangereux, prend les amures à tribord; la seule chance qu'il ait d'éviter des avaries graves et quelquefois la perte de son navire est de prendre *babord amures*.

Nous avons dit, que la fuite avec les vents d'E.S.E. ou Est conduit le navire à la rencontre du centre de l'ouragan, il faut encore prémunir les capitaines, qui sont dans le demi-cercle dangereux, contre l'adoption de cette manœuvre, alors qu'ils sont arrivés à la plus courte distance du centre et que le vent souffle, par conséquent, avec la plus grande fureur.

Supposons en effet, figure 29, que le navire B ayant adopté les amures à babord, ainsi que je viens de le dire, soit néanmoins soumis à toute la violence d'un ouragan dont le centre s'est fatalement rapproché, il verra les vents passer successivement d'E.S.E. à E., E.N.E., et N.E., toujours en augmentant de violence jusqu'au point D de plus courte distance; le baromètre est à son point minimum et les rafales du vent de N.E. soufflent, à ce moment, avec une si grande intensité que le navire se couche et engage, menaçant d'une mort presque certaine l'équipage effrayé; le salut suprême ordonne de couper la mâture et c'est ce qu'on fait, trop souvent hélas! avec une précipitation blâmable mais qui s'explique, cependant, par l'imminence du danger; le navire se relève, il est sauvé, pourquoi donc voyons-nous presque toujours également qu'on s'empresse de fuir vent arrière au S.O. avec les vents de N.E? Pourquoi cette manœuvre si pernicieuse qui doit conduire infailliblement le navire à de nouveaux désastres, peut-être à une perte totale; tandis que la cape, conservée à babord, eut certainement amené le salut des hommes et du navire?

Ne jamais fuir dans le demi-cercle dangereux.

Le bâtiment en effet qui, parvenu au point D, se met en fuite avec les vents de N.E., court au S.O.; si, par malheur, sa vitesse est plus grande que celle de translation de l'ouragan, il atteint bientôt le point *a* où il trouve le vent à l'Est avec fureur; une fois qu'on s'est décidé à fuir sous l'impression du danger auquel on vient d'échapper, on n'ose plus remettre en cape et on se soumet aveuglément à toutes les variations du vent, le navire se dirige donc à l'Ouest jusqu'au point *b* où les vents soufflent d'E.S.E., forçant à incliner la route au O.N.O.

Ce nouveau cap conduit au point *c* ; on y rencontre les vents de S.E. qui obligent à fuir au N.O. et les vents sautent successivement au S., S.S.O., S.O. etc., à mesure qu'on atteint les points *d*, *e*, *f*, il s'ensuit qu'on tourne autour du centre et qu'on peut décrire des circonférences d'autant plus rapidement que le navire est plus rapproché du centre; c'est ainsi que l'on arrive à supposer qu'on a éprouvé un ouragan dans lequel le vent a fait plusieurs fois le tour du compas.

On se figurera facilement à quel péril extrême se trouve exposé un navire qui manœuvre d'une manière aussi fâcheuse sans que rien puisse l'y obliger.

Le vent de N.E. est d'une violence inouïe, cela est évident! le navire engagé exige le sacrifice de la mâture, sans doute! mais, une fois relevé, une fois que cette crainte de chavirer n'a plus de raison d'être, pourquoi fuir? Pourquoi ne pas conserver la cape *babord amures* ?

En le faisant, on verrait bientôt le vent tourner au N.N.E., N., et N.N.O. en diminuant de violence, et le navire serait sauvé; c'est ce qui se présente quelquefois fort heureusement car, une fois relevé, bien souvent le navire ne peut pas arriver, le vent le maintient à la cape malgré tous les efforts qu'on fait pour le mettre en fuite, et le navire ne doit son salut qu'à l'impossibilité où il est de courir, lui-même, à une perte presque certaine.

Après avoir réfléchi à cette position si critique, et qui peut le devenir encore bien plus par une fausse manœuvre, aucun capitaine, j'en suis convaincu, n'osera plus s'y exposer.

Dès que, dans le demi-cercle dangereux, il est parvenu en cape *babord amures* au point de plus courte distance, ce qui se reconnaît immédiatement par la direction du vent qui souffle à ce point dans chaque branche de la parabole du cyclone, et ce qui est indiqué aussi par une baisse excessive du baromètre, un capitaine doit être bien convaincu qu'il a souffert la plus grande violence de l'ouragan, qui désormais n'ira plus qu'en mollissant; il n'y a donc plus d'autre manœuvre à tenter, il faut continuer à attendre, *babord amures*, que l'ouragan s'éloigne.

Si malheureusement le navire est destiné à disparaître, on ne ferait que hâter sa perte en fuyant vent arrière, il ne reste plus alors qu'à courber la tête devant les décrets inévitables de la Providence !

Manœuvre à faire pour le navire qui se trouve dans le demi-cercle maniable.

Voyons ce qui se passe pour le navire C, dans le demi-cercle maniable :

Le n° 1 de la figure 6 indique à première vue que, pour s'éloigner du centre, le navire C n'a qu'une seule route à faire : c'est le N.O. dont la direction est perpendiculaire à la route de translation du cyclone; or, les vents que ressent le navire C, au début de l'ouragan, sont du Sud au S.S.O. et lui permettent de courir facilement au N.O. En admettant même qu'il redoute une variation brusque au S.O. pouvant compromettre son navire, il lui est toujours facile de courir vent arrière au Nord, route qui l'éloigne rapidement du centre de l'ouragan.

Le navire C est donc, pour ainsi dire, maître de sa manœuvre, et il peut faire, sans danger, toute la toile que lui permet la force du vent, chaque minute l'éloigne du centre redoutable.

Dans le N° 2 la route, dont la direction est perpendiculaire au mouvement de translation, est l'Ouest ; il est évident que les vents d'E.S.E. au S.E. qui soufflent, en commençant, permettent au navire C de courir à l'Ouest ou même au N.O. vent arrière, route qui éloigne très rapidement du centre sans avoir à redouter les effets des sautes de vent.

Dans ce cas, encore, le navire C conserve toute sa liberté d'action pour fuir le point dangereux.

Et dans le N° 3, la route à faire étant le S.O., il est clair que les vents d'E.N.E. à Est permettent cette manœuvre au navire C, qui peut courir O.S.O. ou O. pour éviter les conséquences des sautes de vent.

Pour ce cas, aussi, route facile pour s'éloigner le plus promptement possible de l'ouragan.

On voit donc que, dans le demi cercle maniable, on a le choix entre plusieurs routes qui éloignent rapidement du centre et que, pour faire ces routes diverses, le navire peut employer tous les moyens dont il dispose ou dumoins tous ceux dont la violence du vent permet l'usage.

Ainsi, tandis que dans le demi cercle dangereux on n'a absolument que le plus près à faire, c'est-à-dire la route la moins favorable pour s'éloigner rapidement du centre, dans le demi cercle maniable, au contraire, on peut courir vent arrière ou grand largue, allures qui, toutes deux, sont les plus faciles pour le navire qui a intérêt à s'échapper le plus rapidement possible.

C'est là ce qui, plus encore que la différence de force du vent dans les deux demi cercles, doit justifier le nom de maniable à celui dont nous venons de parler, car on peut dire que, grâce à cette facilité de manœuvre, un ouragan n'est jamais bien dangereux dans ce demi cercle, si l'on manœuvre à temps et de la manière indiquée ici.

Manière de prendre la cape dans le demi-cercle maniable.

Il peut arriver cependant que, par suite du voisinage d'une terre, d'un récif, ou même de plusieurs navires, comme dans le cas d'un appareillage forcé à la Réunion, il soit impossible d'adopter cette manœuvre de fuite si commode dans le demi cercle maniable ; un navire de faible tonnage, et auquel son faible échantillon ne permet pas de s'exposer, par l'arrière, au choc violent de lames énormes, peut également être dans l'obligation d'abandonner la fuite et se trouver dans l'impérieuse nécessité de mettre à la cape, il s'agit de voir quelles sont les amures les moins dangereuses à prendre.

Revenons encore à la figure 6 : Dans le n° 1, les vents varient, pour le navire C, du Sud au S.S.O., pour tourner bientôt à l'O.S.O. et à l'Ouest.

Dans le n° 2, les variations du vent sont du S.E. au S., S.O. et O.S.O. tandis que, dans le n° 3, les vents tournent d'E.N.E. à E.S.E., S.E. et S.S.E., n'est il pas plus qu'évident alors que, dans ces trois cas, la cape *tribord amures* est la plus favorable ?

Nous avons, pour indiquer ces amures, les mêmes raisons que nous avons exposées déjà en parlant de celles adoptées pour le demi cercle dangereux : les vents adonnent toujours dans ses variations, et la mer est constamment prise par l'avant, tandis que ce serait précisément le contraire, en prenant la cape babord amures.

Il est bon de faire remarquer, qu'avec la cape tribord amures, le navire C, dans les trois positions, aura l'avant dirigé du côté du centre, mais nous l'avons déjà dit, et il faut bien se le rappeler : à la cape généralement, et dans un ouragan toujours, on ne fait pas de route en avant, la violence du vent, ainsi que le courant dû au mouvement de translation, font dériver le navire qui n'a alors de vitesse qu'en travers.

On ne doit donc pas s'arrêter à cette considération qui ne paraît avoir quelque valeur qu'au premier abord. Ce qui est bien plus important, c'est d'éviter les mascarades ou les coups de mer par l'arrière, conséquences inévitables des amures à bâbord, et il ne faut pas hésiter, dans le demi cercle maniable, à mettre en cape tribord amures, si l'on ne peut pas fuir ainsi que nous l'avons dit.

Une autre obligation de mettre à la cape peut encore se présenter pour un navire qui a pris la fuite, et qui a été forcément obligé de se maintenir vent arrière, en suivant les variations du vent : supposons que le navire C, (figure 30,) après avoir reconnu qu'il est dans le demi cercle maniable se mette en fuite vent arrière avec des vents de S.S.O., il fera route au N.N.O. ; arrivé au point a il trouve le vent du S.O., sa route s'infléchit au N.E. ; au point b le vent est O.S.O. , et le force à courir E.N.E. ; en c il est encore obligé de laisser porter à l'Est à cause des vents d'Ouest ; en d le vent est O.N.O., et la fuite conduit à l'E.S.E. ; enfin en e le vent de N.O., fait reconnaître qu'on se trouve sur la trajectoire, en arrière du centre de l'ouragan.

On se rendra facilement compte de ce qui doit advenir, si le navire parvenu à ce point, continuait la fuite comme l'indique la ligne ponctuée, en suivant le vent dans toutes ses variations.

Le vent tournant au N.N.O., N., N.N.E., N.E. et Est, fera courir le navire successivement au S.S.E., S., S.S.O., S.O. et Ouest au milieu du demi cercle dangereux et, si l'on admet que la vitesse du navire soit plus grande que la vitesse de translation qui fait marcher le cyclone du N.E. au S.O., ce qui a lieu très fréquemment, il peut se faire que le navire parcourre ainsi plusieurs circonférences autour du centre, voyageant avec l'ouragan, à toutes les fureurs duquel il reste beaucoup plus longtemps exposé.

Le navire C ne doit donc pas attendre que le vent soit N.O. pour cesser de fuir et mettre à la cape ; dès que les rafales soufflent d'O.N.O., le navire a dépassé, de beaucoup, le point de plus courte distance ; s'il s'arrête et prend la cape tribord amures, l'ouragan va s'éloigner rapidement, le beau temps revenir et permettre bientôt de faire de la toile.

Le navire C, du reste, est prévenu qu'il a dépassé le point de plus courte distance par le baromètre qui remonte aussitôt ; si par une circonstance quelconque, le navire C s'est trouvé engagé trop près du centre autour duquel il a fui vent arrière, il doit s'arrêter et mettre en cape tribord amures ; dès que le baromètre commence à remonter d'une manière sensible.

Un raisonnement analogue fera voir qu'on doit agir de la même manière dès qu'on est dans le demi-cercle maniable, quelle que soit celle des trois positions qu'occupe l'ouragan sur sa parabole ; je n'insisterai pas davantage.

Il nous reste à parler de la position du navire A, et ce n'est pas la moins intéressante ; ce navire doit, s'il reste en place, passer au centre du cyclone et en subir les effets les plus désastreux.

Après avoir éprouvé toute la violence du vent dans sa plus grande fureur, le navire rencontre un calme pendant lequel il se trouve livré aux bouleversements d'une mer furieuse que rien n'arrête ; des lames monstrueuses, horriblement tourmentées, s'élèvent de toutes parts et s'élancent sur le navire que le manque de brise laisse exposé, sans défense, à ces chocs répétés; alors les mouvements désordonnés de roulis et de tangage sont si violents, qu'un démâtage est presque inévitable et, avec lui, le cortège de ces avaries majeures qui accompagnent cet événement, toujours si redoutable à la mer, mais surtout au moment où le vent va souffler de nouveau avec furie, à la suite du calme trompeur qui se fait sentir.

Que va devenir ce malheureux navire, assailli par cette seconde partie de l'ouragan aussi terrible que la première, et à laquelle rien ne peut le soustraire désormais?

C'est là bien certainement la position la plus cruelle qui puisse menacer un capitaine, et rien ne doit être négligé pour y échapper.

Manœuvre à faire pour le navire qui se trouve sur le passage de l'ouragan.

Il est évident que pour le navire A, comme pour les navires B et C, la route à faire est celle qui se rapproche le plus de la perpendiculaire à la ligne X Y suivie par un cyclone; le n° 1 de la figure 6 indique qu'avec des vents de S.E., le navire devra courir au N.O., c'est à dire vent arrière.

Le n° 2 fait voir que la perpendiculaire à la ligne de parcours est l'Ouest, ce qui est encore vent arrière, avec les vents régnant de l'Est.

Enfin le n° 3 ne laisse aucun doute sur la direction S.O. que doit suivre le navire A et, avec les vents de N.E., c'est toujours vent arrière.

Il n'y a donc qu'une manœuvre à faire dans ce cas dangereux: c'est la fuite vent arrière.

Il est facile de se rendre compte que, dans les trois cas précités, pendant que l'ouragan poursuit sa course, le navire, en faisant vent arrière, ne tarde pas à passer dans le demi-cercle maniable, où nous avons vu que les variations du vent lui permettent de continuer l'allure adoptée du vent arrière. Alors s'il est obligé, par un motif quelconque, tels que ceux dont j'ai déjà parlé, de prendre la cape, il doit, dès qu'il reconnaît qu'il est dans le demi-cercle maniable, et *aussitôt que le baromètre a eu un mouvement de hausse bien prononcée*, mettre en cape tribord amures, ainsi que nous l'avons dit précédemment.

N'oublions pas que cette obligation est impérieusement commandée, dès que la direction du vent indique qu'on se trouve près de la trajectoire de l'ouragan, en arrière du centre, et qu'il ne faut pas tarder plus longtemps à mettre à la cape; nous avons expliqué, à propos du demi-cercle maniable, comment on serait exposé à rester enveloppé dans l'ouragan, si on agissait autrement.

On comprendra facilement que, pour réussir dans cette manœuvre, on ne doit pas hésiter longtemps à l'adopter; si on ne prend pas une résolution prompte, si on se laisse entraîner trop près du centre, on n'est plus libre de sa manœuvre; le vent souffle avec une si grande violence, la mer atteint de telles proportions, que l'on n'ose plus s'aventurer à fuir et l'on est exposé, alors, à passer par toutes les angoisses que doit éprouver un capitaine, qui assiste fatalement à la destruction, ou au moins au ravage du navire qu'il n'a pas su diriger.

S'il en est ainsi, si malgré toutes les recommandations que je fais ici, on s'est laissé surprendre et que, s'étant trompé sur la position qu'on occupe dans l'ouragan, ou la course que suit celui-ci, on se trouve au milieu d'un calme, remplaçant subitement le vent qui soufflait quelques instants avant avec fureur, qu'on prenne garde de se laisser aller à une sécurité trompeuse ; il peut en résulter les plus grands malheurs !

Le calme n'a qu'une durée indéterminée : quelques heures peut-être et parfois quelques minutes ; le vent va sauter avec une violence terrible, cap pour cap, et l'on comprend quels désastres doivent advenir, si on fait de la toile , soit avec la persuasion que le mauvais temps est passé, soit dans le but de soutenir le navire contre les ballotements effrayants que produit une mer déchaînée.

Un indice certain que ce calme n'est pas la fin de l'ouragan, c'est que, le *baromètre se tient toujours très bas*, quoique ayant de la tendance à remonter ; c'est lui surtout, qu'il faut consulter, et non les apparences du ciel ; tant que cet instrument n'est pas revenu presqu'à sa hauteur ordinaire, le beau temps n'est pas de retour, et l'on doit être en garde contre une accalmie, qui n'indique pas autre chose que le passage du centre de l'ouragan.

La seule préoccupation du capitaine, dans cette position critique, doit être de diriger l'avant du navire, vers le rhumb de vent d'où soufflait le vent précédent et de s'efforcer de l'y maintenir ; il se trouvera ainsi vent arrière , lorsque le vent sautera cap pour cap.

Un foc hissé à propos peut suffire à cette manœuvre , qui ne doit être tentée qu'à l'aide d'une voilure excessivement réduite.

Telles sont les seules manœuvres à faire, suivant la position qu'occupe un navire par rapport à un ouragan.

Le demi cercle maniable exige une manœuvre tout à fait inverse de celle qui est recommandée pour le demi cercle dangereux ; la sollicitude d'un capitaine doit donc tendre à reconnaître de quel coté il se trouve par rapport à un cyclone dès qu'il en ressent les premières atteintes.

On conçoit combien il est intéressant de ne pas se tromper dans ses appréciations à ce sujet, nous allons donc indiquer ce qui doit faire reconnaître, avec certitude, la position du navire au milieu d'un ouragan auquel il est soumis :

Manière de reconnaître si l'on est dans les demi cercles maniables, ou dangereux, ou sur le passage du centre.

Si l'on examine la succession des vents, suivant les trois positions que nous avons supposées à l'ouragan, (figure 6), et si on se rappelle les conclusions, que nous a fournies l'étude à laquelle nous nous sommes livrés, on verra que, dans le demi cercle dangereux, les vents ont varié pour le n°1, de E.S.E., à Est, N.E. et Nord ; pour le n° 2, la variation a été d'E.N.E, à N.N.E., Nord et N.O., et, dans le n° 3, les vents ont tourné de Nord à N.N.O., Ouest et S.O., c'est-à-dire, dans les trois cas, que, pour l'observateur, faisant face au vent ressenti au début de l'ouragan, la brise aurait varié vers la gauche, ou dans un sens inverse au mouvement des aiguilles d'une montre.

Dans le demi cercle maniable, on voit, n° 1, que le vent varie S.S.O., O. et N.O., que, dans le n° 2, la variation du vent a eu lieu du S.E. au S. et S.O. et que, dans la figure 3, les sautes de vent se font d'E.N.E. à E., et S.E., c'est-à-dire que l'observateur, faisant face au vent par lequel a débuté l'ouragan, aurait vu les variations de la brise se diriger vers sa droite, ou dans le sens du mouvement des aiguilles d'une montre, on en conclut naturellement cette règle générale :

Si les variations du vent ont lieu dans le sens inverse des aiguilles d'une montre, on se trouve dans le demi cercle dangereux, d'où cette conclusion rigoureuse : prendre les *amures à babord*.

Si les sautes de vent tournent au contraire dans un sens analogue à celui du mouvement ordinaire des aiguilles d'une montre, on est placé dans le demi cercle maniable, et si l'on est obligé de prendre la cape, il faut le faire *tribord amures*.

Règles faciles à retenir, puisqu'on doit prendre la cape à babord, si les variations du vent halent la gauche, ou babord de l'observateur, et que la cape tribord amures correspond aux changements du vent sur la droite, ou à tribord de l'observateur qui fait face au vent régnant.

Il n'est pas plus difficile de reconnaître si l'on se trouve droit sur le parcours d'un ouragan : Nous avons vu en effet que, dans cette position, le vent persiste à souffler, sans variation aucune, de la même direction en augmentant de violence, en même temps que le baromètre baisse de plus en plus, quand donc on reconnaît ces indices de vent soufflant sans relâche de la même direction, on peut être certain qu'on est sur la ligne de parcours d'un cyclone et il ne faut pas hésiter longtemps à se mettre en fuite, vent arrière.

Seule manœuvre à faire quand on n'a pas encore reconnu sa position par rapport à un ouragan qui menace.

A ceux pour qui tous les détails, dans lesquels je viens d'entrer, offriraient encore quelqu'obscurité, je dirai, comme résumé simple et pratique de la loi des tempêtes, ce qu'il y a faire lorsqu'on reconnaît l'existence d'un cyclone et qu'on ignore quelle est la marche du météore et le demi-cercle dans lequel on se trouve :

Avant toute chose, prendre, sans hésiter, *toujours babord amures*, conclure, du vent régnant, la direction dans laquelle se trouve le centre du cyclone, marquer le point sur la carte et le rhumb de vent dans lequel on relève le centre, afin de s'assurer si l'on a de l'espace autour de soi, et si rien ne doit entraver la manœuvre qu'on sera obligé d'adopter plus tard ; faire alors toutes les dispositions que la prudence la plus minutieuse peut suggérer pour résister au mauvais temps et attendre quelques heures pour voir si le vent va varier ou non.

Si, avec ces amures à babord, le vent *adonne* dans ses variations, on doit conserver les mêmes amures et faire toute la toile que comporte la violence du vent, jusqu'à ce qu'on soit obligé de mettre en cape, mais toujours sans changer d'amures. Il ne faut pas oublier que dans ce cas, on ne doit fuir sous aucun prétexte, *quels que soient les événements qui peuvent survenir plus tard, serait-ce même un démâtage.*

Si, au contraire, étant babord amures, le vent *refuse*, il faut laisser porter et fuir grand largue, quatre quarts au moins de l'arrière du travers, et conserver cette allure du grand largue en suivant les sautes de vent, jusqu'à ce que le baromètre, ayant remonté d'une manière manifeste, indique bien clairement que le cyclone s'éloigne ; on peut alors, mais seulement alors, prendre la cape tribord amures.

Il est bien entendu cependant que si, par un motif impérieux, le navire, dans le cas où le vent refuse, ne pouvait pas fuir comme nous venons

de l'indiquer, il devrait virer de bord immédiatement et mettre en cape
tribord amures.

Dans la supposition que le vent varie, tout se réduit donc à ce peu de
mots :

Quelles que soient les amures sous les quelles se trouve un navire, il
faut à tout prix les changer si le vent refuse, et les conserver au contrai-
re, si le vent adonne.

Enfin, s'il n'y a aucune variation dans la direction du vent, il faut se
hâter de laisser porter en grand et faire vent arrière le plus promptement possible. Le baromètre est ici un guide bien précieux pour empêcher d'attendre trop longtemps ; s'il a baissé jusqu'à 748, sans qu'il y ait
eu de variation dans la direction du vent, il est évident qu'on se trouve
sur le passage du centre et qu'il faut fuir vent arrière sans retard.

Cette recommandation de commencer par prendre toujours babord
amures, alors qu'on ne sait pas encore quelle position on occupe par rapport à un cyclone, se justifie par cette considération qu'il faut toujours se
préparer pour ce qu'il y a de plus redoutable, et éviter les manœuvres
dans la partie dangereuse du cyclone ; avec les amures à babord on n'a
plus rien à faire si l'on est dans le demi cercle dangereux, et c'est l'important ; il est toujours temps de faire vent arrière, si on reconnaît qu'on
se trouve dans le demi cercle maniable.

J'insisterai donc pour qu'on n'hésite pas à prendre cette cape *babord*
amures dès le début.

On voit, d'après ce qui précède, qu'il faut attendre une variation du
vent pour reconnaître, avec certitude, la position qu'on occupe par rapport au centre d'un cyclone. En général, la variation dans la direction du
vent, s'il doit y en avoir, est prononcée trois ou quatre heures après que
l'ouragan s'est déclaré, un capitaine intelligent est donc assez promptement fixé, surtout s'il étudie attentivement la chasse des nuages.

On a remarqué, en effet, que les nuages supérieurs chassaient toujours,
avec une grande vitesse, avant qu'un ouragan soit déclaré ; il en est également ainsi, même au milieu de la tempête, c'est-à-dire que le changement dans la direction suivie par les nuages supérieurs précède toujours
la saute de vent et peut, par conséquent, l'indiquer : si donc, avec des
vents de S.E, on voit les nuages supérieurs fuir de E.S.E. et Est on peut
être sûr qu'on se trouve dans le 1/2 cercle dangereux et que, dans ce cas,
les amures à babord devront être conservées ; si au contraire, avec ces vents
de S.E, la chasse des nuages tournait au S, on serait évidemment dans le
1/2 cercle maniable et il faut se préparer à manœuvrer en conséquence.

Il est possible, en outre, d'indiquer certaines généralités assez pro-
bables qui peuvent faire supposer à l'avance quel est le demi cercle qui
doit vous frapper.

Direction générale de la course des cyclones suivant la latitude et longitude.

Pendant les mois d'hivernage de l'hémisphère austral, entre 2° et 5°
latitude Sud et 45° à 100° de longitude Est, il y a de grandes chances pour
qu'un navire, quirçoit un ouragan, se trouve dans le demi cercle maniable et dans cette étendue de mer, la course du cyclone est, presque toujours, du N.E. au S.O., ou d'E.N.E. au O.S.O.

Entre 10° et 25° de latitude Sud et 75° à 100° de longitude Est la cour-

se d'un cyclone est plutôt dirigée du N.N. E. au S.S.O, et même du Nord
Sud , on peut donc se trouver dans l'un ou l'autre des demi cercles sans
qu'il y ait moyen d'être fixé à peu-près à l'avance.

Par la même latitude de 10° à 25° et 40 à 70° de longitude Est , on
est , le plus souvent , exposé à se trouver dans le demi cercle dangereux ;
la course d'un cyclone est généralement de l'E.N.E. au O.S.O. ou du
N.E. au S.O.

Cependant entre Madagascar et la Réunion ainsi que dans le canal de
Mozambique , il arrive souvent aussi que la course est du N.N.E.
au S.S.O., et quelquefois du Nord au Sud.

Enfin , dans les latitudes plus élevées, 25° et 30°, quelle que soit la longitude, le cyclone s'infléchit généralement vers le S.E. , et l'on peut être
frappé par l'un ou l'autre des demi cercles.

Je ne saurais trop répéter que ces généralités , quoi qu'assez proba-
bles , sont néanmoins , soumises à de nombreuses exceptions , un capitaine ne doit donc se fier qu'à ses propres observations , sur les variations du vent , pour reconnaître la course d'un cyclone qui s'avance vers
lui.

CHAPITRE V.

Examen critique des manœuvres faites par divers navires. — Tableau des pertes occasionnées par l'ouragan de février 1860.

Nous avons expliqué comment il était facile de reconnaître la position d'un cyclone, et nous avons indiqué les manœuvres à faire dans chacun des cas particuliers qu'il est possible de rencontrer, nous pouvons donc nous livrer à l'examen critique de manœuvres faites par divers navires enveloppés par un ouragan; on se rendra ainsi bien compte des avantages qu'ont trouvé les uns à observer les prescriptions auxquelles nous sommes arrivés, tandis que les autres nous offriront un enseignement remarquable par les désastres, qui sont résultés de l'inobservance de ces mêmes prescriptions.

Le cyclone de 1860, que nous avons utilisé déjà pour établir, d'une manière certaine, le double mouvement de rotation et de translation qui animent ces phénomènes, va nous servir encore à faire ressortir cette vérité incontestable que, pour un navire exposé à toutes les fureurs d'un ouragan, la loi des tempêtes offre, seule, les chances d'échapper aux avaries dont il est menacé, ou du moins d'en atténuer les conséquences les plus désastreuses.

Le 25 février 1860, vers 9 heures du matin, tous les navires sur rade de Saint-Denis reçurent, de la direction du port, l'ordre d'appareiller par embossure: la baisse continue du baromètre, le ras-de-marée déjà très fort, la brise à rafales du S.E.; toutes les apparences du temps, en un mot, indiquaient l'approche d'un ouragan. Ouragan de février 1860

Les navires des autres quartiers étaient sous voiles depuis quelques jours, de sorte, qu'à ce moment, toutes les rades de la colonie se trouvèrent abandonnées.

En appareillant de St-Denis, les bâtiments coururent au plus près tribord amures, et la pluie abondante, qui tombait sans discontinuer, les déroba bientôt aux regards des capitaines assistant, sur le rivage, aux manœuvres de leurs navires qu'ils suivaient avec une anxiété bien naturelle.

Les journaux ou les rapports de chacun des bâtiments, sont venus nous apprendre ce qu'ils ont fait, à partir de ce moment, et les périls qu'ils ont courus, c'est ce que nous allons relater ici:

La direction des vents, soufflant du S.E. sans variation, indiquait évidemment que le centre ne passerait pas loin de la Réunion et que, par conséquent, les navires à la mer se trouveraient presque sur la ligne de parcours de l'ouragan, aussi quelques uns des capitaines, plus instruits que les autres, ou plus confiants en la science cyclonomique, n'hésitèrent-ils pas à faire vent arrière, pour couper la trajectoire en avant du centre, et se réfugier dans le demi cercle maniable du cyclone.

Quatre adoptèrent cette manœuvre: L'*Angèle*, la *Somme*, l'*Alfred* de la colonie, et la *Victorine*. (Figure 31.)

Le capitaine Barraud, de l'*Angèle*, appareillé de St-Leu, le 22 février, pour remonter à la Possession, fut le premier qui prit cette décision:

Il s'exprime ainsi dans son rapport:

« Le 25, à 10 heures du matin, étant à environ 15 milles dans le
« N.N.O. du cap Bernard, en capé tribord amures, voyant le baromètre
« continuer à baisser, 747, le temps prendre, de plus en plus, mauvaise
« apparence et les vents souffler sans variation du S.E., je jugeai me

« trouver sur le parcours de l'ouragan qui s'avançait ; la mer n'étant pas
« encore très grosse, je me décidai à fuir ainsi que l'indique la théorie,
« et laissai arriver sans aucun danger, faisant route au N.O., sous mon
« grand hunier au bas ris.

« A 4 heures du soir la mer grossit beaucoup, la pluie tombait à tor-
« rents, et le vent avait augmenté de violence, j'étais à peu près à 70
« milles dans le N.O. de St-Denis, je n'en continuai pas moins la même
« route, sous la même voilure, mon navire, *à demi chargé*, se compor-
« tant parfaitement ainsi.

« A 8 heures du soir le baromètre avait atteint 744, point qu'il ne dé-
« passa pas.

« A partir de ce moment, le vent commença à diminuer, et je trouvai
« la mer moins grosse, je continuai néanmoins la même route.

« A minuit, le 26 février, les vents halèrent le Sud et, dans la nuit, le
« S.O. et l'Ouest perdant beaucoup de leur violence, je suivis la direc-
« tion du vent, en me maintenant *vent arrière*, jusqu'au 26, à 10
« heures du matin où, me trouvant assez éloigné du centre de l'ouragan,
« je m'arrêtai pour prendre la cape tribord amures, avec les vents d'Ouest,
« après avoir vu le baromètre remonter à 747, le vent était encore fort,
« mais la mer moins grosse, et mon navire ne fatiguait pas. »

La cape fut conservée jusqu'au 27, à 6 heures du matin, où le capitaine Barraud, voyant le temps presque tout à fait beau, et le baromètre à
752, se décida à profiter des vents de N.O. pour rejoindre le mouillage.

Le 29, ce navire passait, avant d'aller mouiller à la Possession, sur la
rade de St-Denis, sans avoir souffert, sans avarie aucune, sans perte de
voiles, se trouvant, en un mot, en parfait état, et prêt à reprendre la mer
immédiatement.

Il est intéressant de faire remarquer, combien était profonde la confiance du capitaine Barraud dans la loi des tempêtes, confiance bien justi-
tifiée, ainsi que nous venons de le voir.

A 8 heures du soir, en effet, le 25, il y a 10 heures qu'il fait vent arrière: le vent augmente, la mer grossit, le baromètre baisse, les apparences du temps sont de plus en plus mauvaises, ne faut-il pas s'arrêter et la
loi générale est elle si bien prouvée, qu'il faille s'y confier aveuglément?
doit-on, enfin, continuer à courir au large, lorsqu'on voit le temps
empirer à mesure qu'on s'éloigne de la terre?

Le capitaine Barraud n'hésite pas ! Il sait bien qu'il se rapproche du
centre, mais il sait aussi que, bientôt, le vent va tourner et mollir et qu'a-
lors il s'éloignera rapidement de ce centre redoutable, il continue donc sa
route vent arrière.

A 10 heures, il coupe la ligne de translation de l'ouragan, à environ 85
milles du centre, et, à partir de minuit, les vents au Sud tournent bientôt au S.O., puis à l'Ouest en mollissant, ainsi que l'avait supposé ce capitaine instruit.

Ce navire a couru 12 heures avant de traverser la trajectoire de l'ouragan, c'est-à-dire qu'il a parcouru 120 à 130 milles, avant de se trouver
dans le cercle maniable.

M. Ansard, lieutenant de vaisseau, commandant la corvette à vapeur
la *Somme*, a eu la même foi dans la loi des tempêtes et en a recueilli les
mêmes bénéfices.

La *Somme*, appareille de St-Denis le 25, vers 9 heures du matin, à la voile et à la vapeur, courant en cape tribord amures au N. 45° Est, sous la trinquette et l'artimon.

A 2 heures 1/2 du soir, le commandant de cette corvette, voyant le vent persister au S.E. et S.S.E. en augmentant de violence, la mer grossir de plus en plus, le baromètre tomber à 747, pense qu'il passera très près du centre, s'il continue la même route et se décide à fuir au N.O.

Le vent et la mer augmentent de violence toute la soirée ; de 8 heures à minuit, le baromètre atteint 744, les rafales du S.E. sont de plus en plus intenses, une pluie torrentielle tombe sans discontinuer, et des coups de roulis effrayants fatiguent la corvette qui continue à fuir.

A 4 heures du matin, le 26, le baromètre est à 742, le vent hale le S.S.E., puis, à 6 heures, le S.S.O. ; la trajectoire de l'ouragan est coupée et c'est alors que le capitaine Ansart, se sachant dans le demi cercle maniable, s'arrête pour mettre en cape tribord amures, sous l'artimon.

Les rafales, cependant, sont à leur maximum d'intensité, la pluie fouette avec une violence inouïe ; la mer, très grosse, enlève le bout dehors du grand foc, vers 11 heures, dans un coup de tangage et le baromètre baisse encore jusqu'à midi où il atteint le minimum de 740.

A partir de ce moment le baromètre remonte, la mer s'embellit, le vent diminue de violence, halant successivement l'Ouest et le N.O., et permettant, le lendemain 27, à 8 heures du matin, de faire route pour le mouillage de St-Denis où la corvette laisse tomber l'ancre le 28 à midi, n'ayant à regretter que la perte insignifiante du bout dehors du grand foc.

De cet extrait de Journal, comme du précédent rapport, il résulte que la *Somme*, ayant commencé à fuir à 2 heures 30ᵐ de l'après midi, et n'ayant coupé la trajectoire que vers 3 heures du matin, il a fallu courir encore 12 ou 13 heures avant de voir une variation dans le vent ; c'est dire assez ce qu'il a fallu également de confiance aveugle en la loi des tempêtes pour persister dans la manœuvre adoptée.

Ce navire, s'étant décidé à la fuite plus tard que l'*Angèle*, a dû passer plus près du centre et nous voyons, en effet, qu'il n'en n'était guère qu'à 67 milles au moment où il coupait la trajectoire. Au lieu de s'arrêter, à 6 heures du matin, en prenant la cape, il est indubitable qu'il eût mieux valu continuer à fuir quelques heures de plus :

Les vents, n'étant encore qu'au S.O., indiquaient assez clairement que le centre du cyclone n'avait pas atteint le point de plus courte distance, il était donc préférable de continuer à courir quelques heures de plus, vent arrière, *jusqu'à ce que le baromètre eût remonté*, la perte du bout dehors de foc eut été évitée, puis qu'on n'aurait mis en cape qu'après avoir vu la brise et la mer mollir sensiblement.

Cependant il n'y avait pas danger pour un navire bien installé comme la *Somme*, aussi ses avaries ont-elles été sans importance.

Un peu plus tard que ces deux navires, nous voyons l'*Alfred* de la Réunion imiter leur manœuvre, et réussir comme eux :

L'*Alfred* vieux navire appartenant à la colonie, était, à son déra- *Alfred, de la Réunion.* dage de St-Denis, le 25, commandé par son maître d'équipage, excellent marin sans doute, mais peu au courant de la science nouvelle : ce n'est donc pas le raisonnement qui lui a conseillé la manœuvre qu'il a adoptée. Se trouvant près de la *Somme* au moment où ce navire s'est mis en fuite, il aura probablement pensé que le navire de guerre pouvait bien avoir raison, ou bien encore, fatiguant beaucoup trop à la cape, l'*Alfred* essayait-il de cette manœuvre dans l'espérance d'améliorer sa position ? toujours est-il , qu'à 4 heures du soir , il faisait route au N.O. sous la misaine.

Les rafales , loin de s'amoindrir , allèrent en augmentant toute la nuit et c'est seulement de 8 heures à midi , le 26 , que les vents varièrent au Sud puis S.O.,O. et N.O., mais avec la plus grande violence ; le baromètre avait atteint 736 , point qu'il conserva en oscillant fortement toute l'après midi et la soirée du 26 , l'*Alfred* n'avait pas coupé la trajectoire à plus de 45 milles du centre , et en fuyant toujours pour suivre les variations du vent , il se maintenait à peu près à même distance.

Une fois en fuite , ce bâtiment n'osait plus s'arrêter et courait ainsi jusqu'au 27 au matin , où les vents , au N.O. grand frais, permettaient , néanmoins , de faire de la toile , et de gouverner pour s'élever au vent du mouillage.

L'*Alfred* arrivait le 28 à midi , n'ayant fait que des avaries insignifiantes , au grand étonnement , mais aussi à la grande satisfaction de ceux qui auguraient mal du sort de ce navire.

Il nous reste à parler d'un quatrième navire qui traverse également la ligne de translation de l'ouragan , avec les mêmes chances , à peu près , que les trois autres.

Victorine.

La *Victorine* appareille de St-Pierre pour St-Denis , le 24 février , et bataille contre les vents frais du S.E. jusqu'au 25 , sans pouvoir y arriver.

A 8 heures du matin ce navire se trouve à environ 40 milles dans le N.N.O. du cap Bernard ; à 11 heures 30 la voilure , déjà réduite , doit l'être encore davantage , et l'on prend la cape sous le petit foc , le grand hunier au bas ris, et la benjamine.

Le petit foc ne tarde pas à être défoncé, la benjamine est serrée et l'on reste à la cape, tribord amures, sous le grand hunier seul.

A 5 heures du soir la violence du vent ne permet plus de conserver la cape , le second, qui commande à bord, se décide à fuir au N.N.O.

A minuit le grand hunier défonce, le navire se trouve à sec de toile et, ne fuyant pas assez vite, reçoit une lame énorme par l'arrière qui renverse et blesse le timonier , en même temps qu'elle enlève le canot de tribord.

La misaine est larguée le ris pris , une heure après il ne restait que les ralingues; le vent souffle avec une violence sans pareille , la mer est affreuse, et le baromètre atteint 730 , vers 2 heures du matin le 26 ; le vent hale alors le Sud puis le S.O. et , à 4 heures du matin ; on met en cape tribord amures.

A midi la brise est N.O, toujours excessivement violente, mais le baromètre remonte un peu et la brise n'ira plus qu'en diminuant jusqu'au lendemain 27, où l'on commence à faire route pour atteindre le mouillage de Saint-Denis.

Ce navire, qui a couru un peu plus nord que les autres, et qui s'est décidé à la fuite trop tard, a coupé la trajectoire à environ 35 milles en avant du centre ; il a plus souffert que les trois premiers , précisément à cause de sa plus grande proximité du centre , cependant il en a été quitte pour quelques voiles et une embarcation , et , le 29 à 10 heures du matin , il laissait tomber l'ancre sur la rade de Saint-Denis.

Ces quatre navires sont les seuls qui aient manœuvré ainsi que nous venons de le dire ; tous quatre en sont sortis sans avaries graves et ont pu revenir au mouillage, après quelques jours, seulement, d'absence.

Nous allons voir ce qui va advenir à ceux qui se sont conformés, d'une autre manière, à la loi des tempêtes et nous terminerons par l'exposé des désastres survenus à ceux qui s'en sont écartés.

Il était évident, par la persistance des vents de S.E., que le centre devant passer près de la Réunion, les quarante et un navires, appareillés des diverses rades de la colonie, se trouvaient placés dans le demi cercle dangereux.

On comprend parfaitement que le plus grand nombre des officiers, commandant à bord, aient hésité à doubler le cyclone, manœuvre qui peut devenir si fatale, lorsqu'on attend trop longtemps avant de s'y résoudre.

Il faut juger bien froidement sa position, être bien sûr de la distance à laquelle on se trouve du centre, pour calculer l'heure approximative à laquelle on passera sur la trajectoire, et avoir une foi bien convaincue de l'excellence de la loi des tempêtes ; il faut donc calcul raisonné, sang froid et résolution ferme pour s'y décider et pour y persister ; il est surtout une considération qui peut arrêter les plus intrépides et les plus croyants : au milieu de ces terribles ouragans, la pluie tombe serrée, fouettant au visage et aveuglant à ce point qu'on ne voit quelquefois pas l'avant du navire ; cette circonstance rend les abordages très à craindre et d'autant plus dangereux qu'ils sont inévitables au milieu d'un semblable chaos ; la fuite, toujours praticable en pleine mer, peut donc ici présenter des dangers excessivement graves, et, dans l'incertitude, il est préférable de rester à la cape ; c'est ce qu'ont fait tous les autres navires.

Mais alors, puisque l'on est dans le demi cercle dangereux et que les vents doivent varier du S.E. à l'Est et au N.E., il est évident qu'il faut mettre en cape *babord amures*, ainsi que nous l'avons établi.

Quelques navires, malheureusement peu nombreux, ont suivi cette prescription de la loi des tempêtes ; ce sont la *Lise et Berthe*, la *Ville-de Saint-Denis*, le *Pacifique*, et le *Washington*, (figure 31.)

La *Lise-et-Berthe* appareillait de Saint-Denis, le 25, d'après l'ordre du port, sous la conduite de M. Réal, second de ce navire, qui donnait la route au plus près tribord amures, sous le grand hunier, le petit foc, et la bengamine ; je citerai quelques lignes de son rapport:

Lise et Berthe.

« Le vent était S.S.E., la mer très grosse et le baromètre au dessous
« de pluie, au moment de l'appareillage ; je pris tribord amures, tout
« d'abord, pour m'éloigner de terre, le vent redoublait de violence à me-
« sure que nous avancions vers le Nord, j'examinai bien ses variations
« et, voyant qu'il tendait à tourner plutôt vers l'Est que vers le Sud., je
« pris *babord amures* à midi et, à 4 heures, j'étais sous le vent de Saint-
« Paul, où je trouvai beaucoup plus beau temps ; j'essayai alors à re-
« prendre tribord amures, mais, à onze heures du soir, le vent souffla
« tellement fort et la mer devint si affreuse que les coursives du navire
« s'ouvraient de plus de deux centimètres, et que l'eau tombait à flots
« dans la cale ; je repris alors *babord amures* et je laissai le monde à la
« pompe, jusqu'à ce qu'elle fut franche.

« Le 26 à midi le vent était Est excessivement violent ; un coup de
« mer nous enleva le youyou sur les pistolets de derrière, la mer était si
« grosse que le navire se trouvait submergé, à chaque instant, par des
« lames affreuses, ce qui nous obligeait à pomper de deux heures en
« deux heures.

« Dans la nuit du 26 au 27 le temps s'améliora un peu ; je restai ainsi

« *babord amures* , jusqu'au 27 à midi , où le vent hala l'E.N.E. puis le
« N.E., et je pus enfin faire de la toile pour revenir au mouillage.

Le premier mars ce navire reprenait son poste sur rade de St-Denis ,
n'ayant d'avaries que quelques balles de sucre un peu touchées par la
mer, et la perte de son youyou.

Ainsi nous voyons ce capitaine prendre *babord amures* , parce qu'il
reconnait que le vent devient plus mauvais à mesure qu'il court au Nord,
et surtout parce qu'il observe que le vent a une tendance à tourner vers
l'Est plutôt que vers le Sud.

A 4 heures il se laisse bien tromper par l'amélioration qu'il rencontre
sous le vent de l'île et il reprend tribord amures , mais à onze heures du
soir il est ramené à sa première idée par les mêmes observations qui la
lui avaient suggérée, il se replace aux amures de babord et cette manœuvre lui permet de rejoindre le mouillage sans avaries sérieuses.

Il y arrive un peu plus tard que les quatre dont nous avons parlé mais,
à part cette perte légère de temps, les résultats obtenus sont aussi satisfaisants.

Ville de Saint-Denis. La *Ville de Saint-Denis* appareille de Saint-Pierre le 25 à 2 heures du
matin, et court au S.S.O. *babord amures* , sous le petit foc et le grand
seneau.

Le second capitaine, M. L'Hermite, qui dirige le navire en l'absence
du capitaine, dit qu'il a conservé les mêmes amures pendant tout le mauvais temps, parce que les vents et la mer halaient successivement l'E.S.E.
l'Est et l'E.N.E., et que son bâtiment se comportait bien sous ces amures.

A midi, le 26, le vent est fixé à l'Est très violent ; le baromètre, à 749,
remonte à partir de ce moment, à mesure que le vent tourne à l'E.N.E.
et mollit, indiquant que le cyclone s'éloigne du navire ; le 27 au matin
on fait de la toile et, le 5 mars, la *Ville de Saint-Denis* revient à son
mouillage de Saint-Pierre, sans aucune avarie , ayant rencontré à la mer
le 29 , par 21° 48' latitude et 51° 56' de longitude, le navire le *Chêne*
démâté de son grand mât.

Pacifique. Le *Pacifique* appareille de Saint-Denis le 20 pour se rendre à Saint-
Pierre et louvoie avec des vents grand frais du S.E. à E.S.E. qui le forcent à prendre la cape dès le 23 , *babord amures*.

Le 26 le baromètre n'est encore qu'à 754, lorsque son mouvement de
baisse se prononce définitivement, en même temps que les rafales du
S.E. vont en augmentant de fureur : la mer est démontée et une pluie
torrentielle ne cesse d'inonder le navire ; à 4 heures du soir, le baromètre est à 742.

Le 27 à 8 heures du matin, le temps a la plus fâcheuse apparence ,
le vent a atteint une telle force que je ne connais « plus, dit le rapport,
« de terme pour sa qualification, mais je crois qu'en lui donnant celle
« du maximum, on sera très près de la vérité. »

On est obligé de ne conserver que le petit foc, à midi le baromètre a
atteint 732 mais remonte ensuite.

A 5 heures du soir le temps s'améliore , le vent hale l'E.S.E. et à minuit l'E.N.E. , permettant enfin de faire un peu de toile. Le lendemain,
28, le point place le navire par 23° latitude et 48° longitude, à 300 milles
dans l'O.S.O. de Saint-Pierre, où il a été entraîné par la dérive et la
continuation du mauvais temps ; aussi ce navire ne rentre-t-il à Saint-
Pierre que le 15 mars , contrarié par de petites brises de l'Est au N.E. ,
mais , comme les précédents, il arrive sans avaries.

Il ne nous reste plus qu'à parler du *Washington* qui, lui aussi, a pris *babord amures*.

Ce navire, appareillé de Sainte-Marie, le 20 février, sous la conduite de M. Mony son capitaine, se rendait à Sainte-Rose où il parvenait le 22, mais, la mer étant déjà grosse, l'ordre lui fut donné de s'éloigner, le baromètre marquait alors 757.

Le 23 et le 24 furent employés à se maintenir au vent de la rade, en vue de laquelle le *Washington* passa, le 24 à 11 heures, et reprit le large à la vue du signal de non communication.

A 2 heures du soir le baromètre, qui avait oscillé jusqu'à ce moment de 756 à 757, tomba tout d'un coup à 753; la voilure fut réduite aux deux huniers deux ris, la benjamine et le petit foc; brise fraîche par courtes rafales du S.E. au S.S.E., on courut tribord amures.

A 8 heures du soir, le temps est plus mauvais, le baromètre, à 751, ne descend pas beaucoup pendant la nuit, quoique le vent augmente et oblige de serrer le petit hunier; le 25 à 6 heures du matin, la mer et le vent ont notablement augmenté de violence.

A midi le baromètre est à 749, le vent à fortes rafales du S.S.E. à l'E.S.E., le temps très chargé et très menaçant et une pluie abondante tombe sans discontinuer.

Ici je ne saurais mieux faire que de copier textuellement le rapport du capitaine Mony, qui s'exprime ainsi :

« Tout m'annonçait un coup de vent; je supposais, d'après les varia-
« tions de la brise, que j'étais sur le côté dangereux ou tout au moins
« sur la ligne de translation de l'ouragan qui se préparait, je pris *babord*
« *amures*. J'aurais dû, d'après la loi des tempêtes, fuir dans le N.O. pour
« tâcher de passer du côté maniable ; mais la crainte des abordages m'en
« a, seule, empêché, et je me suis résigné à recevoir l'ouragan dans toute
« sa violence, mon navire, à la vérité, étant parfait pour la cape.

« A 2 heures il ventait tourmente dans les grains; serré le grand hu-
« nier, le petit foc, et resté sous ma benjamine seulement, une pluie
« torrentielle inonde le navire.

« Depuis ce moment jusqu'au lendemain soir 26, il a venté ouragan
« de l'E.S.E. au N.E., le baromètre a descendu jusqu'à 735.

« Le vent augmentait comme la dépression de l'instrument; la mer
« était affreuse, déferlant de tous les bords, mais principalement du
« Nord.

« Le baromètre a commencé à remonter le 26 à 8 heures du soir, c'est
« dans ce moment là que nous recevions les plus fortes rafales; puis la
« tempête a un peu molli et le vent a halé le N.E.

« Malgré l'amélioration produite dans le temps, ce n'est que, le 27 à 2
« heures après midi, que j'ai pu établir mon grand hunier au bas ris et
« le petit foc; j'ai conservé cette voilure toute la nuit.

« Dans la matinée du 28 le temps s'est tout à fait embelli, le baro-
« mètre avait remonté graduellement jusqu'à 758, j'ai tout largué.

« A midi, d'après mes observations, je me suis trouvé à 110 milles
« dans le S.O. corrigé de la Réunion. J'avais espéré que le vent aurait
« halé le Nord et le N.O., mais il est revenu à l'E.S.E. et m'a forcé à fai-
« re le plus près.

« Je n'ai éprouvé aucune avarie sérieuse, si ce n'est ma benjamine

« qui, quoique halée bas, est partie en lambeaux, mon cuir d'étrave a été
« décloué par la mer ainsi qu'un peu de cuivre , ce qui me force à relâ-
« cher à Saint-Paul pour le réparer.

« Je n'ai pas besoin de vous dire que tout, à bord, a considérablement
« souffert, vous savez mieux que moi , Monsieur le capitaine de port , ce
« qui doit en résulter en pareil cas.

« J'ai rencontré, le 28 , le navire le *Chêne de Saint-Servan*, capitaine
« Blanchard, parti deux jours avant le déradage pour Pondichéry, dé-
« mâté de son grand mât et ayant sa mèche de gouvernail cassée.

« Je me suis dérangé de ma route, j'ai laissé arriver sur lui pour lui
« faire mes offres de service , il m'a été répondu à deux reprises qu'il
« n'avait besoin de rien si ce n'est d'un grand mât et d'un gouvernail ;
« autant que j'ai pu en juger, ce navire a dû couper son mât.

Comme on le voit par la baisse du baromètre, le *Washington* a dû passer assez près du centre de l'ouragan, mais, grâce aux amures conservées
à bâbord pendant toute la durée de l'ouragan , ce navire a pu atteindre
Saint-Paul, le 1er mars, sans avaries graves et sans être retardé dans ses
opérations.

C'est ainsi que la connaissance de la cyclonomie peut conduire un capitaine à raisonner la manœuvre qu'il doit faire , pour échapper aux désastres qui accompagnent , si souvent, les terribles ouragans des tropiques.

Ce n'est plus désormais, comme autrefois, le hazard qui décidera de la
bordée la moins mauvaise à suivre ; des règles sont posées , appliquées
déjà par quelques capitaines , elles ne tarderont pas à faire partie des
connaissances indispensables à chaque marin et nous n'aurons plus bientôt à déplorer les désastres effroyables qu'il me reste à enregistrer en parlant des navires dont les officiers , par ignorance ou par incrédulité , ont
été se jeter au devant du centre, en conservant tribord amures.

Il est impossible que je puisse rapporter ici les événements qui ont marqué la course des trente-trois autres navires, je choisirai donc les plus in-
téressants, tous, du reste, présentent à peu près les mêmes incidents ,
figure 31.

Eugène et Amélie.

L'*Eugène et Amélie* était sur rade de Sainte-Suzanne le 23 février, lorsque la mer étant déjà très grosse, le surveillant de rade donna l'ordre, à 4
heures du soir, d'appareiller à cause des apparences du temps; à 5 heures
ce navire filait sa chaîne par le bout, et courait tribord amures, sous les
trois huniers au bas ris et le petit foc, les vents variant du S.E. au S.S.E.
à rafales.

A 8 heures du matin, le 24, viré de bord et couru bâbord amures sur
la terre, relevant le phare de Bel-Air au S. 1/4 S.O. du compas.

A 3 heures du soir, on reprend les amures à tribord, pour ne plus les
quitter.

Le 25 février à 4 heures du matin, la force du vent oblige à serrer le
petit hunier, le perroquet de fougue, et à prendre le bas ris au grand hunier ; la pluie tombe avec abondance, la mer très grosse, fatigue horriblement le navire et oblige à pomper d'heure en heure.

Dans la nuit du 25 au 26, le baromètre est à 730, le vent souffle ouragan du S.E., et la mer, démontée, frappe le navire de chocs si redoutables
qu'elle brise la chaloupe sur le pont.

A 3 heures du matin le grand hunier est défoncé, et la misaine, le petit hunier, la brigantine, la grand'voile et le senau sont enlevés par lam-

beaux, quoique rabantées avec des drisses de bonnettes neuves; le coffre du navire est toujours plein et submergé par des lames affreuses, on ne voit pas le grand mât, tant la pluie tombe drue et serrée, aveuglant ceux qui se hasardent à présenter la figure au vent.

Dans la journée du 26, le baromètre marque 745 et le vent n'a pas encore changé de direction, il est impossible d'abandonner les pompes, le navire ayant 1. 60 à 1. 70 mètre d'eau dans la cale.

Dans la soirée, le vent hale l'Est, l'ouragan augmente toujours de violence, le baromètre descend encore un peu à 743, et les coups de mer de l'arrière enlèvent la baleinière, brisent deux sabords de babord, emportent les pavois, ainsi que les dromes de babord; la dunette travaille horriblement et fait eau de toutes parts, il est impossible d'abandonner les pompes une minute.

Enfin, le 27 au matin, le vent ayant halé l'E.N.E. et le N.E., on se décide, seulement alors, à prendre *babord amures*.

Le baromètre commence à remonter, le vent toujours très fort, mollit cependant, la route va éloigner le navire de la trajectoire en même temps que le cyclone s'éloigne dans le S.O., mais dans quel triste état est ce pauvre navire!

Les coutures du pont sont tellement ouvertes que l'eau tombe partout dans la cale, où l'on constate que le chargement s'est affaissé de deux mètres; les baux, craqués pour la plupart, sont disjoints de la muraille du navire, ayant arraché les courbes qui les y maintenaient; les épontilles sont brisées; l'étambot, l'arrière et le rouffle de la dunette disloqués; enfin une voie d'eau considérable donne cinquante centimètres d'eau à l'heure; voilà ce qui était advenu d'un navire, qui n'attendait plus qu'une centaine de balles de sucre pour compléter son chargement, et faire route vers la France.

Le 28 le temps est maniable, et l'on installe deux perroquets pour huniers, un grand foc pour voile d'étai et une bonnette de perroquet pour foc d'artimon.

C'est tout ce qui restait à ce navire si maltraité et dont l'équipage, accablé de fatigue, fut bien heureux de rencontrer, le 3 mars, la corvette la *Somme* envoyée par le gouverneur de la Réunion à la recherche des bâtiments en retard; ce vapeur prit la remorque et conduisit l'*Eugène et Amélie* jusqu'à Saint-Paul.

Ces désastres, qui ont amené l'abandon du navire pour compte des assureurs, ne sont dûs qu'à cette fâcheuse inspiration de conserver les amures à tribord.

N'est-il pas évident, que la cape babord amures, à partir du 25, eut conduit l'*Eugène et Amélie* à peu près dans les mêmes parages que le *Washington*, à 60 ou 70 milles plus loin de la ligne de translation de l'ouragan?

Comment s'empêcher de remarquer que le vent, sautant à l'Est dans la journée du 26, oblige le navire, qui est tribord amures, à présenter le cap au Nord, offrant ainsi l'arrière aux chocs effrayants de lames terribles qui viennent encore du S.E; l'étambot, l'arrière et la dunette du navire, ne peuvent résister, et il en résulte une voie d'eau qui n'est que la conséquence désastreuse de la position faite à ce navire?

Nous allons voir les mêmes événements se reproduire pour le *Veaune*, qui s'est jeté droit au centre du cyclone le 26 à midi, ainsi que nous l'avons déjà dit.

Le *Veaune* était sur rade de Saint-Denis, le 25 février, et il appareillait avec les autres navires, vers 9 heures du matin, sous la conduite du second capitaine.

Pendant 24 heures on conserva les amures à tribord avec le foc d'artimon seul; le vent, toujours au S.E., augmentait à chaque instant de violence, la mer était affreuse et le baromètre descendait rapidement jusqu'à 735.

Le 26, à 2 heures du matin, le foc d'artimon est défoncé, le navire, exposé à toute la fureur de la mer, est couvert à chaque-lame de bout en bout; enfin, à 4 heures du matin, le navire engage et se couche tellement sur bâbord que les pavois de ce côté sont entièrement plongés dans l'eau.

Dans ce péril extrême, tout est essayé pour faire arriver le navire, le petit foc est emporté à peine hissé et les hommes font en vain voile avec leurs corps dans les haubans de misaine; le *Veaune* reste couché dans cette affreuse position jusqu'à 8 heures du matin.

Inutile de dire que la barre, toute au vent, n'a aucune action sur le navire.

L'équipage est alors réuni sur l'arrière et, de l'avis commun, on coupe le mât d'artimon qui tombe heureusement sans blesser personne, ce qui permet d'arriver et de fuir au N.O., le baromètre est à 723.

Mais que peut produire cette manœuvre nouvelle à ce moment et alors qu'on se trouve si près du centre de l'ouragan? Il est trop tard pour espérer passer en avant de ce centre fatal, et ce n'est pas, du reste, la pensée de ceux qui n'ont vu de salut que dans la fuite.

La chute du mât d'artimon a redressé le navire, et l'on fuit pour ne plus se trouver dans la position terrible à laquelle on vient d'échapper, sans songer qu'on va peut-être au devant d'un danger plus grand encore!

Le vent continue à souffler avec plus de violence, si c'est possible, et le baromètre baisse encore jusqu'à 718, où il est à midi.

A ce moment l'ouragan cesse subitement; le ciel, jusqu'alors du plus sombre aspect, se dégage peu à peu, le soleil perce les quelques nuages qui restent au zénith, la mer du S.E. semble mollir et tout annonce le retour du beau temps, présages favorables qui raniment le courage des malheureux marins, tout à l'heure si près d'une mort imminente !

On profite de cette embellie pour faire dîner l'équipage, puis on ouvre les panneaux pour redresser le lest qui est presque entièrement tombé sur bâbord.

Cependant le baromère baissait toujours, et à une heure il atteignait 715.

Le capitaine du *Veaune*, tout étonné, restait cependant dans une sécurité complète qui aurait pu être fatale à son navire.

A 3 heures, en effet, le vent saute au N.O. et au Nord, couchant une seconde fois le navire sur bâbord et lui faisant courir les plus grands dangers; les panneaux sont fermés à la hâte, on essaie de fuir de nouveau, mais la drosse casse et le navire n'arrivant pas, quoiqu'on fasse, reste ainsi couché jusqu'à 2 heures du matin le 27.

Le baromètre remonte cependant; à six heures du matin il est à 746, le temps s'embellit, la mer diminue de violence, et l'on fait route pour regagner le mouillage où l'on arrive le 3 mars, les manœuvres hâchées, les voiles emportées, les coutures du pont et des préceintes ayant craché leur étoupe, ce qui cause une voie d'eau considérable et fait abandonner, plus tard, le navire pour compte des assurances.

L'*Ange Gardien* appareille de Saint-Benoit sous le commandement du second, le 25 février à 7 heures du matin, et court tribord amures, sous les trois huniers au bas ris, le petit foc et le senau.

A 10 heures la violence du vent force à serrer le petit hunier et le perroquet de fouque, et à midi le grand hunier.

Toute la journée la pluie est torrentielle, le navire chargé de sucre et de riz fatigue énormément, les deux pompes fonctionnent sans relâche et, dans la soirée, parviennent à peine à étaler l'eau qui augmente dans la cale.

Le temps devient de plus en plus mauvais pendant la nuit, le navire se couche sur bâbord et tous les efforts sont inutiles pour le faire arriver.

Le 26, à 7 heures du matin, la baleinière est enlevée par la mer, le grand senau est défoncé et, un peu plus tard, le perroquet de fouque et le petit foc partent en lambeaux, quoique serrés avec soin.

Vers midi le vent saute à l'Est avec la plus grande violence, le navire se couche d'une manière inquiétante, et la mer, passant par dessus le bord, écrase la chaloupe sur le pont, brise les sabords de sous le vent, et déferle, à chaque coup, de l'avant à l'arrière.

La sonde accuse 1 mètre d'eau et les pompes ne suffisent plus.

A 5 heures du soir le grand hunier et la grand voile sont enlevés de dessus les vergues, et, à 10 heures, les rafales sont tellement violentes que le canot de tribord est enlevé, par le vent, de dessus les porte-manteaux.

On constate 2 mètres d'eau dans la cale, où toutes les épontilles sont tombées, l'hiloire renversée est brisée, et l'inclinaison du navire est si grande que les caps de mouton de bâbord sont constamment dans l'eau ; le vent hâle le N.E. de plus en plus violent et le baromètre marque 724.

L'*Ange Gardien* ainsi couché est assailli par les coups de mer qui viennent de l'arrière ; on essaye en vain de faire arriver le navire qui menace de ne plus se relever, enfin la position devient si critique que, d'un avis commun, on décide la perte du mât d'artimon.

Le 27, à 3 heures du matin, le mât d'artimon est coupé, il tombe et, dans sa chute, défonce l'avant de la dunette.

Cependant quoiqu'un peu soulagé, le bâtiment n'arrive pas encore.

A 8 heures du matin le grand hunier, le grand foc et les deux voiles d'étai sont emportés, la mer est affreuse et exige toujours l'armement des deux pompes.

Enfin à midi les rafales de N.E. diminuent un peu, le baromètre commence à monter et ne s'arrête plus jusqu'au lendemain, 28, où le navire peut laisser porter dans la matinée, au moyen d'une bonnette installée dans les haubans de misaine.

L'*Ange Gardien* parvient, le 12, à Saint-Benoit dans un état déplorable et avec une voie d'eau, qui l'oblige à aller à Maurice en réparation.

Ce nouvel exemple nous montre un navire ayant conservé, malgré lui, les amures à tribord pendant toute la durée du mauvais temps et quelles conséquences en sont résultées ; à mesure que le vent refuse il présente l'arrière à la mer qui, par sa violence, empêche le navire non seulement de fuir, mais d'essayer même un changement d'amures.

Ce n'est pas, en effet, au moment où l'ouragan est dans toute sa fureur qu'on peut songer à manœuvrer.

La violence du vent et de la mer maintient le navire couché, sans qu'il puisse se soustraire aux assauts terribles qui l'écrasent et rien ne peut plus être tenté.

Quant à l'*Ange Gardien* il est heureux que, le 27 à 3 heures du matin, il n'ait pas pu prendre la fuite après la chute de son mât d'artimon : les vents, fixés alors au N.E., l'auraient forcé à faire une route à peu près parallèle à l'ouragan et peut-être n'eût-il pas échappé au désastre qui est résulté, de cette fuite au S.O., pour le *Saint-Vincent de Paul*, le *D'Après* et le *Meunier*.

Nous avons déjà enregistré les événements qui ont amené le naufrage de ces trois navires, nous n'en reprendrons, par conséquent, pas la relation, mais il nous reste à examiner s'il n'y avait pas moyen de se soustraire à cette conclusion tragique; revenons à la figure 3 :

Saint-Vincent de Paul. Après avoir conservé la cape tribord amures le 25 jusqu'à 6 heures du soir, la première remarque qui se présente à l'esprit c'est que, si le *St-Vincent de Paul* eut viré de bord au lieu de fuir au N.O , il n'aurait pas été se jeter au devant du danger qui a causé sa perte ; il n'eut pas tardé à voir les vents passer à l'Est, puis au N.E., et se serait trouvé dans la même position que le *Washington*, qui n'a pas passé très loin du centre.

La fuite au N.O., à cette heure avancée, devait le conduire au centre de l'ouragan, c'est donc une première faute qui va nécessairement en entraîner d'autres.

Le 26, en effet, à 8 heures du matin, la même erreur se renouvelle : le mât d'artimon coupé permet au navire de se relever, les vents sont E.N.E. pourquoi donc ne pas essayer de prendre la cape babord amures, pourquoi fuir encore, alors que rien ne motive cette détermination ?

Enfin, à 4 heures du soir, on laisse échapper, pour la troisième fois, la dernière occasion de prendre la cape babord amures.

Le baromètre qui avait atteint 712 est remonté à 720 et indique qu'on se trouve moins rapproché du centre que précédemment, la violence du vent, qui a tourné à l'Est, doit être moins grande, et la cape babord amures, éloigne le *Saint-Vincent de Paul* du centre de l'ouragan, qui poursuit sa course dans l'O.S.O. Quelques heures de cape vont sauver le navire, on n'y songe même pas ou si l'on y pense, on n'ose pas risquer cette manœuvre dans la crainte d'engager pour la troisième fois !

La fuite à l'Ouest reprend donc de plus belle, fuite qui, désormais, ne sera plus interrompue.

A partir de ce moment, le *Saint-Vincent de Paul* ne sortira plus des cercles les plus rapprochés de l'ouragan, il est perdu sans ressources et l'on prévoit, déjà, le dénouement du drame terrible qui va se dérouler !

Si nous nous rappelons que la vitesse de translation de ce cyclone n'était guère que de 7 milles à l'heure, on comprendra facilement que le *Saint-Vincent de Paul* qui en faisait au moins 10 ou 11, parallèlement à la ligne du parcours, ait dépassé le centre de l'ouragan qui lui restait au N.O. lorsqu'il s'est mis en fuite; aussi voyons-nous bientôt les vents varier du N.E. à l'Est et au S.E. et forcer ainsi ce navire à couper la trajectoire en avant du centre, vers 10 heures du soir le 26 ; les vents passent alors au Sud, puis au S.O., où ils cessent tout à coup. Une accalmie de 2 heures indique que le navire passe à travers le calme central.

A minuit le vent reprend du N.O. et, vers une heure du matin, le 27, la fuite au S.E. fait couper une deuxième fois la trajectoire, les vents sautent au Nord et au N.E. et le *Saint-Vincent de Paul* ne suit qu'à grand peine ces nouvelles variations du vent.

Peut-être encore à ce moment, était-il possible d'essayer la cape babord amures!

Le navire est très près du centre, mais il est évident qu'il se trouve en arrière de la direction que suit l'ouragan; la cape était-elle possible alors? on n'ose l'affirmer, toujours est-il que la fuite fut continuée!

Deux fois encore on tombe dans le calme central: le 27, entre 10 heures du matin et une heure du soir, et le 28, entre minuit et 3 heures du matin, ce qui nous amène à constater cette circonstance remarquable: que le *Saint-Vincent de Paul* gagne de vitesse le centre du cyclone, dès qu'il peut fuir, pour être dépassé par lui lorsqu'il se trouve enveloppé par le calme central, qui occupe, ainsi que nous l'avons vu, un espace de 21 milles.

C'est ainsi qu'un marin peut voir le vent faire le tour du compas, et nous aurons occasion d'en citer d'autres exemples, mais ici cette particularité n'a été que la suite de la manœuvre faite par le *Saint-Vincent de Paul*.

Quoiqu'il arrive donc, il ne faut plus fuir dès que les vents sont à l'Est et surtout au N.E.

Il ne faut pas oublier, qu'avec les vents de cette partie, le plus grand danger est passé et que la cape seule, *à babord*, peut faire éviter un désastre plus grand encore que celui auquel on croit se soustraire en fuyant vent arrière.

Le *D'Après*, qui a partagé le sort du *Saint-Vincent de Paul*, n'a pas éprouvé ces sautes de vent faisant le tour du compas.

Dès le midi, du 26, il ne lui reste plus que son mât de misaine, déjà une voie d'eau alourdit le navire qui ne doit pas fuir aussi vite que le *Saint-Vincent de Paul*, il ne peut donc pas, comme lui, traverser en avant du cyclone; à 8 heures du soir il se trouve près du centre, ainsi que l'indique l'accalmie qui succède aux vents de S.E., mais, à onze heures, lorsque le vent reprend il souffle d'E.N.E.

Le *D'Après* a traversé le calme central au Sud de la trajectoire qu'il n'a pas dépassée.

Le lendemain, 27, nouvelle accalmie, de 3 heures à 4 heures du soir, dénotant la proximité du centre mais, cette fois encore, les vents reprennent d'E.S.E.; après avoir cessé au S.E.

Enfin, le *D'Après* ne voit les vents varier pour lui pendant toute la durée de l'ouragan, que du S.E. à Est et N.E., suivant que le cyclone le gagne de vitesse, ou qu'au contraire il est dépassé par lui.

Mais plus ce navire arrive près de Madagascar, moins sa vitesse est grande.

Dans l'après midi du 27 les pompes ont été abandonnées, la voie d'eau fait des progrès considérables et le *D'Après*, qui s'enfonce à vue d'œil, ne fuit plus aussi rapidement que l'ouragan.

Nous voyons, en effet, celui-ci le dépasser définitivement, à partir du 28, et le vent mollir progressivement, en même temps que remonte le baromètre.

Au moment du naufrage, à 7 heures du soir, il est à 736 et le temps s'est sensiblement amélioré; peu s'en est fallu donc que le *D'Après* n'échappât!

Cette difficulté de se soustraire à la lame, qui paraissait si terrifiante, pensé être cause du salut de ce navire, et si la côte de Madagascar s'était trouvée 20 lieues plus Ouest, le cyclone aurait eu le temps de s'éloigner, abandonnant le *D'Après* qui peut-être aurait survécu.

L'*Héloïse*, a été plus heureux, tout en ayant adopté la fuite avec les vents de N.E., mais cela tient à ce que ce navire, à demi chargé, était dans de meilleures conditions de navigabilité que les deux précédents alourdis par un chargement complet.

Après avoir fui pendant deux jours l'*Héloïse*, a pu, le 28 à midi, prendre la cape bâbord amures, longeant ainsi la côte de Madagascar, à 60 milles à peine de distance.

Nous voyons donc combien cette manœuvre est dangereuse et surtout impuissante à conjurer le danger, lorsqu'elle est forcément adoptée et, pour ainsi dire, in extremis.

A voir les péripéties diverses de cette fuite désordonnée, ne semble-t-il pas qu'on assiste à une course au clocher entre de faibles navires et un météore affreux que la mort et la ruine guident à travers l'espace.

Tantôt le navire gagne du terrain, puis s'arrête tout-à-coup haletant et brisé, profitant du moment de répit que lui accorde son impitoyable ennemi pour panser ses blessures et renaître à l'espérance, c'est alors que le cyclone, poursuivant sa route sans relâche, vient secouer de nouveau le malheureux navire et le forcer à reprendre la course fatale.

Rien ne peut soustraire désormais le navire à la conclusion du combat qui se livre, on croit le voir emporté comme les morts de ballade et l'on entend, siffler à travers la tempête, ce refrain sinistre: les morts vont vite !

Enfin le dénouement arrive ! l'ouragan ne lâche sa proie qu'après avoir jeté sur la côte les pauvres marins, blessés, anéantis de fatigues et de douleurs n'ayant plus sous les pieds qu'un navire écrasé, qu'ils ont pu conduire jusque là après des efforts inouïs.

Et l'ouragan s'éloigne courant semer ailleurs la mort et la désolation !

Je ne reproduirai pas les rapports des autres navires ; j'en ai dit assez pour faire apprécier la différence des résultats obtenus par ceux qui se sont conformés aux prescriptions de la loi des tempêtes et par ceux qui, ignorants ou incrédules, n'ont pas voulu y obéir.

Il ne me reste qu'à récapituler la totalité des pertes subies par chacun des navires dans cet ouragan désastreux.

**Tableau des pertes occasionnées par l'ouragan
de février 1860.**

PERSONNEL.

Les hommes disparus, enlevés par la mer, ou morts de maladies, sont au nombre de cinquante cinq ainsi répartis :

Albert Legrand.	3 officiers et 11 hommes disparus	14
Bryeron,	3 id. 10 id. id.	13
Courrier des Antilles,	2 id. 10 id. id.	12
Saint-Vincent de Paul,	3 hommes enlevés par la mer	3
D'Après,	3 hommes enlevés et 5 morts de maladie	8
Meunier,	1 officier noyé et 3 hommes morts de maladie	4
La Truite,	1 homme enlevé par la mer	1

Soit 8 officiers et 47 matelots formant un total de   55

MATÉRIEL.

NOMS DES NAVIRES.	ASSURANCES de la coque, du fret et avaries supportées par les assurances.	ASSURANCES du chargement et avaries supportées par les assurances.	TOTAL.	OBSERVATIONS.
Albert le Grand.	200,000	376,930	576,930	Disparu.
Bryeron.	205,000	95,000	300,000	dito
Courrier des Antilles. .	60,000	45,000	105,000	dito
Saint Vincent de Paul.	170,176	160,644	330,820	Naufragé à Madagascar.
D'Après.	200,000	142,500	342,500	dito
Meunier.	80,000	37,000	117,000	dito
Artilleur.	50,000	153,331	203,331	Condamné à la Réunion.
Eugène et Amélie. . . .	175,000	250,000	425,000	dito
Infatigable.	61,770	»	61,700	dito
Vcaune.	27,471	»	27,421	dito
Colbert.	60,000	96,000	156,000	Condamné à Maurice.
Travancore.	96,000	»	96,000	dito
Delhi.	15,000	30,000	45,000	Réparé à la Réunion.
Charlotte.	5,000	10,000	15,000	dito
Anna Gabrielle.	5,000	»	5,000	dito
Turgot.	10,000	»	10,000	dito
Ile et Vilaine.	12,000	»	12,000	dito
Adolphe Lecour.	5,767	42,140	47,907	dito
Léonie.	11,139	»	11,139	dito
Héloïse. . . . . . , ...	12,740	»	12,740	dito
Washington.	1,000	»	1,000	dito
Bombay.	25,000	»	25,000	dito
Regina Cœli.	22,000	67,900	89,900	dito
Gange.	200	»	200	dito
Africaine.	6,849	»	6,849	dito
Victorine.	3,600	»	3,600	dito
Panthère.	6,000	»	6,000	dito
Célina.	6,000	»	6,000	dito
Alfred (colonie).	500	»	500	dito
Messager de Nossi-Bé. .	25,000	»	25,000	Réparé à Maurice.
Eléonore.	20,000	33,800	53,800	dito
Alfred de Marseille. . .	60,000	»	60,000	dito
Ange Gardien.	75,000	50,000	125,000	dito
Somme.	2,500	»	2,500	dito
Truite.	55,000	»	55,000	Réparé à Madagascar.
Maupertuis.	7,995	»	7,995	Réparé dans l'Inde.
Pacifique.	»	»	»	
Marie Elisa.	»	»	»	
Ville de Saint Denis. . .	»	»	»	
Lise et Berthe.	»	»	»	
Angèle.	»	»	»	
Elodie.	»	»	»	
Total. . . .	1,778,637	1,590,245	3,368,882	

Cinquante cinq hommes perdus dans ce duel terrible, et une somme de 3,368,882 francs, détruite en quelques jours !

Tels sont les désastres épouvantables causés par l'ouragan du 26 février, qui marquera comme une date fatale, non seulement dans la vie des marins qui fréquentent nos parages, mais encore dans le souvenir des armateurs et des compagnies d'assurances, qui ont des intérêts dans les mers de l'Inde.

Si l'on compare le chiffre des pertes matérielles, subies par les navires ayant suivi les indications de la science cyclonomique, avec celles qui ont été la part de ceux qui n'y ont pas obéi, on arrive à ce résultat remarquable :

Les quatre navires qui ont fui, et les quatre qui ont pris babord amures, n'ont eu de réparation que pour une somme de 7,600 francs, soit un peu moins de 1,000 francs pour chaque navire, ce qui est insignifiant.

Les trente-quatre autres navires ont donc coûté, ensemble, plus de 3,360,000 francs aux assureurs ; et, si l'on pouvait en pareille matière établir une moyenne, ce serait à peu près 100,000 francs pour chacun d'eux.

N'y a-t-il pas là un sérieux motif de réflexions amères, quand on pense qu'on n'aurait pas à déplorer la mort de tant de braves gens, et que tous ces désastres eussent été épargnés, si les officiers commandant à bord de ces navires s'étaient conformés aux lois si simples que nous avons indiquées.

Tristes réflexions, regrets douloureux, mais qui ne seront pas superflus, s'ils doivent, comme nous l'espérons, servir à faire resplendir, d'une lumière éclatante, les principes de la science nouvelle, et s'ils doivent, surtout, ouvrir les yeux aux aveugles et détruire les doutes des incrédules !

La discussion de ce seul ouragan suffirait pour établir la loi des tempêtes, si des milliers d'exemples n'étaient déjà venus justifier les indications qu'elle fournit, mais ce qui en ressort bien clairement, c'est que les manœuvres conseillées par cette science véritable sont les seules que l'on doive raisonnablement adopter ; aussi est-il permis de dire d'une manière formelle que tout capitaine qui, dans l'hémisphère Sud, prend les amures à tribord, lorsqu'il ne connaît pas encore la course probable d'un ouragan qui menace, est coupable sans qu'aucun motif puisse atténuer sa faute.

Il est coupable envers les braves matelots qui ont eu confiance en lui et dont il expose volontairement l'existence.

Coupable envers les armateurs dont il risque la fortune dans un terrible enjeu.

Coupable envers les assureurs dont il compromet les intérêts , qu'il doit au contraire sauvegarder toujours et partout.

Coupable par ignorance, puisqu'il n'est pas au courant des prescriptions si simples d'une science incontestable désormais.

Coupable, enfin, par entêtement, puisqu'il ne veut pas écouter les avis de ceux qui se sont donnés la peine d'étudier pour lui, et cela sans qu'il puisse colorer, d'un motif quelconque, la préférence qu'il accorde à une manière de manœuvrer autre celle que j'indique.

Mais poursuivons cette étude et revenons sur un point, que nous n'avons fait qu'effleurer en passant :

Nous avons dit que la fuite au début , alors que les vents n'ont pas encore varié, devait se prendre promptement et sans hésitation , et nous avons vu que, pour avoir attendu trop tard, la *Victorine* et principalement le *Veaune* étaient allés se jeter au centre de l'ouragan ; aussi ne doit.

on plus songer à cette manœuvre quand le vent à déjà varié à l'Est , car alors on est sûr de courir droit au devant du danger ; la *Belle Poule* va nous en offrir un exemple remarquable :

La frégate de 60 canons la *Belle Poule* appareille de Saint-Denis, le 14 décembre 1847 vers midi, faisant route pour Sainte-Marie Madagascar , et se trouve , le 15 à midi, par 19° 8' de latitude et 50°9' de longitude. (fig. 32.)

Frégate la *Belle-Poule*, décembre 1847 , latitude 19° 8' Sud, longitude 50° 9' Est.

Depuis la veille le temps a mauvaise apparence et le baromètre marque une tendance à la baisse.

La mer est très grosse, les vents de S.E. ont halé l'Est et, de 4 heures à 8 heures du soir, le baromètre baisse de 5 millimètres , à 756 ; tout annonce l'approche d'un cyclone, le vent fixé à l'Est faisait reconnaître ce météore au Nord de la frégate.

C'était donc le cas de prendre la cape bâbord amures , on aurait vu le vent varier à E.N.E., N.E. et Nord, à fortes rafales probablement , mais qui eussent sans doute été supportables pour une frégate aussi remarquable par ses belles qualités nautiques.

Malheureusement la route à faire pour se rendre à Sainte-Marie est le N.O. ; les vents d'Est sont favorables et , dans l'ignorance où l'on est à bord de la position de l'ouragan et de sa route probable , on continue à faire grand largue avec une très grande vitesse , tout en prenant les précautions exigées par l'apparence du temps.

De 8 heures à minuit les vents d'Est reviennent à E.S.E., puis S.E., très violents ; la pluie tombe avec abondance, la mer , toujours horriblement grosse, fatigue la frégate qui roule d'une manière étonnante, le canot major casse ses sangles et les saisines de renfort , il est enlevé par la mer ; le baromètre atteint 750 et indique d'une manière bien claire qu'on se rapproche du centre.

On voit déjà par les variations du vent, que la frégate devance le cyclone et qu'elle va peut-être le doubler en avant du centre.

Le vent hale en effet le S.S.E. puis bientôt le Sud.

A minuit 20^m, dans une embardée, la frégate se couche sur le côté et reste engagée jusqu'à 2 heures du matin, le baromètre est rapidement descendu à 715, le vent souffle ouragan du S.O. et la position devient des plus critiques ; à 2 heures cependant l'on réussit à faire arriver et l'on prend la fuite au N.E., mais les roulis sont effrayants, la drosse casse, les canots sont enlevés, la frégate peut à peine se soustraire aux chocs répétés de lames qui défoncent les sabords d'arcasse de la batterie et ceux du pont, les pompes jouent continuellement et ne réussissent qu'à grand peine à étancher l'eau de la cale.

A 3 heures la brise mollit, l'accalmie subite qui remplace cette tempête affreuse permet de remettre un peu d'ordre à bord ; les roulis ont tellement fait adonner les bas haubans, qu'on est forcé d'établir de faux trelingages avec des caliornes, pour maintenir la mâture.

Le baromètre ne remonte pas encore, la pluie a goût d'eau salée et ces deux circonstances, rapprochées de l'accalmie, ne laissent aucun doute sur la position de la frégate au centre de l'ouragan.

A 4 heures, en effet, le vent saute au N.O. avec la plus grande violence, le baromètre remonte à 730, et la frégate, n'osant pas prendre la cape, fuit grand largue au Nord 78° Est ; les roulis recommencent sous l'influence de cette fuite nouvelle, les sabords sont défoncés, livrant passage aux coups de mer qui frappent de toutes parts, enfin le petit mât d'hune casse, entraînant avec lui le tenon du mât de misaine.

Cependant par sa route à l'Est, la frégate s'éloigne rapidement de l'ouragan qui continue sa marche vers le S.O ; le baromètre remonte, de 730 il atteint 754 à 8 heures du matin, le vent mollit en halant le N.N.O., et permet enfin de reprendre la route à l'Ouest, sous petite toile, en réparant les avaries occasionnées par l'ouragan.

A midi, le baromètre est revenu à 760, tout danger s'est évanoui et la frégate, faisant route pour sa destination, arrive le 18 décembre à Sainte-Marie, où un séjour de plusieurs mois est consacré à réinstaller le mât de misaine et à faire disparaître les traces de l'ouragan.

Nous voyons, d'après ce cours résumé, ce qu'il en a coûté à la *Belle Poule*, pour avoir négligé les prescriptions de la loi des tempêtes, en prenant la fuite avec les vents d'Est ; mais quelques graves qu'aient été les avaries qui ont été la suite de cette manœuvre, nous avons à déplorer une catastrophe bien plus lugubre encore, et dont aucun événement n'est venu soulever le voile mystérieux qui nous en cache les péripéties douloureuses.

Le *Berceau*, corvette de 30 canons, était parti de Saint-Denis, le 13 décembre, 24 heures avant la *Belle Poule*, pour Sainte-Marie qui était le lieu de réunion ; quelle ne fut pas l'anxiété de chacun à bord de la frégate, en ne trouvant pas le *Berceau* au mouillage, et se figure-t-on les angoisses de tous ceux qui virent les jours se succéder , sans apporter de nouvelles des amis, des camarades qu'ils avaient à bord de la corvette ?

Hélas ! ce bâtiment n'a jamais reparu, et , des 250 hommes et passagers qui se trouvaient à bord, nul n'est venu raconter les terribles incidents de cet horrible drame.

Au départ de Saint-Denis, ainsi que l'indique le journal du port , la brise d'Est était faible, et n'a pas pu pousser rapidement cette malheureuse corvette, pendant les 24 heures d'avance qu'elle avait sur la *Belle Poule*.

Le *Berceau* ne précédait donc très probablement la frégate que de quelques lieues ; sans doute les mêmes variations du vent se seront présentées pour ces deux bâtiments, la saute de vent au N.O. aura surpris le *Berceau* au moment où le calme trompeur permettait de faire un peu de toile, soit pour se diriger sur Sainte-Marie, soit pour s'éloigner de la côte et, masquée par une rafale terrible, la corvette se sera couchée sans qu'aucun effort soit parvenu à conjurer la perte du navire engloutissant avec lui 250 victimes !

Quel désastre effroyable et quelle sinistre leçon pour ceux qui peuvent, aujourd'hui, se rendre compte des erreurs commises, et profiter des enseignements qu'on doit en tirer !

J'ai besoin d'insister sur ce point si important de ne plus fuir , dès que le vent est à l'Est et surtout au N.E., aussi rapporterai-je un extrait nouveau des journaux de navires, pour prouver combien cette manœuvre fatale est dangereuse :

Nous avons vu, par le *Saint-Vincent de Paul*, comment il arrive qu'un navire peut avoir à souffrir d'un ouragan dans lequel le vent saute à chaque instant en faisant le tour du compas.

Nous n'avions dit que quelques mots de ce fait étrange, le bâtiment de commerce la *Junon* va nous démontrer encore qu'une fausse manœuvre du même genre conduit aux mêmes conclusions.

Dans son voyage de l'Inde à la Martinique ; transportant quatre cents travailleurs Indiens, la *Junon* se trouvait, à midi le 3 mai 1860, par latitude 9° 27' Sud et longitude 79° Est.

La brise était fraiche du N.N.E. au N.E., le temps avait mauvaise apparence, et le baromètre avait déjà baissé à 749 ; le navire faisait sa route au S.O., sous les huniers au bas ris, la misaine et le petit foc.

La brise augmente toute l'après midi, et la nuit du 3 au 4 ; le baromètre continue à baisser, la route est néanmoins continuée au S.O.

A 8 heures du matin, le 4, le vent souffle tempête de l'E.N.E., le baromètre à 740.

A midi il tombe à 730 ; la misaine, le petit foc et le grand hunier sont emportés ; le navire fuit vent arrière à sec de voiles, le vent étant à ce moment à l'Est.

A 1 heure 1/2 un coup de mer affreux tombe à bord et entraine à la mer trois hommes ; le canot de bâbord est enlevé, la cuisine est broyée sur le pont, le navire vient en travers et se couche sur bâbord, ayant embarqué beaucoup d'eau par les panneaux, qui étaient restés ouverts à cause des Indiens passagers.

A 3 heures le vent hale le S.E. soufflant ouragan, le baromètre descend à 719 ; les voiles sont toutes emportées de dessus les vergues, une mer horrible couvre le navire de bout en bout et oblige à condamner les panneaux ; le petit mât d'hune casse au ras du chouque, entraînant le grand mât de perroquet et le bout dehors du clin foc.

A 6 heures du soir le vent est Sud, un peu moins violent ; le baromètre est remonté à 735 ; le navire est toujours à la cape tribord amures couché d'une manière inquiétante ; à 9 heures le vent tourne au S.O., et à minuit il souffle de nouveau avec furie de l'O.N.O., le baromètre redescend à 730.

A 4 heures du matin, le 5, le vent est Nord et bientôt N.E., de 8 heures à midi les rafales halent successivement l'E.N.E., l'Est et l'E.S.E., le baromètre à 725 ; on parvient enfin à dégager le navire des tronçons de mâture qui frappent le long du bord ; on distribue du biscuit et de l'eau aux malheureux Indiens qui sont enfermés dans l'entrepont, et qui ne reçoivent d'air que par deux petits panneaux ouverts dans le poste de l'équipage et dans la cambuse.

A 4 heures du soir le vent est S.E., et à 8 heures S.S.E., tournant toujours sans mollir, et sans que le baromètre, qui est à 730, marque la moindre tendance à remonter.

A minuit le vent est S.S.O. ; la *Junon* reste toujours forcément à la cape tribord amures, la mer déferle à chaque instant par dessus le navire, et la mâture donne des secousses effrayantes dans les coups de roulis ; un coup de tangage casse l'étai du grand mât, qui tombe bientôt, entraînant avec lui le mât de perroquet de fougue et la corne ; la chaloupe est écrasée sur le pont.

On a beaucoup de peine à se débarrasser de tous ces débris, enfin, vers 4 heures du matin le 6, le navire ne reste plus qu'avec son bas mât de misaine, son bas mât d'artimon, le beaupré et le bout dehors de grand foc. A ce moment le baromètre remonte à 736, le vent diminue un peu de violence ayant halé l'Ouest, mais la mer secoue le navire d'une manière effrayante, passant par dessus le bord des deux côtés et empêchant d'enlever les panneaux, qu'on peut à peine tenir entr'ouverts de temps en temps, pour donner de l'air aux malheureux Indiens qui poussent des cris déchirants.

De huit heures à midi le vent tourne au N.O., puis N.N.O. ; à 4 heures il vente encore très fort du Nord , cependant l'ouragan diminue sensiblement, le baromètre remonte à 742 et va bientôt atteindre, à minuit, 748.

La brise est à très fortes rafales du N.E., mais il est évident que l'ouragan va se terminer ; à 4 heures du matin, le 7, on peut enfin ouvrir les panneaux et larguer la misaine pour soutenir un peu le navire, qui se trouve par 11° 59' et 76° 4'.

Les 400 Indiens sont restés, soixante heures, enfermés dans le faux pont, ayant vécu au milieu d'une atmosphère méphitique et viciée par les déjections de ces infortunés. L'air, qu'on a essayé d'introduire dans la cale, chaque fois qu'on a pu entr'ouvrir les panneaux, n'a pas suffi à renouveler l'atmosphère empesté; aussi, à peine libérés, ces malheureux montent-ils sur le pont dans un état qui fait frémir , aspirant l'air à pleins poumons et demandant, à grands cris, de l'eau pour éteindre la soif ardente qui les dévore.

Cette prison forcée, qui pouvait devenir le tombeau de ces hommes si robustes, en a fait des squelettes ambulants. Un petit enfant est mort asphixié, un autre n'est rappelé à la vie qu'avec les plus grandes peines, les femmes qui nourrissaient ont vu sécher leur lait, et tout ce convoi d'hommes, jusque là si bien portants, a tellement souffert que quelques heures de plus de mauvais temps eussent amené certainement la mort du plus grand nombre !

Quant à la manœuvre faite par le navire, il est évident que, si la *Junon* avait pris la cape bâbord amures dès le 3, avec les vents de N.E. , alors que l'apparence du temps et la baisse du baromètre indiquaient l'approche d'un cyclone, au lieu de courir vent arrière, ce navire ne se serait pas jeté au centre de l'ouragan d'où il n'a pu sortir qu'après 72 heures.

Le mouvement de translation de ce cyclone était si faible qu'on peut plutôt considérer comme stationnaire le météore dont nous venons de nous occuper, aussi-voyons nous le vent faire deux fois le tour du compas, et la *Junon* maintenue près du centre de l'ouragan , sans pouvoir tenter une manœuvre qui lui présente la chance de s'en éloigner.

CHAPITRE VI.

Cyclones stationnaires. — Cyclones simultanés. — Divers exemples de cyclones simultanés. — Manière de reconnaître la course d'un cyclone. — Manière de mesurer la vitesse de translation. — Diamètre des cyclones. — Mesure de la distance au centre d'un cyclone par la hauteur du baromètre. — Hauteur des cyclones au dessus de l'horizon. — Influence des terres sur la marche et les effets des cyclones.

Le chapitre précédent nous a montré un ouragan presque stationnaire, cette circonstance se remarque assez souvent lorsque le météore est au début de sa formation, et avant qu'il se soit mis définitivement en marche ; alors le navire, qui se trouve près du centre, voit le vent varier en faisant le tour du compas et il se présente, pour lui, une autre anomalie dont nous allons parler ici.

Cyclones stationnaires.

Cas où les vents varient en sens contraire du mouvement ordinaire.

Supposons, représenté par la figure 34, un ouragan stationnaire ou animé d'un faible mouvement de translation de X en Y, il est évident, à l'inspection seule de la figure, que le navire A, se dirigeant de A en F, entrera dans l'ouragan par des vents de N.O., qu'il verra fraichir jusqu'au centre I, en admettant que la force du vent ne l'empêche pas de continuer sa course au S.O., et qu'après une accalmie de plus ou moins grande durée, le vent sautera subitement au S.E. de manière que ce navire n'éprouvera que deux vents opposés, comme celui qui se trouve sur le passage du centre, seulement le vent débutera au N.O. pour finir au S.E., contrairement à ce que nous avons vu jusqu'à présent. Quant au baromètre il aura été en baissant jusqu'au centre, pour se relever ensuite, à partir de ce point, à mesure que le navire s'en éloignera.

Le navire C, allant de C en H, verra successivement les vents varier du O.N.O. à l'Ouest, O.S.O., S.O., S.S.O., et Sud, précisément en sens contraire de ce qui se passe dans le demi cercle maniable, quand l'ouragan n'est pas immobile ; le vent augmentera de force jusqu'au point V de la plus courte distance au centre, pour aller ensuite en mollissant, et le baromètre, après avoir baissé jusqu'en V, remontera d'autant plus vite qu'on s'éloignera de ce point plus rapidement.

Je n'ai pas besoin de faire remarquer que cette succession des vents, du N.O. au S.O., ne pourra se présenter que pour un bateau à vapeur, un navire à voiles ne pourrait pas se rendre de C en H, c'est-à-dire courir au S.O. avec les vents tels que nous les indiquons ici.

Quant au navire B, les vents vont varier pour lui du Nord au N.N.E., N.E., E.N.E., Est et E.S.E., fraichissant jusqu'en D et mollissant ensuite, après avoir présenté une série de variations tout-à-fait opposées à celles reconnues dans le demi cercle dangereux ; pendant ce temps le baromètre, qui aura baissé jusqu'au point D de plus courte distance, remontera à partir de ce point.

Voilà donc une anomalie très remarquable et qui vient contredire, en apparence, ce que nous avons admis quant à la manière dont se succèdent les vents, sur le passage du centre et dans chacun des deux demi cercles maniables ou dangereux.

Cette anomalie n'est pas réelle et l'explication s'en présente d'elle-même, si l'on fait attention que ce n'est plus l'ouragan qui se dirige vers le navire et que c'est, au contraire, ce dernier qui court , lui-même , après l'ouragan supposé stationnaire, les phénomènes doivent donc se présenter dans l'ordre inverse.

Cette variation des vents, si remarquable, se comprend aisément, si on n'oublie pas la différence qui existe entre le mouvement de translation et celui de rotation, et si l'on s'est bien rendu compte de ce fait que les molécules d'un ouragan peuvent être animés d'un mouvement rotatoire de 100 à 150 milles, tout en faisant partie d'un vaste tourbillon qui ne s'avance dans une direction donnée qu'avec une vitesse de 1 à 2 milles, quelquefois, à l'heure.

C'est généralement, ainsi que nous l'avons dit, près du lieu de leur origine qu'on rencontre ces ouragans stationnaires. Alors ces météores n'ont pas encore acquis toute la vitesse de translation dont ils seront animés plus tard, c'est donc entre les latitudes 5° à 10° et longitudes de 80° à 100° qu'on est exposé à traverser un ouragan stationnaire; cependant il ne faut jamais perdre de vue les considérations que nous venons d'exposer et qui peuvent s'offrir, comme cas particulier, dans des latitudes plus élevées.

On a vu, en effet, des ouragans s'arrêter pendant quelque temps, puis reprendre ensuite leur course régulière sans qu'on puisse se rendre compte de la cause qui suspendait ainsi leur mouvement de translation.

Dans l'ouragan qui a frappé la Réunion en mars 1850 nous avons pu constater cette particularité: Du 2 au 3 le mouvement ascencionnel du baromètre s'est arrêté, tandis que le vent continuait à soufffer de la même direction. Il est évident que ces deux faits simultanés ne peuvent s'expliquer que par une suspension momentanée de la vitesse de translation, car si le cyclone avait continué sa course au S.O., le vent n'aurait sans doute pas varié, mais le baromètre eût remonté proportionnellement à l'éloignement du centre.

C'est là l'explication de la durée des vents de N.O. plus longue que celle des vents de S.E. ; en passant sur la Réunion , ce cyclone est resté stationnaire pendant 24 heures.

Il est bon de remarquer que cette variation des vents , en sens contraire de ce qui est reconnu pour chaque demi cercle, peut se produire pour un bâtiment qui se trouverait enveloppé dans un ouragan marchant moins vite que lui; le navire pourrait subir toutes les phases dont nous venons de parler, mais seulement elles se présenteraient, pour lui, moins rapidement que dans le cas d'un ouragan tout-à-fait stationnaire, puisqu'elles n'auraient lieu que proportionnellement à la différence de la vitesse de translation de l'ouragan et de la marche du bâtiment qui s'y trouve soumis; c'est ce que nous avons vu pour le *Saint-Vincent de Paul* et le *D'Après*, pour lesquels le vent a varié comme si le cyclone s'était trouvé stationnaire, ce qui provient, ainsi que nous l'avons déjà fait observer, de ce que ces deux navires avaient une vitesse d'au moins dix milles, tandis que le cyclone ne s'avançait que de sept milles à l'heure dans la direction de son mouvement de translation.

Dans ce cas particulier à peine est-il nécessaire de dire ce qu'il y a à faire pour un navire :

Il est évident que, si l'on se rappelle que le baromètre baisse d'autant plus qu'on se rapproche du centre, cette seule indication, fournie par cet instrument, suffira pour empêcher le navire de continuer la route qu'il parcourt, dès que les apparences du temps lui montreront qu'il va se jeter au milieu d'un cyclone qui reste stationnaire.

Ainsi le navire A dont la route est supposée le S.O. devra s'arrêter quoiqu'ayant des vents favorables du N.O., s'il voit le baromètre baisser et les apparences du temps devenir de plus en plus mauvaises, à mesure qu'il s'avance vers F.

De même pour les navires B et C qui doivent être prévenus, non seulement par la baisse barométrique, mais encore par la manière dont tournent les vents : les apparences du temps sont très mauvaises, le baromètre baisse, la mer est très grosse et les variations du vent indiquent que l'on a affaire à un cyclone, il faut donc s'arrêter et perdre plutôt un jour, si l'on ne pense pas avoir le temps de doubler le cyclone, et si l'on craint d'aller se jeter au centre; nous venons d'en voir un exemple funeste pour la *Junon*.

Si ce navire avait mis en cape pendant vingt-quatre heures, lorsqu'il avait les vents du N.E. au début, non seulement il n'aurait pas fait courir le plus grand danger à son convoi de travailleurs, mais il n'aurait pas perdu deux mois qu'il a passés sur rade de Saint-Denis pour se réparer, sans compter la dépense d'argent qui en est résultée.

Ce retard apparent, en mettant à la cape pendant quelque temps n'est donc, en réalité, qu'un bénéfice certain pour l'avenir et il n'y a pas à hésiter.

Il est une circonstance qui pourrait encore induire en erreur et faire penser que la théorie est en défaut, c'est celle de deux ouragans voyageant simultanément ou à peu près parallèlement l'un à l'autre :

Cyclones simultanés.

Supposons qu'un navire A, figure 35, se trouvant dans le côté maniable d'un ouragan C, le traverse suivant la ligne A B, il verra les vents varier du Sud au S.S.O., S.O., O.S.O., Ouest et O.N.O.

Le baromètre, après avoir baissé jusqu'au moment où le vent souffle S.O., à la plus courte distance, remontera progressivement et se trouvera presque à sa hauteur normale lorsque le vent sera fixé au O.N.O., le beau temps reviendra peu à peu et on n'aura plus à se préoccuper du cyclone auquel on vient d'échapper, mais il peut arriver, qu'après être débarrassé du cyclone C, et en continuant la route A B, on tombe peu de temps après, et quelquefois même immédiatement après, dans un second cyclone C', que le navire traverserait suivant la ligne D E dans le demi cercle dangereux.

On verrait alors le vent, qui vient de cesser au O.N.O., recommencer au S.E. avec la plus grande violence variant à E.S.E., E., E.N.E., N.E., N.N.E., et Nord, présentant ainsi des phases impossibles, si on les attribuait à l'ouragan perçu d'abord.

C'est au capitaine à comprendre qu'il ne s'agit plus du même ouragan, et qu'il doit manœuvrer pour celui-ci, sans se préoccuper de ce qu'il a pu faire pour le premier.

La figure 36 montrera ce qui doit arriver pour un navire qui, après avoir subi le côté dangereux d'un ouragan, se trouverait par hasard dans le côté maniable d'un second, voyageant à peu de distance du premier, nous n'insisterons donc pas, il est impossible de se tromper à cet égard si l'on est bien pénétré de la manière dont les vents doivent varier dans chacune des circonstances qui peuvent se présenter.

Une remarque importante et qui évitera toute erreur est fournie par le baromètre qui, là comme toujours, est un instrument précieux à consulter.

Dès que le baromètre est remonté à peu près à son niveau normal, c'est que la perturbation, qui avait motivé sa baisse exceptionnelle, s'éloigne; s'il recommence à baisser de nouveau, on peut être sûr que cette altération nouvelle dans sa marche n'est due qu'au voisinage d'une seconde perturbation qu'il faut étudier, sans se préoccuper de ce qui a pu arriver dans la première.

Ce phénomène se présente assez souvent et je pourrais même dire qu'il est bien rare qu'un ouragan ne soit pas accompagné d'un autre et quelquefois de plusieurs autres exerçant leurs ravages sur différentes parties du globe. Il faut donc être en garde si le baromètre, après avoir remonté, n'atteint pas sa hauteur ordinaire, car c'est un signe presque certain que cet instrument est sous l'influence d'un nouveau météore.

Divers exemples de cyclones simultanés.

Îles Réunion et Maurice, février 1824.   J'en citerai un exemple assez remarquable pour les îles Maurice et la Réunion :

Le 23 février 1824, la Réunion, figure 37, était frappée suivant la ligne $a\,b$ par un cyclone descendant du N.N.E. au S.S.O. de X en Y, les vents variant, par conséquent, du S.S.E., S., S.S.O., S.O. et Ouest, le baromètre, en baisse depuis le 21, marquait, le 23 à une heure du soir, 746.25 point minimum qu'il ait atteint, et remontait bientôt à 750.40 dans la nuit, et à 753 le 25.

La mer, qui avait été très grosse le 22, s'était embellie le 24 en même temps que le baromètre remontait; le cyclone poursuivait sa route au S.S.O. et l'on voyait revenir toutes les apparences du beau temps, à tel point que les navires rentraient le 25, avec faible brise et mer très belle.

Ce cyclone de faible dimension, et dont les conséquences furent insignifiantes pour la Réunion, avait été au contraire désastreux pour Maurice qui était ravagée et qui avait vu près de cinquante navires jetés à la côte dans le port ou fortement endommagés.

Ce premier cyclone produisait donc des effets bien différents dans les deux colonies, et nous remarquerons que cette différence est due, non pas seulement à ce que ce météore a passé plus près de Maurice que de la Réunion, mais bien surtout à ce que Maurice s'est trouvée enveloppée dans le demi cercle dangereux, tandis que la Réunion éprouvait les atteintes du demi cercle maniable.

Cependant, le 25, nous voyons le baromètre remonté à 753 et le temps si beau qu'on permet aux navires de revenir au mouillage; mais dans la journée du 25, le baromètre recommence à baisser, à midi il est à 751, et la mer, calme jusqu'à ce moment, grossit de nouveau, indices certains de l'approche d'un autre cyclone.

Nous avons déjà dit, page 40, comment la Réunion était frappée le 26, suivant la ligne C D par un cyclone voyageant du N.O. au S.E. de X en Y, comment les vents variaient du N.N.O. au N.O., O.N.O. et Ouest avec une baisse du baromètre jusqu'à 748.3 et nous avons vu que onze navires avaient été jetés à la côte.

Ce second cyclone, frappant la Réunion à deux jours d'intervalle du premier, n'a fait aucun mal à Maurice, qui l'a à peine ressenti.

Ces variations du vent, qui ne s'expliqueraient pas si on les attribuait à un seul et même ouragan, n'offrent plus de difficultés maintenant qu'on a reconnu l'existence simultanée de plusieurs cyclones, pouvant voyager au même moment et faisant des routes différentes, indépendantes les unes des autres.

L'année 1824 nous en offre un second exemple pour la Réunion, figure 38.

Réunion, décembre 1824.

Depuis le 1ᵉʳ décembre, la mer grossissait beaucoup et le baromètre baissait, indiquant l'approche d'un cyclone ; au lever du soleil, le 4, cet instrument marquait 756 ; le temps cependant n'avait pas très mauvaise apparence à ce moment, mais le ras de marée était très violent et l'on profita de quelques folles brises du Sud au S.O. pour faire appareiller les navires.

A 9 heures la mer était affreuse et le vent se déclarait du S.E. en violentes rafales qui ne durèrent que deux heures, le baromètre avait baissé tout d'un coup à 750 ; après une demi heure de calme, à 11 heures, le vent reprit avec violence au N.O. et quelques heures après tout était fini, la mer mollissait et le beau temps revenait.

Ce cyclone de si petite étendue, qu'il peut être considéré plutôt comme une trombe, avait cependant suffi pour causer des dégâts assez notables dans les plantations des quartiers près de Saint-Denis ; dix chaloupes et deux pirogues, que l'on n'avait pas eu le temps de rentrer, furent jetées à la côte où elles se brisèrent.

Il est évident, d'après la direction des vents ayant changé cap pour cap après un intervalle de calme, que ce petit cyclone avait passé droit sur la Réunion suivant la ligne X Y.

Le temps s'embellit dès le 5 ainsi que la mer, et le baromètre remonta à 757.5.

Le 6, il recommençait à baisser à 756.4 ; le temps, pluvieux, prenait une mauvaise apparence et le vent se mettait de nouveau à rafales du S.E. à E.S.E. ; la mer aussi redevenait grosse.

Le 7, le baromètre est à 754.5, la mer encore plus grosse et le temps de la plus fâcheuse apparence ; le vent hale l'Est et souffle toute la journée avec grande violence.

Le 8, le baromètre remonte, la mer s'embellit ; quelques éclairs se montrent au N.O., le vent est E.N.E. à rafales assez fortes.

Le 9, le baromètre est à 761. Le vent est N.E. faible, et la pluie ne cesse de tomber.

Cependant ce second cyclone, passant au Nord de la Réunion, s'éloigne sans avoir causé grand dommage.

Ce fait d'une petite trombe détachée, pour ainsi dire, d'un cyclone de grande dimension et voyageant séparément, se voit fréquemment. Pendant l'ouragan qui a frappé l'île Maurice en 1818, le capitaine du navire le *Benoni* fait mention d'un phénomène semblable :

Au moment où l'ouragan sévissait avec la plus grande violence, il a vu, dit-il, venir vers lui un tourbillon dont l'axe a passé à environ une grande encâblure ; c'est ce météore qui lui a enlevé ses voiles serrées et une partie de son gréement, en faisant courir au *Benoni* le plus grand danger. Le capitaine affirme que son navire aurait sombré s'il s'était trouvé sur le passage de cette trombe subite, différente *ou paraissant telle*, de celles qu'on observe dans les temps plus calmes.

Le cyclone de mars 1859, que nous avons vu passer droit sur la Réunion, en n'ayant qu'une très faible violence, a produit quelques dégâts qui ne peuvent être attribués qu'à une petite trombe voyageant séparément au milieu du cyclone lui-même.

Chez M. Desprez, à deux kilomètres de Saint-Denis, il y a eu, dans une plantation de filaos, grand nombre d'arbres brisés ou arrachés; tous étaient couchés suivant une direction du S.E. au N.O. et il y avait, dans ce petit bois, une espèce de trouée, indiquant le passage d'un tourbillon en marche du N.N.E. au S.S.O.

Cela ne peut être attribué évidemment qu'à une trombe, détachée du cyclone principal, et voyageant en même temps au milieu du cercle d'activité de ce météore.

Ces trombes présentent absolument les mêmes phénomènes que les cyclones quant aux variations des vents, et il faut savoir les distinguer du cyclone qu'ils accompagnent, si par hasard on s'y trouve exposé.

Après tout ce que nous venons de dire, il est évident qu'il devient très important de connaître la course d'un cyclone, c'est-à-dire le rhumb de vent suivant lequel est dirigé la ligne de translation, car de cette connaissance dépend évidemment la manœuvre que l'on doit faire.

Manière de reconnaître la course d'un cyclone.

Supposons qu'ayant marqué, sur la carte, le point du navire en A, figure 39, on reconnaisse, par la direction du vent régnant, que le centre de l'ouragan est dans la direction A a; portons, sur A a, la quantité de milles à laquelle on s'estime approximativement du centre, d'après la force du vent et la baisse barométique, admettons que A I soit cette distance et que I soit, par conséquent, la position estimée du centre.

Quelques heures après le vent a varié et l'on veut savoir quelle a été la direction suivie par le centre de l'ouragan.

On marque de nouveau sur la carte la position du navire A', le plus exactement possible, en ayant bien soin de tenir compte de toutes les causes qui ont pu altérer la route du navire, et l'on trace immédiatement la direction nouvelle A' a' qu'on reconnait à l'ouragan d'après la nouvelle direction du vent.

Il peut se présenter deux cas: ou bien le baromètre a baissé depuis qu'on a marqué le point A, en même temps que le vent a augmenté de violence, ou le contraire a eu lieu; dans le premier cas il est évident qu'on se trouve en A' plus près du centre qu'on ne l'était en A, on portera donc sur la ligne A' a' une distance A' I' plus petite que A I et, ayant ainsi assigné une seconde position I' au centre de l'ouragan, on en conclura la direction de la ligne de translation X Y en joignant I, I'.

Si au contraire le baromètre a remonté et le vent molli depuis qu'on a marqué le point A, on fera A' G plus grand que A I et on aura pour ligne de translation X' Y', en joignant le nouveau centre G au premier déjà marqué I.

Si l'on en fait autant une troisième fois, après une nouvelle variation du vent, il ne devra plus rester de doute sur la course très probable de l'ouragan.

Ainsi, après avoir marqué une troisième fois le point du navire en A'', et tracé la direction A a'' dans laquelle se trouve le centre de l'ouragan, on obtiendra les points H, I'' ou I''' pour le centre approximatif de l'ouragan selon que le baromètre aura remonté ou baissé de nouveau.

Si le baromètre, que nous avions supposé avoir baissé pendant que le navire allait de A en A', a remonté, au contraire, lorsque le navire est en A'', il est certain que la direction X Y, assignée une première fois à l'ouragan, est bien celle qui lui appartient, puisque A" I" est plus grand que A' I'.

Il est évident alors que l'ouragan s'éloigne désormais, et que la manœuvre faite, écartant suffisamment le navire du centre, n'a pas besoin d'être modifiée.

Si le baromètre a continué à baisser, le centre du cyclone s'est rapproché du navire et A" I"' doit être plus petit que A'I'.

On en conclut tout naturellement que le cyclone au lieu de continuer sa course suivant la figure X Y en a adopté une nouvelle I' I"', c'est-à-dire qu'on va subir l'ouragan au moment où il courbe avant d'accomplir la deuxième branche de sa parabole.

Alors on doit chercher à s'éloigner du centre par une manœuvre quelconque, si elle est possible, ou si l'on est forcé de rester à la cape, il faut s'assurer que l'on est aux amures convenables selon qu'il a été dit précédemment; il n'y a plus qu'à attendre les évènements puisqu'il est impossible de s'y soustraire.

Il est bien clair que si le baromètre avait continué à monter en A" comme en A' alors que nous avions reconnu la seconde position du centre en G, A" H devrait être plus grand A' G et le point H, assigné au centre, indiquerait évidemment que la ligne X' Y' est bien celle que poursuit le cyclone dans son mouvement de translation.

Dans ce que nous venons de dire nous avons admis que le vent avait varié ; s'il en était autrement, si, avec le baromètre continuant à baisser, on voyait le vent fraichir de plus en plus sans changer de direction, depuis l'instant où on a marqué le point A jusqu'à celui où on marque A', on en conclurait que le centre s'avance vers le navire et que la ligne de translation est représentée par la ligne A A' qui joint ses deux positions.

On est donc sur le passage du centre et nous avons dit combien cette position est dangereuse, ainsi que ce qu'il faut faire en pareille circonstance, nous n'y reviendrons pas.

Manière de mesurer la vitesse de translation.

On peut concevoir maintenant qu'on puisse reconnaître approximativement quelle est la vitesse de translation d'un cyclone puisque, pour chacun des cas que nous avons supposés, les distances I I", I G, I' I"', I' H, ou I' I"' représentent la route parcourue par l'ouragan, route que l'échelle de la carte traduit en milles.

En divisant les nombres de milles par le nombre d'heures qui sépare le point A du point A', et A' de A", on a facilement la vitesse de translation du cyclone en une heure.

La ligne, assignée ainsi à la direction d'un ouragan, se rapprochera d'autant plus de celle réellement suivie par ce météore, qu'on se sera moins trompé sur la distance A I à laquelle on s'estimait du centre de l'ouragan, la première fois qu'on a marqué, sur la carte, la position du navire et celle du centre de l'ouragan, mais il est évident que, même en admettant qu'on ait commis une erreur dans l'estimation de cette distance A I, cette erreur n'aurait pas d'influence sur les positions suivantes I', I", I"', G et H du centre de l'ouragan, puisque la seule considération qui nous ait servi à placer ces divers points est simplement le mouvement de hausse ou de baisse du baromètre; il n'a plus été question de savoir à combien de milles on se trouvait du centre comme la première fois, mais si l'on en était plus ou moins rapproché en A' qu'en A; les lignes de translation qui en résultent peuvent donc être regardées comme suffisamment exactes, et, on peut toujours affirmer que, si l'ouragan ne passe pas à la distance qu'on a supposé du navire, au moins suit-il une direction à peu près parallèle à celle qui a été tracée.

C'est tout ce qu'il en faut dans la pratique, et quand on est familiarisé avec l'étude de cette science, quand on est bien convaincu que le cyclone ne peut suivre que les diverses directions dont nous avons parlé, il n'est même plus besoin de tracer de figures sur la carte; à la seule inspection de la marche du baromètre, à la manière dont le vent varie, on doit se représenter immédiatement quelle est la direction suivie par un ouragan, par rapport à la marche du navire.

Si j'ai un peu insisté sur ce sujet ce n'a été que pour faire bien comprendre comment on pouvait se rendre compte de la course d'un ouragan et de la vitesse de son mouvement de translation.

Cependant puisque nous avons dit que, dans cette manière de tracer la ligne suivie par un ouragan, le degré d'exactitude dépendait surtout de l'estimation qui était faite pour la distance à laquelle on se trouve du centre, on doit se demander s'il n'y aurait pas moyen de savoir, avec quelque certitude, quel est le diamètre d'un ouragan auquel on est soumis, et si le baromètre, qui baisse d'autant plus qu'on est plus près du centre, ne pourrait pas servir à mesurer la distance à ce point dangereux; de la même manière qu'il sert à mesurer si exactement la hauteur des montagnes?

Ce sont là deux questions excessivement intéressantes, et sur lesquelles, jusqu'à présent, on n'est pas arrivé à établir des données bien certaines; tout ce qu'on peut faire c'est d'énoncer quelques généralités dont nous allons parler.

Peut-être arrivera-t-on par la suite à une approximation plus satisfaisante, mais je doute qu'on obtienne jamais, sous ce rapport, de résultat scientifiquement positif.

Diamètre des cyclones.

Les cyclones diffèrent autant les uns des autres, sous le rapport de l'étendue, que nous les avons vu se distinguer par leur plus ou moins violente énergie.

Nous avons pu constater, par exemple, que le cyclone de février 1860 a fait sentir son action dans une étendue de plus de 800 milles, et nous pourrions citer de nombreux exemples d'ouragans n'ayant pas une étendue aussi considérable, quoique tout aussi désastreux que celui de 1860.

L'ouragan de 1818, qui a été si fatal à la colonie de Maurice, n'a presque pas causé de dommages à la Réunion quoique le centre ait passé entre les deux colonies, figure 40.

Le 1er mars, à 6 heures du matin, Maurice est enveloppée dans toutes les fureurs de l'ouragan et le baromètre a atteint 710, tandis qu'au même moment, la Réunion n'éprouve encore que de folles brises avec le baromètre à 742. Maurice a vu les vents varier successivement du S.E. à l'Est et au N.E., où il souffle avec la plus grande violence, indiquant que le centre est à sa plus courte distance, pour ainsi dire sur l'île même, et pendant ce temps, à 100 milles environ du centre, il n'existe encore que des brises variables; ce cyclone était donc de très peu d'étendue, et nous en avons une nouvelle preuve par le *Bénoni*, capitaine Castaing, de Bordeaux, qui, à 120 milles dans le N.N.E. de Maurice, le 28 février à 6 heures du matin, ressentait l'ouragan dans toute sa force, le baromètre au-dessous de 730, tandis que Maurice n'avait encore que des vents de S.E. à grains et le baromètre à 758.

Cet ouragan n'avait donc pas plus de 250 à 300 milles de diamètre et cependant quels désastres n'a-t-il pas causés à Maurice, et aux navires qui se sont trouvés sur son passage?

Nous avons déjà parlé du *Bénoni* qui a failli périr et qui est rentré à Port-Louis dans l'état le plus fâcheux.

Quant à Maurice, les désastres ont été bien plus funestes que ceux produits par les ouragans si terribles de 1761 et 1786 :

La mer a monté de 4 mètres au-dessus de son niveau ordinaire. Les rafales du vent ont été si violentes qu'une maison en bois de 15 mètres sur 10 a été enlevée, portée à plus de 35 mètres de son soubassement, et brisée entièrement dans sa chute; tous les débris ont été dispersés : les meubles, les effets ont disparu, des linges et hardes ont été retrouvés à plus de 1,200 mètres de distance sur des branches d'arbre.

Presque tous les navires, dans le port, ont fait des avaries excessivement graves; quelques-uns ont chaviré.

La *Magicienne*, frégate anglaise, a été jetée à la côte dans le Trou Fanfaron et a eu son côté de bâbord enfoncé; c'est en un mot un ouragan des plus effrayants pour Maurice, tandis que la Réunion n'en a ressenti que de faibles atteintes.

Cette Ile qui a vu, au contraire de Maurice, les vents varier du Sud au S.S.O., O., O.N.O., et N.O., n'a pas même eu beaucoup de dégâts dans ses plantations, et cependant le baromètre est descendu jusqu'à 730, à midi le 1er mars, ce qui indiquait, évidemment, que le centre était très rapproché.

Grâce au faible diamètre de l'ouragan, la Réunion n'a pas beaucoup souffert; une autre raison encore devait produire une différence dans les résultats qui se sont présentés pour Maurice et la Réunion:

La première de ces deux Iles, avec les vents de S.E. à Est et N.E., s'est trouvée sur le côté dangereux du cyclone tandis que la Réunion était du côté maniable, ainsi que le prouve les variations du vent Sud, S.O., O., et N.O.

Cette différence, si remarquable dans les effets produits dans l'une et l'autre colonie, vient donc confirmer ce que nous avons dit précédemment au sujet des demi-cercles dangereux et maniables.

Cependant, quant aux résultats définitifs, nous voyons un ouragan, n'ayant que 300 milles de diamètre, amener des désastres tout aussi affligeants que ceux reconnus par nous dans l'ouragan de 1860 qui avait un diamètre de plus de 800 milles.

Il n'y a donc aucune règle fixe à établir quant à l'étendue de ces météores comparée à leur violence; leur diamètre est très variable : assez restreint, à l'origine, c'est-à-dire par 5° ou 10° de latitude, il va en augmentant à mesure que la course du phénomène le rapproche des lieux où il se termine, par 30 ou 35° de latitude, variant ainsi pour le même phénomène depuis le commencement jusqu'à la fin de sa course.

Néanmoins on peut admettre qu'assez généralement, à l'origine, le diamètre des cyclones n'excède guère 200 à 300 milles, au milieu de leur course 400 à 500 milles, et à la fin 500 à 600 milles; mais, encore une fois, ce ne sont là que des chiffres approximatifs qui rencontrent très souvent des exceptions.

Mesure de la distance au centre par la hauteur du baromètre.

Serons-nous plus heureux avec le baromètre, et arriverons-nous à plus de précision par l'observation de cet instrument d'une exactitude si parfaite lorsqu'il s'agit de mesurer la hauteur des montagnes?

Quoique le baromètre ne mesure pas la force plus ou moins grande du vent mais bien le plus ou moins de pression de l'air atmosphérique, nous savons cependant que les ouragans font d'autant plus baisser le baromètre qu'ils sont plus violents.

Il est bien évident que, si tous les cyclones étaient d'une égale intensité et présentaient la même diminution de pression au centre, le baromètre descendrait pour tous au même point et l'on verrait alors de la circonférence au centre, une baisse progressive constamment la même, mais nous savons maintenant que, si tous les ouragans sont des cyclones, il est bien certain que tous les cyclones ne sont pas des ouragans.

Celui, dont le centre a passé sur la Réunion en 1859, et que nous avons rapporté précédemment, n'a fait descendre le baromètre qu'au minimum de 749, tandis que ceux de 1818 et 1860 ont fait baisser le baromètre à 714 et 710.

On comprend très facilement qu'un cyclone d'un grand diamètre, qui ne ferait pas, en totalité, baisser le baromètre plus qu'un autre cyclone de dimension moindre, influencera néanmoins cet instrument bien avant ce dernier. La hauteur absolue du baromètre ne peut donc pas donner la distance exacte à laquelle on se trouve du centre, et la même raison, qui nous a empêché de poser des règles fixes pour le diamètre d'un cyclone, nous interdit tout espoir d'obtenir le même résultat par le baromètre.

Cependant il ne faut pas désespérer de l'avenir. Plus tard des observations plus nombreuses et mieux faites permettront sans doute d'arriver à des conclusions plus satisfaisantes, et l'on pourra offrir aux navigateurs quelque certitude sur ce point si important; c'est donc de ce côté que doivent se faire les recherches des observateurs et surtout des marins qui comprendront sans peine de quel intérêt majeur sont les observations du baromètre, instrument si précieux déjà et sur l'infaillibilité duquel on doit pouvoir fonder les plus fermes espérances.

J'aurais pu représenter un grand nombre de courbes barométriques pour les ouragans observés avec précision, tant à Maurice qu'à la Réunion, je me bornerai à tracer, sans tenir compte des oscillations, les courbes qu'ont présentées les ouragans de 1818, 1859 et 1860, fig. 41, ce qui donnera une idée de la manière dont varie le baromètre suivant que le diamètre de l'ouragan est de petite ou grande dimension, et que ce météore est d'une violence plus ou moins considérable.

On peut ainsi se rendre compte de l'influence qu'ont les ouragans sur le baromètre, et voir qu'une même hauteur barométrique représente des distances au centre bien différentes, quoique cependant le minimum au centre ait été à peu près le même pour les cyclones de 1818 et 1860.

Nous en avons conclu le tableau suivant:

Mesure approximative de la distance au centre d'un ouragan par une hauteur quelconque du baromètre.

| GRAND DIAMÈTRE. | | POUR UNE HAUTEUR | PETIT DIAMÈTRE. | |
| LA DISTANCE AU CENTRE EST DE: | | BAROMÉTRIQUE DE : | LA DISTANCE AU CENTRE EST DE: | |
en heures.	en milles.		en milles.	en heures.
72	540	759.0	270	36
66	493	758.5	247	33
60	450	758.0	225	30
54	405	757.0	202	27
48	360	756.0	180	24
42	315	754.5	157	21
36	270	753.0	135	18
30	225	751.0	112	15
24	180	748.0	90	12
18	135	744.0	67	9
12	90	738.0	45	6
6	45	729.0	22	3
0	0	713.0	0	0

Ce tableau, que nous établissons ici comme un aperçu général de ce que peut faire le baromètre soumis à un ouragan, ne doit être consulté, à titre de renseignement, que si l'on est frappé par un ouragan véritable et non par un cyclone quelconque. Nous devons encore ajouter une restriction à son usage, c'est qu'il ne peut servir que dans les régions tropicales, alors que l'ouragan poursuit la première branche de son parcours et non pas quand il se trouve dans les latitudes plus élevées.

Malgré toutes ces restrictions, ou plutôt à cause d'elles, un marin se trouvera sans doute bien embarrassé, s'il consulte ce tableau dans le but d'en tirer des conclusions positives, qui puissent le guider dans la manœuvre à faire, aussi, ne pouvant donner qu'une approximation très imparfaite de la distance au centre par la hauteur absolue du baromètre, ai-je cherché, par l'étude d'une grande quantité d'ouragans, s'il n'était pas possible de reconnaître plus facilement cette distance par la baisse du baromètre, dans un intervalle de temps quelconque.

J'ai remarqué qu'un ouragan se compose, en général, d'un noyau central dans lequel le vent souffle avec une très grande violence, et d'une zône environnante de plus ou moins grande étendue au milieu de laquelle le vent permet encore de manœuvrer ; c'est la différence d'étendue de cette zône environnante qui rend le diamètre d'un ouragan plus ou moins grand.

L'ouragan est, pour ainsi dire, un météore enveloppé d'une atmosphère plus ou moins développée, et c'est ce qui explique que la baisse barométrique par heure puisse être à peu près la même, à partir d'un certain moment, celui où réellement le vent commence à souffler ouragan.

Ce noyau central qui constitue véritablement l'ouragan, et pendant le passage duquel ont lieu tous les désastres, n'a guère plus de 250 milles de diamètre, quelles que soient les limites extrêmes auxquelles atteigne un ouragan; le baromètre ne baisse, d'une manière marquée et continue, qu'au moment où l'ouragan véritable est déclaré, le mouvement barométrique, par heure, doit être alors à peu près le même pour tous les ouragans et nous pouvons dresser un tableau qui donnera, peut-être, une estimation meilleure de la distance.

En dehors des indices fournis par le baromètre, on reconnaîtra qu'on est entré dans le cercle d'activité de l'ouragan sérieux quand, au plus près, la force du vent ne permettra plus de conserver que les huniers aux bas ris et la misaine; on ne doit pas s'estimer alors à plus de 150 milles du centre de l'ouragan, bientôt on sera forcé de mettre complètement à la cape et la distance au centre ne sera guère plus de 100 milles.

J'ai donc dressé le tableau suivant, tableau qui renferme des variations barométriques pouvant s'appliquer, à peu près également, aux ouragans de grand et de petit diamètre.

Mesure approximative de la distance au centre d'un ouragan par la baisse barométrique en une heure.

BAISSE EN UNE HEURE.	DISTANCE AU CENTRE.
0.^{mm} 3	24. heures
0. 5	21. id.
0. 6	18. id.
0. 7	15. id.
1. 0	12. id.
1. 5	9. id.
2. 0	6. id.
3. 0	3. id.
4. 5	0. id.

Je ne dois pas négliger d'indiquer que ce moyen, de reconnaître la distance au centre par la baisse barométrique en une heure, ne peut servir qu'autant qu'on se trouve sur le passage du centre, ou tout près de son parcours; si on en est un peu éloigné, la baisse moyenne, par heure, n'est plus la même, et on n'en peut pas conclure la distance.

De plus cette évaluation approximative n'est suffisamment exacte que pour des cyclones d'une violence extrême; la courbe barométrique de l'ouragan de 1859, dont nous avons déjà parlé, montre bien, en effet, que ce tableau n'est pas applicable à ce cyclone, dont le centre a cependant passé sur la Réunion, mais qui, vu son peu d'intensité, n'a fait que très faiblement baisser le baromètre.

Ainsi donc, en fait de données sur le diamètre d'un ouragan et sur la distance à laquelle on se trouve du centre, nous sommes obligés de reconnaître que le baromètre n'en fournit que de très incomplètes et que, s'il baisse d'autant plus que la violence du vent est plus considérable, toujours est-il qu'il ne peut donner que des approximations sur la distance au centre.

La seule chose parfaitement reconnue jusqu'à présent, c'est que le minimum de la hauteur barométrique se trouve toujours au centre de l'ouragan dont on est frappé, et que, par conséquent, le baromètre baisse d'autant plus qu'on se rapproche de ce point central.

Ce seul indice est excessivement précieux pour le navigateur, puisqu'il peut savoir, rien que par le mouvement du baromètre, si la route suivie le raproche ou l'éloigne du centre dangereux; cet instrument lui indique donc, *à coup sûr*, s'il doit ou non modifier la manœuvre qu'il a adoptée.

Influence des terres sur la marche des cyclones.

Hauteur des cyclones au-dessus de l'horizon.

Après avoir parlé du diamètre des ouragans, il peut être intéressant de savoir quelle est la hauteur de cette colonne tourbillonnante, non pas tant pour les navires, auxquels cela importe peu, que pour les terres soumises à l'action des ouragans. Dans un pays de montagnes élevées, comme à la Réunion par exemple, on doit se demander si la course d'un ouragan n'est pas altérée par ces hautes montagnes, et si leur effet ne change pas la direction des vents, de manière à bouleverser le météore dans son essence.

Quant à la course générale, nous savons qu'elle n'est influencée en aucune manière : nous avons des exemples nombreux de cyclones, ayant frappé la Réunion et qui, plus loin, sévissaient à bord des navires sans qu'on pût remarquer la moindre altération soit dans la vitesse de rotation, soit dans la manière dont les vents sont orientés au milieu de ce phénomène. Sans nous étendre longuement sur ce sujet nous en citerons un seul exemple qui s'est passé sous nos yeux tout dernièrement.

Le 15 et le 16 février 1861, la colonie de Maurice était frappée par un cyclone dont la course le dirigeait à peu près au milieu du canal qui sépare les deux îles voisines ; plus près cependant de Maurice que de la Réunion.

Le 16 et le 17, la Réunion était atteinte à son tour en même temps que l'*Alfred et Marie* qui, à 30 milles à l'Est de l'Ile, traversait le centre de l'ouragan en éprouvant un intervalle de calme de douze heures.

Deux jours après le 19 , deux navires français étaient frappés : le *Buron* et le *St-Mathurin ;* ce dernier, particulièrement, passait à travers le centre par latitude 25°20' et longitude 55°35' Est et il ressentait, comme l'*Alfred et Marie*, une accalmie de douze heures.

Voilà donc un cyclone que nous ayons pu suivre pendant plus de 400 milles, sans constater aucune altération dans sa nature.

Ainsi les terres élevées sur lesquelles passe un ouragan, ne l'arrêtent pas dans sa course et ne détruisent pas cette masse tourbillonnante qui va produire ailleurs les désastres qui en sont le cortège inévitable.

Cependant nous avons pu nous rendre compte de l'élévation peu considérable de ces météores au-dessus de l'horizon; à la Réunion il arrive souvent que les cyclones ne dépassent pas, en hauteur, les montagnes qui nous dominent, et il se produit alors certains phénomènes très curieux pour un observateur.

Les divers quartiers de l'île sont successivement abrités par les montagnes, suivant la direction du vent, et nous voyons les quartiers, abrités précédemment, frappés à leur tour, tandis que ceux éprouvés d'abord sont ensuite préservés par l'interposition des montagnes, à mesure que le vent varie.

J'en citerai quelques exemples très remarquables, en commençant par ceux qui viennent de se passer dans les mois de février et mars derniers que chacun aura, ainsi, bien présent à la mémoire :

Tableau comparatif des observations météorologiques faites pendant le passage du cyclone de février 1861 à l'Est et au Sud de la Réunion.

14 Février.

Saint-Denis.	Saint-Paul.	Saint-Pierre.
Bons grains de pluie dans la journée. Pluviomètre 16^{mm} 8. Baromètre, à 9 heures 30^m du matin, 752.00. Fort ras-de-marée. Vent S.S.E. à rafales violentes, les cumulus chassent lentement de cette direction; les navires ont déradé le 13.	Couvert, forte pluie, baromètre, à 9 heures 30 du matin, 750. Mer belle. Calme profond; les cumulus immobiles.	Pluie abondante, la rivière descend avec peu de force. Pluviomètre 29^{mm} 7. Baromètre, à 9 heures 30^m du matin, 752. Mer très grosse en rade, belle au rivage. Vent très violent du S.E. à E.S.E. Les navires ont déradé le 12.

15 Février.

Saint-Denis.	Saint-Paul.	Saint-Pierre.
Pluie assez abondante depuis 9 heures du matin et toute la journée. Pluviomètre, 25^{mm}. Baromètre, à 9 heures 30^m du matin, 751. La mer très-grosse. Les nimbus chassent lentement du S.S.E.; rafales plus violentes que la veille du S.S.E. A 5 heures du soir le vent hale le S. 1/4 S.E., toujours aussi fort et souffle, avec la même énergie toute la soirée.	Couvert et petite pluie fine. Baromètre, à 9 heures 30 minutes du matin, 747. Mer très belle. Calme profond toute la journée.	Pluie continuelle. Pluviomètre 47^{mm} 30. Baromètre, à 9 heures 30^m, 750. La rivière descend plus fort. Mer très grosse. Vent à rafales excessivement fortes du S.E. à E.S.E. Ouragan à 9 heures du soir, du S.E. franc.

16 Février.

Saint-Denis.	Saint-Paul.	Saint-Pierre.
Pluie abondante toute la nuit et la matinée. Pluviomètre 54^{mm}. Baromètre, à 9 heures 30^m, 745.50. Mer très-grosse. Nimbus chassant lentement du S.S.E. A onze heures les rafales, qui avaient duré jusque là très violentes de S.S.E. à S. 1/4 S.E., cessent tout à coup et le vent reste, toute l'après midi, variable du N.O., O., N.E., et S.E., très faible, la pluie a cessé, le	Couvert, petite pluie fine et continue. Baromètre, à 9 heures 30^m, 743. Mer toujours belle. Calme plat jusqu'à 3 heures; à ce moment un grain peu fort du Sud a duré 15 minutes et après, calme complet jusqu'à 9 heures du soir, fort grain de Sud durant 20 minutes, puis calme toute la nuit.	Pluie intense et continue depuis minuit et toute la journée. Pluviomètre 160^{mm}. Baromètre, à 9 heures 30^m du matin, 745. La rivière descend avec violence et coule de bord en bord. Ras de marée. A minuit le vent est passé au S.S.E. ouragan et a soufflé ainsi jusqu'à midi. A midi le vent saute au Sud excessivement violent et souffle toute la journée et la soirée sans discontinuer, à 11

16 Février.

Saint-Denis.	Saint-Paul.	Saint-Pierre.

ciel est couvert et quelques nimbus rares chassent très lentement du S.E. et S.S.E.

Quelques bouffées du S.E. vers 3 heures; la mer tombe beaucoup, et le soir elle n'est plus que houleuse.

La pluie reprend vers 4 heures et donne toute la soirée de petits grains.

heures 30^m le vent hale le S.O. très violent.

17 Février.

Couvert, le calme continue toute la nuit, les quelques risées variables sont du N.E., N., N.O. et S.O. Pluviomètre 11^{mm}. Baromètre, à 9 heures 30^m 742. Mer belle. À 9 heures du matin premières bouffées d'O.; à 11 heures, pluie peu abondante et rafales très fortes d'O. S.O. et O. 1/4 S.O. qui durent toute la journée et toute la soirée; les nimbus chassent du S.O. très vite. La mer se fait un peu du N.O.

Beau le matin. Baromètre 741. Mer un peu houleuse. A 8 heures 1/2 grains de S.S.O. et S.O., faible pluie dans les grains. Appareillage des navires à 10 heures. La *Surprise* est jetée à la côte à 3 heures du soir, le vent souffle toute l'après midi et la soirée du S.O. très violent; la mer grossit un peu.

Pluie continuelle.
Pluviomètre 19^{mm}. 5.
Baromètre à 9 heures 30^m du matin 742.

Ras-de-marée. A minuit le vent qui soufflait, depuis 1/2 heure, très violent du S.O., calme tout à coup. Forte brume dans la matinée, petites fraîcheurs du N.O.; à midi le vent passe O.N.O. petite brise, fraichissant à 2 heures et sautant à l'O. grand frais à 3 heures 30 minutes. Pluie continuelle et abondante.

18 Février.

Pluie fine.
Pluviomètre 3^{mm}.
Baromètre, à 9 heures 30^m, 753.6. Toute la nuit les rafales continuent d'O. 1/4 S.O., ainsi que toute la journée et la soirée, mais en mollissant; à 11 heures du soir il fait calme.

Le temps s'embellit. Baromètre, à 9 heures 30^m, 752. La mer un peu grosse. Le vent est O.S.O., grande brise toute la journée.

Pluie peu abondante.
Pluviomètre 6^{mm}. 2.
Baromètre à 9 heures 30^m du matin, 754.

Ras-de-marée très fort. Violente brise d'O. toute la journée; la rivière descend toujours un peu.

19 Février.

Très beau temps, le baromètre à 9 heures 30^m est à 759. Mer très belle. Le vent d'O. reprend vers midi et souffle frais toute la journée jusqu'au coucher du soleil, calme le soir. Les navires ont commencé à reprendre leur mouillage dans la matinée.

Beau temps. Baromètre à 9 heures 30^m, 757. Mer grosse. Jolie brise du S.O. Les navires rentrent au mouillage.

Beau. Baromètre 759.
Ras-de-marée un peu fort. Calme le matin, et S.O. faible, variable au Nord dans la journée.

7

Si l'on examine attentivement ce tableau de trois quartiers de l'île, on est frappé tout d'abord des différences qu'on y rencontre pour chacun d'eux. Pour pouvoir s'en rendre compte, il faut, avant tout, que nous expliquions la configuration de la Réunion et la manière dont est orientée la chaîne de montagnes qui la traverse.

La Réunion a une forme allongée dans le sens du S.E. au N.O.; sa configuration sur la carte représente à peu près une ellipse dont le grand axe est dirigé du S.E. au N.O.; une chaîne de montagnes, qui s'élève jusqu'à 3,000 mètres, occupe la partie centrale de l'île et se dirige comme le grand axe du S.E. au N.O.; dans quelques parties de l'île cette chaîne de montagnes se rapproche assez de la mer pour ne laisser qu'un espace limité entre elles et le rivage: ainsi, à Saint-Denis qui est enserré par les montagnes du Brûlé et le cap Bernard, mais particulièrement à Saint-Paul qui respire à peine entre les montagnes du Bernica.

On comprend alors l'effet de protection que doivent présenter des montagnes aussi hautes, surtout s'il arrive que le cyclone qui frappe sur la Réunion ne soit pas plus élevé, au-dessus du niveau de la mer, que ces mêmes montagnes; c'est précisément ce que nous avons vu dans l'ouragan de février 1861, ainsi qu'on peut s'en convaincre par le tableau précédent et par les figures 43, 44 et 45.

Du 13 au 15, les vents sont sans variation du S.S.E. à rafales violentes, la mer grossit toujours et les navires ont dû appareiller, le 12 dans les quartiers du Vent, le 13 à Saint-Denis; le baromètre baisse de plus en plus, il est à 751 le 15, tout indique que le cyclone s'avance directement sur la Réunion; les observations, faites à Maurice, nous ont donné la position exacte du centre du cyclone, qui passe au point le plus rapproché de Port-Louis le 15, vers onze heures du soir, à environ 20 milles dans le N.O.

Un second point de la course du cyclone nous est fourni par l'*Alfred et Marie*, qui se trouve enveloppé par le calme central depuis le 16 à huit heures du soir jusqu'au 17 à huit heures du matin, le baromètre se maintenant à 739. Au lever du soleil, le 17, étant en calme, le temps s'est embelli, on aperçoit les terres de la Réunion à 25 ou 30 milles à l'Ouest. A huit heures du matin le vent, qui avait cessé depuis la veille de souffler de l'E.S.E., saute subitement à l'O.N.O., de sorte qu'il n'y a pas de doute sur la position du centre du cyclone et nous pouvons le placer sur la carte, pour ainsi-dire, heure par heure. (Fig. 42.)

Voyons ce qui va en résulter pour les divers quartiers de l'île.

Remarquons d'abord cette particularité, que, jusqu'au 15, avec des vents de S.S.E. très violents, les cumulus et les nimbus ne chassent que lentement de la même direction à Saint-Denis; on pense déjà que la hauteur du cyclone n'est pas plus considérable que celle de nos montagnes, et en effet, tant que le vent souffle du S.S.E., Saint-Paul et la Possession se trouvent préservés par les montagnes qui forment écran et ne permettent pas aux rafales d'atteindre ces quartiers, que la terre protège également contre le ras de marée; tous les autres quartiers, de Saint-Denis à Saint-Leu, ont les vents à rafales très violentes du S.S.E. et le ras de marée, très fort, va en augmentant, (figure 43.)

Le 16, le cyclone a marché, il est presque Est et Ouest avec la Réunion; le vent que la colonie va ressentir doit être Sud, plus violent encore que celui du S.S.E. puisque l'ouragan s'est rapproché, (figure 44.)

Saint-Paul et la Possession continuent à être abrités et du vent et de la mer, et à leur tour, Saint-Denis, Sainte-Marie et Sainte-Suzanne sont préservés.

Dès le matin les rafales sont moins violentes à Saint-Denis , à onze heures le vent cesse tout à fait variant de tous côtés, en même temps que la mer mollit beaucoup; quelques rares nimbus chassent encore lentement du S.E. et puis il semble que les nuages sont immobiles, tant leur marche variable est lente; preuve bien évidente que la hauteur du cyclone au dessus de l'horizon ne dépasse pas celle de nos montagnes.

De Saint-André à Saint-Louis, par Saint-Pierre, tous les quartiers sont frappés des vents de Sud très violents; nous voyons à Saint-Pierre le vent sauter au Sud excessivement fort à midi, précisément à l'instant où le calme se fait à Saint-Denis ; le ras de marée augmente dans les quartiers qui sont frappés.

Le 17, le centre du cyclone reste à peu près dans le S.E. de la Réunion, les vents doivent être du S.O. moins violents que ceux du Sud, puisque le centre est moins rapproché, (figure 45.)

C'est alors Sainte-Suzanne, Saint-André , Saint-Benoit et Sainte-Rose qui sont abrités.

Saint-Paul au contraire, et la Possession ainsi que Saint-Denis vont recevoir les rafales, et l'on voit en effet à 8 h. 1/2 du matin les vents de S.O. entrer grand frais dans la rade de Saint-Paul, forçant bientôt les navires à l'appareillage; Saint-Denis ressent un peu plus tard les vents de S.O. que les montagnes font incliner à l'O. 1/4 S.O. et qui parviennent jusqu'à Sainte-Marie le long des pentes de ces mêmes montagnes.

C'est ici que se présente un phénomène très remarquable , que nous chercherons à expliquer plus tard, et dont nous pourrions citer de nombreux exemples.

Nous avons dit que la chaîne de montagnes qui occupe la partie centrale de l'Ile s'étendait du S.E. au N.O. On a remarqué que les vents perpendiculaires à cette direction ne soufflaient jamais grand frais pour les quartiers qui devraient en être directement atteints: Ainsi à Saint-Denis la rade est ouverte au Nord et au N.E., on n'y voit presque jamais, cependant, les vents de Nord et de N.E. y souffler violemment.

A Saint-Pierre, la rade est ouverte au S.O. et il est bien rare que les vents de S.O. y soient violents; souvent il arrive, qu'avec le temps chargé au S.O. et un ras de marée, on fait appareiller, par faible brise de S. et de S.O., les navires qui, à peine à quelques lieues au large, sont forcés de mettre en cape à cause de la violence des vents de S.O., que l'on voit, de Saint-Pierre, blanchir la mer au large et à la pointe de l'Etang-Salé.

Saint-Paul ouvert au N.O. ne ressent pas les vents de cette direction assez forts pour faire chasser un navire; il est bon de dire ici que les montagnes du Bernica s'élèvent presque verticalement au fond de la baie de Saint-Paul dans une direction perpendiculaire au N.O.

Il était intéressant de savoir si cet effet se produisait même pendant un cyclone, c'est à dire avec des rafales d'une très grande énergie ; nous pouvons constater qu'il en a été ainsi.

Le vent du Sud cesse subitement à minuit pour Saint-Pierre qui se trouve plongé dans le calme, alors que les vents de S.O. forcent les navires à l'appareillage à Saint-Paul; puis les vents soufflent à midi du O.N.O., pendant qu'ils continuent à être S.O. à Saint-Paul et que la chasse des nimbus du S.O. et de l'O.S.O. indique quel est le vent régnant au large.

Le lendemain 18, nous voyons encore le vent persister au O.N.O. à Saint-Pierre, tandis qu'ils sont S.O. à Saint-Paul et que les nuages chassent de cette direction.

En même temps les navires, appareillés de Saint-Pierre et plus tard de Saint-Paul, éprouvent les vents variant du S.S.E. au S., S.S.O., S.O., et O.S.O. sans aucune interruption dans les variations; tous ces vents battent en plein à Saint-Pierre où l'on n'aurait pas dû constater un instant d'accalmie et nous voyons, au contraire, qu'après avoir soufflé du S.S.E. et du S. très violent, un calme de douze heures s'est produit auquel ont succédé les rafales d'O.N.O., sans que Saint-Pierre éprouvât les vents du S.S.O., S.O. ni même O.S.O., phénomène très remarquable et qui n'est dû certainement qu'au relief de nos montagnes, puisque les navires à la mer à peu de distance ne le constataient pas.

Nous avons vu les mêmes effets remarquables s'observer en mars 1861, lors du passage d'un cyclone, qui a voyagé à l'Est et au Sud de Maurice et de la Réunion.

Maurice a ressenti, du 1er au 3, des rafales violentes variant du S.E. au S.S.E., Sud, S.O., Ouest, et accompagnées de pluie abondante, le baromètre, en baisse depuis le 1er mars, atteignait 744 le 3.

Ce même jour, à Saint-Pierre, le ras-de-marée était très fort et le vent S.S.E. grand frais sautait au Sud à 9 heures du matin, soufflant ainsi très violemment jusqu'à 1 heures du soir. La pluie tombait par forts grains et déterminait une coulée de la rivière d'Abord; les navires avaient été forcés d'appareiller dès le 2.

A 3 heures, le calme se faisait jusqu'à minuit, et l'on voyait, pendant tout ce temps, les cumulo-nimbus passer très rapidement au dessus du quartier et se diriger vers la montagne, venant en grandes masses du S.O.

En même temps Saint-Denis était en calme, les cumulus chassant très-lentement du Sud et de S. 1/4 S.O.; le ras-de-marée, qui avait fait interdire la communication le 2, mollissait sensiblement dans l'après midi du 3 et permettait de rétablir la communication avec la rade.

A St-Paul, qui était resté en calme le 1er et le 2 mars, le vent du S.S.O. se déclarait le 3, à 11 heures du matin, et soufflait par grains très-violents toute la journée et la soirée, forçant les navires à l'appareillage et jetant à la côte, à 7 heures du soir, le *Furet*, bateau de la colonie qui n'avait pas pu appareiller.

Le baromètre était fixé à 755 dans ces trois quartiers.

Le 4 à minuit, le calme cesse à Saint-Pierre et est remplacé par une forte brise d'O.N.O. qui souffle toute la nuit et la journée, ainsi que le lendemain 5. Le baromètre s'est relevé à 756, le ras-de-marée est toujours très-fort et une pluie intense continue à faire descendre la rivière. Les cumulus chassent encore du S.O. toute la nuit et la matinée, halant l'O. dans la journée, et le N.O. le lendemain.

A St-Denis le temps est beau, le calme cesse le 4, à 7 heures 30m du matin, et la brise d'Ouest entre très-fraîche; les cumulus courant très-rapidement du S.O. et de l'Ouest dans l'après midi. Le baromètre est à 756.30, la mer tout-à-fait belle.

Le lendemain 5, la brise est très-fraîche de l'O.N.O. et les cumulus chassent rapidement du N.O.

A Saint-Paul, le 4, mer belle, la brise toujours S.O. grand frais, mollit dans l'après-midi en halant l'O., le soir elle souffle faiblement, les navires rentrent et le même état de choses subsiste le lendemain.

Comme dans le cyclone du mois de février, nous voyons tous les quartiers du vent, de Saint-Denis à Saint-Benoit, abrités par les montagnes des vents de Sud, S.O. et Ouest le 3 et le 4 ; le 5 les vents de N.O. sont assez frais pour atteindre Saint-Benoit où ils soufflent à rafales.

Nous remarquons encore que le calme se manifeste à Saint-Pierre au moment même où les vents de S.O. se déclarent à rafales à Saint-Paul, et cependant les nuages chassent du S.O. avec vitesse, puis le lendemain, c'est Saint-Paul qui se trouve en calme, tandis que les vents sont N.O. grand frais à Saint-Pierre, et depuis Saint-Denis jusqu'à Saint-Benoit, les nuages fuyant partout du N.O. avec rapidité.

Cette fois le cyclone était un peu plus élevé que les montagnes de l'Ile : pendant le calme qui a régné à Saint-Denis, le 2 et le 3 au matin, à cause de l'abri des montagnes, nous avons vu les nuages chasser du Sud, S.S.O. et S.O. et leur course, quoique lente, indiquait bien la marche du cyclone, ne laissant pas de doute à ceux qui l'observaient.

Nous pourrions citer de nombreux exemples de ce fait curieux des vents de S.O. ne soufflant pas à Saint-Pierre ; presque toujours, lorsqu'un cyclone passe au Sud de l'Ile, ce phénomène se produit et l'on remarque à Saint-Pierre que les vents du S.E., soufflant à rafales, halent le S.S.E. et le Sud et sont suivis alors d'un calme plus ou moins prolongé tout le temps que le vent souffle S.O. au large et à Saint-Paul, puis les vents reprennent à l'O. et au O.N.O. grand frais, ne se faisant pas sentir au contraire à Saint-Paul qui est préservé par le reflet de la montagne du Bernica.

Nous allons constater des effets analogues pour Saint-Denis, quand un cyclone voyage au Nord de la Réunion et nous envisagerons, sous ce nouveau point de vue, le cyclone de février 1860 qui nous a été si utile déjà.

Tableau comparatif des observations météorologiques faites pendant le passage du cyclone de février 1860 au Nord de la Réunion.

23 Février.

Saint-Denis.	Saint-Paul.	Saint-Pierre.
Couvert et un peu de pluie. Le baromètre, à 9 heures 30ᵐ, 759.65. La mer grossit et interdit la communication. Les nimbus chassent d'E.S.E. peu rapidement. Le vent S.E. jolie brise. Les navires appareillent de tous les quartiers du Vent. Le coucher du soleil est cuivré et de vilain aspect.	Beau temps le matin et couvert dans l'après-midi, un peu de pluie. Baromètre, à 9 heures 30ᵐ du matin, 759. La mer grossit et interdit la communication. Vent variable et faible S.O., N.E. presque calme.	Couvert et forte pluie de 9 heures à 11 heures. Baromètre à 9 heures 30ᵐ, 759. Mer belle, calme et petit vent du S.E.

24 Février.

Saint-Denis.	Saint-Paul.	Saint-Pierre.
Couvert et pluie assez forte toute la journée. Baromètre 758.50. Nimbus d'E.S.E. assez rapides, la mer est toujours très grosse. Le vent se fait du S.E. au S.S.E., forte brise vers midi, diminuant au coucher du soleil.	Couvert, petite pluie. Baromètre 757.7. Très grosse mer, ras de marée. Calme plat toute la journée, quelques légers souffles de l'Ouest.	Forte pluie toute la journée. Baromètre 757.8. Mer grosse en rade, belle au rivage. Vent d'Est, forte brise ; coucher du soleil très rouge.

25 Février.

Saint-Denis	Saint-Paul	Saint-Pierre
Pluie abondante toute la nuit et vent S.E. à rafales. Baromètre, à 9 heures 30ᵐ, 755.15. La mer grossit beaucoup ; à 8 heures 30 appareillage des navires. Les nimbus chassent du S.E. et S.S.E., rapidement. Pluie et rafales très-fortes du S.E. toute la journée et la soirée.	Couvert. Baromètre 754. Ras de marée excessivement fort. Pluie dans la nuit et le matin très abondante. A 10 heures du matin, grains d'E. S.E. et Est, signal d'appareillage. Le vent souffle Est grand frais toute la journée.	Pluie abondante, coups de tonnerre à 1 heure du matin. Baromètre à 9 heures 30ᵐ, 754.2. Mer grosse en rade, belle au rivage. Les vents excessivement forts d'E.S.E. à E. forcent les navires à dérader à 11 heures du matin ; les nimbus chassent avec rapidité. Pluie continuelle ; très forte brise d'E.S.E. le soir.

26 Février.

Saint-Denis	Saint-Paul	Saint-Pierre
Pluie très-forte. Baromètre, à 9 heures 30ᵐ, 750.20. Mer toujours très-grosse. Le vent, à rafales du S.E. toute la nuit, hale l'E.S.E. vers 2 heures de l'après-midi. Les nimbus chassent de l'E. et dans la soirée de l'E. 1/4 N.E. A 7 heures le vent est E., rafales très-fortes.	Pluie très forte toute la journée. Baromètre 748 et vent d'Est à fortes rafales ; à 5 heures du soir, grains violents d'E.N.E. à N.E. Ras de marée épouvantable endommage beaucoup le pont.	Fortes bourrasques d'Est la nuit entremêlées d'accalmies. Pluie continuelle, la rivière descend un peu. Baromètre, à 9 heures 30ᵐ, 748.9. La mer belle au rivage. Le vent mollit et passe au N.E. à 3 heures, variant à l'Est et se fixant faible à 8 heures au N.E.

27 Février.

Saint-Denis	Saint-Paul	Saint-Pierre
Couvert, le baromètre remonte et est, à 9 heures 30ᵐ, à 758.00. Mer toujours très grosse. Les nimbus chassent d'E. N.E., et de midi jusqu'au soir, du N.E. assez rapidement ; le vent E. 1/4 N.E, à rafales toute la nuit, diminue de violence et n'est plus que jolie brise à midi.	Couvert ; baromètre à 9 heures 30ᵐ, 758. La mer mollit. Grains de N.E. toute la nuit, mollissant au jour. A midi, vent faible du S.O.	Pluie toute la nuit. Baromètre 758.3. Petit vent de Nord passant à 11 heures au N.O. La mer commence à grossir au rivage ; mais à 5 heures elle tombe presque entièrement. La rivière ne coule presque plus.

Ce tableau d'un ouragan passant au Nord à la distance de 80 à 90 milles offre encore des particularités remarquables :

Dès le 23 le ras de marée est prononcé dans tous les quartiers du vent de Sainte-Rose à Saint-Denis; la mer commence à grossir à Saint-Paul et reste belle à Saint-Pierre, quoique forte au large.

Le 24, la brise souffle grand frais du S.E. et de l'Est à Saint-Denis et Saint-Pierre, et les montagnes s'opposent à ce que le vent arrive jusqu'à Saint-Paul; la mer, très grosse à Saint-Denis, se développe en ras de marée à Saint-Paul, tandis qu'elle reste belle au rivage à Saint-Pierre.

Le 25, les vents de S.E. à l'Est règnent dans les trois quartiers et forcent, à Saint-Paul et Saint-Pierre, les navires à abandonner leurs amarres.

La mer grossit de plus en plus à Saint-Denis et à Saint-Paul, restant belle à Saint-Pierre.

Le 26, le ras de marée devient excessivement violent à Saint-Denis, et surtout à Saint-Paul; les nuages chassent rapidement de l'E. et de l'E. 1/4 N.E.; le vent frappe d'E.N.E. à N.E. avec violence à Saint-Paul pendant que Saint-Pierre, abrité par les montagnes, voit le calme se faire et de petites risées du N.E. descendre le long des collines.

C'est ici que nous constatons pour Saint-Denis un effet analogue à celui remarqué à Saint-Pierre avec les vents de S.O.

D'après la position du cyclone le 26 février, position si parfaitement déterminée par les journaux des navires dont nous avons donné l'analyse, les rafales doivent venir du N.E. et nous les voyons en effet de cette direction à Saint-Paul, à 5 heures du soir.

Saint-Denis, qui devrait en souffrir bien plus que Saint-Paul, ne ressent que des vents soufflant tout au plus l'E. 1/4 N.E. et il en est de même le lendemain 27.

Cette fois encore le reflet des montagnes empêche les vents de battre droit en côte et de souffler de la direction indiquée par les nuages, les rafales du N.E. sont infléchies à l'E. 1/4 N.E., à Saint-Denis, au moment où elles se font sentir sans obstacle à Saint-Paul.

La hauteur de ce cyclone ne dépassait guère celle de nos montagnes: Saint-Pierre est resté complètement abrité des vents de N.E. qui n'y ont soufflé qu'en faibles risées, et il ne peut rester aucun doute à cet égard.

En 1850, Saint-Paul a vu les vents de N.O. s'infléchir sur ses montagnes d'une manière analogue à celle que nous venons de rapporter pour Saint-Pierre et Saint-Denis.

Nous avons déjà fait précédemment l'analyse du cyclone de 1850; nous savons donc qu'après le calme qui avait succédé aux rafales terribles du S.E., le vent de N.O. s'est déclaré à Saint-Denis le 2 mars aussi violent que celui du S.E. Un peu plus tard il en était de même à Saint-Pierre, et pendant que ces deux quartiers étaient ravagés par une tempête affreuse du N.O., Saint-Paul, ouvert en plein aux vents de N.O., et qui aurait dû en être particulièrement atteint, n'éprouvait au contraire que des rafales de l'Ouest, avec des intermittences d'accalmie; et il faut remarquer que cet effet se produisait au milieu d'un ouragan dont le centre passait droit sur la Réunion et dont la violence était extrême.

Il nous serait facile de citer de nombreux exemples de faits analogues, chaque année nous avons été à même d'en constater de semblable. Nous pouvons donc avancer, qu'à part quelques rares exceptions, le vent, même pendant les cyclones, ne souffle pas violemment lorsqu'il bat droit en côte.

Souvent, au contraire, on constate une accalmie qui dure aussi long-temps que la direction du vent n'est pas changée, direction indiquée par la chasse des nuages qui passent avec rapidité au-dessus des quartiers préservés par le reflet des montagnes.

Mais si l'on n'a pas toujours à enregistrer ce fait remarquable de l'accalmie, il se produit tout au moins une altération dans la direction du vent qui est infléchi par l'obstacle que lui opposent les montagnes.

Ainsi donc en nous résumant, nous dirons qu'en général, les cyclones dans nos parages n'ont guère plus de 3,000 à 4,000 mètres de hauteur au dessus de l'horizon, souvent même ils n'atteignent pas 3,000 mètres; et que si la rencontre d'une terre n'altère ni la course ni la nature d'un ouragan, elle donne lieu néanmoins, sur les côtes, à des modifications très remarquables dans la direction des vents surtout quand cette terre est dominée par de hautes montages.

Il faut donc tenir grand compte de ces causes d'altération, lorsqu'on étudie les divers phénomènes que présente un cyclone auquel on est soumis, et l'on doit bien se garder de s'en rapporter exclusivement à la direction qu'affectent les rafales; c'est surtout la chasse des nuages qu'il est nécessaire de veiller avec soin, autrement on peut attribuer, à de toutes autres causes que les véritables, les accalmies qui se présentent et les variations du vent qui ne donnent plus alors, à ceux qui sont à terre, une idée exacte de la course du météore.

CHAPITRE VII.

Indices généraux faisant reconnaître la présence d'un ouragan dans l'hémisphère austral. — Indices fournis par l'état du ciel, l'état de la mer, le lever et le coucher du soleil, les vents régnants, le baromètre et le thermomètre. — Indices particuliers à la Réunion.

Nous avons indiqué la direction suivie par un ouragan et la manœuvre à faire dans les différents cas qui peuvent se présenter, il ne nous reste plus qu'à faire connaître les indices qui peuvent éclairer le navigateur, et lui apprendre comment il peut savoir s'il est sous l'influence d'un de ces phénomènes si redoutables !

Indices généraux dans l'hémisphère austral.

Cinq ou six jours avant qu'un cyclone fasse sentir ses atteintes, des cirrus (1) se montrent au ciel le couvrant de longues gerbes déliées, d'un effet original. *Indices fournis par l'apparence du ciel.*

Ces nuages, qui sont généralement considérés comme signes de vent, dans tous les pays, ne manquent jamais de précéder l'arrivée des ouragans.

Un peu plus tard, ces cirrus sont moins accentués, ils se transforment en une espèce d'atmosphère blanchâtre, laiteuse, qui donne lieu à des halos solaires et lunaires si fréquemment observés; ou bien encore ces cirrus se transforment en cirro-cumulus (2) qui donnent au ciel cette apparence que l'on a désignée sous le nom de ciel pommelé.

Puis les cumulus (3) se présentent, ne laissant apercevoir qu'à de rares intervalles les cirrus supérieurs et enfin, 24 ou 36 heures avant les premières rafales, une couche épaisse de cumulo-nimbus (4) se concentre à l'horizon qui se charge de plus en plus et prend un aspect menaçant.

Bientôt quelques nimbus, (5) bas et fuyant avec rapidité, ne laissent plus aucun doute sur la proximité de la tempête dont quelques heures à peine vous séparent, alors il faut se hâter et prendre, si ce n'est déjà fait, toutes les précautions que conseille la prudence la plus minutieuse.

Voila donc les premiers symptômes de l'ouragan qui s'approche, fournis par l'apparence du ciel bien longtemps avant que le navigateur soit enveloppé par le danger qui le menace, la mer lui apporte également des indices qui doivent le mettre en garde: 48 heures, souvent même 72 heures avant, elle grossit et de longues houles font pressentir la direction d'où vont venir les premières rafales. *Indices tirés de l'état de la mer.*

A mesure que le cyclone se rapproche, la mer devient plus grosse, plus tard elle sera terrible au milieu de l'ouragan et sera pour le navire la cause des plus grands dangers.

Nous avons déjà dit que le soleil était fréquemment entouré d'un halo, cet astre produit, en outre, comme signe précurseur, un phénomène très remarquable: quelques jours avant, au moment du lever et du coucher, les nuages se colorent en rouge orangé qui se reflète sur la mer, et cette *Indices fournis par le lever et le coucher du soleil.*

(1) Cirrus. — Nuages composés de filaments déliés et appelés généralement par les marins Barbes-de-Chat.

(2) Cirro-cumulus. — Nuages participant des cirrus et cumulus.

(3) Cumulus. — Nuages arrondis, blancs, nommés communément balles de coton.

(4) Cumulo-nimbus. — Nuages participant des cumulus et des nimbus

(5) Nimbus. — Nuages gris foncé, sans forme bien déterminée et presque toujours accompagnés de pluie.

coloration nous fait assister à ces levers et couchers du soleil si brillants et si magnifiques , qui imposent un sentiment d'admiration profonde à ceux qui ne se doutent pas de l'imminence du danger que revèle ce ravissant tableau.

A mesure que le cyclone se rapproche cette couleur rougeâtre prend une teinte plus prononcée et tirant sur le rouge cuivre , l'aspect du ciel n'offre plus à l'œil, comme précédemment , un spectacle admirable , la teinte cuivrée des nuages est plutôt menaçante et de sinistre augure, et l'appréhension qui en résulte est bien motivée.

Les indices qu'offre la direction des vents sont très peu certains ; souvent il arrive que le calme précède l'arrivée d'un ouragan, et alors de folles brises, variant de tous côtés, n'annoncent en aucune manière la direction future des vents , quelquefois cependant les vents varient suivant la marche probable de l'ouragan qui s'avance, c'est-à-dire que, si l'on étudie attentivement la marche des nuages, on les verra chasser principalement du S.E. et de l'Est, si le cyclone doit passer au Nord du lieu de l'observation, tandis que leur marche sera plutôt du S.E. et du Sud si la perturbation se dirige vers le Sud de l'observateur.

Pendant que les éléments se troublent, et que la Providence envoie , ainsi, des avertissements à ceux qui sont menacés, les instruments, sortis de la main des hommes, viennent à leur tour apporter leur contingent de lumière, et on les voit suspendre leur marche régulière d'une manière assez significative pour un observateur attentif.

Soixante-douze heures au moins avant l'arrivée d'un ouragan, le baromètre commence à baisser, très peu il est vrai, mais assez néanmoins pour éveiller l'attention et annoncer l'approche du météore, quoique éloigné encore de 8 à 900 milles au moins.

Cette assertion paraîtra extraordinaire à ceux qui n'accordent qu'une confiance très limitée à cet instrument, il résulte cependant de la comparaison d'un grand nombre de cyclones, que la baisse barométrique peut être considérée, en moyenne, comme étant de $0^{mm}.8$ à 1^{mm}. soixante-douze heures avant que l'ouragan commence à frapper, et $1^{mm}.5$ à quarante-huit heures avant; c'est-à-dire que, si la hauteur moyenne ordinaire est de 760, le baromètre marquera 759, soixante-douze heures avant les premières rafales, et quarante-huit heures avant il marquera 758 à 757.5 ; dans les vingt-quatre heures qui précèdent l'ouragan la baisse atteint $2^{mm}.$ à $2^{mm}.5$ et le baromètre marque 755.5 à 755 ; enfin au moment des violentes rafales il est à 751 ou 750 environ.

Ce mouvement de baisse dans le baromètre n'est, ainsi, à peu près régulier que lorsque le cyclone s'avance droit sur le lieu de l'observation, car, si le météore passe au Nord ou au Sud à quelque distance , la dernière baisse de 5 millimètres se réduit le plus souvent à 3 et même 2^{mm}.

Il est bon d'observer ici que la baisse indiquée, comme moyenne en vingt-quatre heures, ne peut être constatée que par un observateur qui reste en place, et non pas par un navire dont la route peut rapprocher d'un ouragan et faire activer ainsi l'altération due au mouvement de translation de ce météore.

Une remarque assez importante c'est que, pendant les premiers jours de cette baisse qui précède les ouragans, la marée diurne du baromètre se fait néanmoins sentir, de manière à marquer encore l'heure du maximum, mais l'oscillation est nécessairement moindre qu'à l'ordinaire.

Ce n'est que dans les douze heures qui précèdent qu'on remarque une altération dans la marée diurne, le baromètre baisse alors, même à l'heure du maximum, et il ne doit plus rester de doute sur la proximité de l'ouragan.

Quant au thermomètre, dont nous n'avons pas encore parlé jusqu'ici, il arrive presque toujours qu'il se tient à une hauteur plus grande que la moyenne ordinaire, dans les 48 et 24 heures qui précèdent les premières rafales de l'ouragan. Ce fait se remarque surtout si l'ouragan est précédé d'un calme de quelques jours ; la chaleur est alors étouffante et la hausse du thermomètre devient très sensible.

Indices tirés de la marche du thermomètre.

Je ne citerai pas de chiffres pour la hauteur à laquelle se tient cet instrument, car je n'ai pas pu arriver à une moyenne quelconque pouvant offrir un degré suffisant d'exactitude ; c'est un renseignement qu'il est donné à l'avenir de compléter.

De tout ce qui précède, nous devons conclure que les indices fournis par les instruments, comme signes précurseurs, sont loin d'offrir une précision mathématique ; des observations faites avec soin et en grand nombre peuvent seules conduire à des résultats plus satisfaisants, aussi ne saurions-nous trop engager MM. les Capitaines à ne pas négliger d'apporter le concours de leurs recherches à l'avancement de la science nouvelle.

C'est par des observations simultanées, faites en divers endroits et comparées les unes aux autres, qu'on arrivera à établir des règles fixes, si tant est qu'il soit possible d'atteindre ce but désirable.

Les navires sont autant d'observatoires placés au milieu des mers, c'est donc aux capitaines, qui en sont les directeurs, à recueillir des renseignements qui doivent avoir un si grand intérêt, pour eux surtout qui sont appelés à en retirer les premiers bénéfices.

Indices précurseurs particuliers à la Réunion.

Ces indices généraux, tout en restant les mêmes pour la Réunion, présentent néanmoins quelques modifications provenant de l'influence de la terre ; d'un autre côté, des observations plus nombreuses et faites plus à loisir qu'à bord des bâtiments, ont dû amener un peu plus de précision dans les appréciations qu'on peut tirer de l'apparence du temps et de la marche des instruments, nous allons donc en dire quelques mots :

Les cirrus sont fréquents dans la saison de l'hivernage ; ils sont si bien l'annonce d'une perturbation atmosphérique, qu'on ne les voit jamais paraître à la Réunion dans les mois de la belle saison ; aussi, chaque fois qu'ils se montrent au ciel, doit-on les regarder comme un avertissement de surveiller les instruments, ainsi que tous les indices qui peuvent être fournis par les éléments.

Ces cirrus précèdent l'ouragan quelquefois de cinq ou six jours, et sont la cause de ces halos solaires et lunaires dont nous avons parlé.

Deux ou trois jours avant l'arrivée de l'ouragan, un autre indice, qui ne manque jamais, est fourni par l'état de la mer.

Un très fort courant agit sur les navires mouillés sur les rades de la colonie et indique déjà, à peu près, de quel côté menace le cyclone dont on a reconnu l'existence ; les longues houles, qui règnent au large, viennent battre en grondant sur la plage, mettant en mouvement cette masse innombrable de galets qui nous entourent.

Puis le ras-de-marée se prononce de Saint-Pierre à Saint-Benoît d'abord , gagnant ensuite , de proche en proche , et arrivant enfin à Saint-Denis , où la houle se fait du N.E. et oblige à interdire la communication.

Cette coincidence du ras-de-marée avec l'approche d'un cyclone est très remarquable , et il n'est pas d'exemple d'un ouragan ayant frappé la Réunion sans qu'il ait été précédé d'un phénomène de cette nature.

Ce n'est plus ici comme pour les apparences du ciel, qui font paraitre quelquefois le temps magnifique la veille d'un ouragan , la mer ressent plus sûrement l'influence d'un cyclone , c'est un degré de certitude de plus, et dès qu'on voit grossir la mer , on peut être sûr qu'il existe une perturbation dans le voisinage.

A mesure que le phénomène s'approche , les signes en deviennent plus marqués ; les cumulus ont remplacé les cirrus , et bientôt il n'y aura plus de doute sur l'imminence du danger qui menace : un bandeau noirâtre et épais s'étend du N.E. au S.E. donnant au ciel un aspect sinistre ; les levers et surtout les couchers du soleil présentent ces teintes particulières dont nous avons déjà parlé ; les têtes de cumulus sont d'un rouge cuivré donnant à la mer et à tous les objets à terre un reflet analogue qui fait paraître l'atmosphère embrasée d'un éclat métallique.

Le cyclone est proche !

La mer roule des lames effrayantes sur les rivages où toutes les embarcations ont été halées à terre , et la communication est complètement interdite avec les navires, qui reçoivent l'ordre de prendre toutes les précautions contre le mauvais temps, et de faire les dispositions pour l'appareillage.

Quant aux vents qui règnent à ce moment , ils ne peuvent donner aucun indice sur la marche probable de l'ouragan.

Au milieu du calme qui précède, la plupart du temps , les ouragans , l'influence de la terre fait naître des courants d'air variant de tous côtés, sans indication précise sur la direction future des premières rafales ; j'ai vu souvent, alors que les nimbus chassaient déjà avec rapidité, annonçant la proximité de la convulsion atmosphérique , des folles brises très variables à terre et empêchant l'appareillage par leur direction fâcheuse , il n'y a donc aucun bon renseignement à tirer du vent , la seule étude profitable est celle de la marche des nuages, car les cumulus et les nimbus chassent toujours avant que le vent se déclare et indiquent , d'une manière sûre , d'où viendront les premières rafales.

Dans cette étude de la chasse des nuages on doit, si l'on ne veut pas s'exposer à des erreurs , n'avoir égard qu'à ceux qui passent au zénith, c'est-à-dire droit au dessus de la tête de l'observateur, car il est très difficile , à moins d'une grande habitude , de reconnaître la direction vraie que suivent des nuages un peu éloignés.

A mesure que ces indices se dessinent de plus en plus , il ne faut pas en négliger un qui nous est fourni par les oiseaux de mer : tous ils rallient, à grande hâte, la terre où ils viennent chercher un abri contre les fureurs d'une tempête qu'ils pressentent, espérant ainsi échapper à la mort qui les frapperait probablement au large.

Pendant ce temps le baromètre suit la marche que nous avons indiquée précédemment ; mais , comme rien n'empêche à terre de suivre ses variations d'une manière certaine, nous avons pu nous assurer que c'est au moins quatre jours d'avance que la première perturbation se remarque, et puisque l'on accorde au météore une vitesse de translation de 150 à 200 milles en moyenne par vingt-quatre heures, on voit qu'il est encore au moins à 600 ou 800 milles de la Réunion, lorsque la baromètre revèle sa présence à l'observateur.

La baisse se fait progressivement chaque jour, malgré la grande distance à laquelle se trouve encore le phénomène, jusqu'à ce qu'enfin l'ouragan frappe et détermine une baisse rapide à mesure que le centre se rapproche de la Réunion. Cependant, la marée diurne barométrique continue à se faire sentir, et ce n'est guère plus de 24 heures ou 12 heures avant les premières rafales que l'on voit le mouvement de baisse se bien prononcer. On ne doit pas oublier que l'oscillation diurne atteint en temps ordinaire $1^{mm}5$; si donc on ne la constate pas ou qu'on lui reconnaisse une diminution, c'est évidemment comme si le baromètre avait baissé d'autant; c'est là un indice remarquable et qui s'offre presque toujours, annonçant ainsi, d'une manière certaine, la venue très prochaine de l'ouragan.

On sait du reste, sans qu'il soit besoin de le dire, que l'heure du maximum barométrique est, le matin et le soir, entre neuf et dix heures, et celle du minimum entre trois et quatre heures, du matin et du soir.

Je joindrai ici un tableau indiquant la hauteur moyenne, au niveau de la mer, du baromètre et du thermomètre à la Réunion, pendant les différents mois de l'année. Il est bien entendu que ces moyennes barométriques n'ont pas été ramenées à 0 degré de température; ce sont celles indiquées par l'instrument, et corrigées seulement de la différence produite par la hauteur de l'observatoire au-dessus du niveau de la mer.

Tableau indiquant la hauteur moyenne du baromètre au niveau de la mer, et du thermomètre pendant les différents mois de l'année.

MOIS.	BAROMÈTRE.	THERMOMÈTRE CENTIGRADE.
Janvier	763.79	27.23
Février	763.56	27.50
Mars	763.87	26.69
Avril	764.77	25.32
Mai	766.39	24.28
Juin	768.43	22.01
Juillet	768.93	21.45
Août	769.78	21.19
Septembre	769.30	22.16
Octobre	767.92	22.99
Novembre	766.56	24.73
Décembre	764.92	26.25
Moyenne de l'année	766.49	24.29

Ce tableau contenant les moyennes conclues d'observations faites pendant dix années, servira à reconnaître si le baromètre se tient à sa hauteur normale.

Dès que l'on constate une différence notable avec la moyenne du mois pendant lequel on observe, on doit supposer l'existence d'une perturbation, et il faut suivre avec soin le mouvement de baisse du baromètre.

Ce mouvement de baisse m'a fait reconnaître une particularité intéressante et qui est assez générale pour que je la consigne ici, c'est que, si l'on tient compte du nombre d'heures que cet instrument met à baisser de 5 à 6 millimètres au dessous de la hauteur qu'il indique au moment où sa dépression est bien réellement prononcée, c'est presque exactement après le même nombre d'heures qu'on se trouvera au centre de l'ouragan.

Ainsi, pour ne pas laisser d'ambiguité sur ce que je veux dire, supposons que la hauteur du baromètre avant que les apparences du temps annoncent clairement l'approche d'un ouragan soit 757, et que cet instrument, ayant commencé à baisser d'une manière continue, ait mis 20 heures pour arriver à 752 ou 751, ce sera à peu près également 20 heures plus tard qu'on enregistrera le point minimum du baromètre, et qu'on se trouvera, par conséquent, au centre du cyclone.

Cette remarque peut servir à savoir, approximativement, quelle sera la durée de l'ouragan, en admettant qu'on passe par le centre, puis qu'on sait à combien d'heures on se trouve de ce point central; dans le cas que nous avons supposé, ayant 20 heures à attendre l'arrivée du centre, on peut compter que l'ouragan durera, en tout, à peu-près 34 à 36 heures, car nous avons vu que la seconde moitié de l'ouragan, après le passage du centre, est toujours plus courte que la première.

D'un autre côté on peut aussi arriver à connaître à peu-près si l'on a affaire à un ouragan de grand ou de petit diamètre; plus, en effet, le baromètre mettra de temps à baisser de 5 millimètres, plus grand sera le diamètre de l'ouragan, et plus de temps aussi on restera soumis à son action.

La lenteur de la baisse barométrique peut encore signifier que la vitesse de translation du météore est peu rapide, mais, dans ce cas comme dans celui d'un grand diamètre, cela indique toujours que la durée de la tempête sera plus considérable que dans les circonstances ordinaires.

Ces spéculations sur la durée d'un ouragan n'ont de valeur que dans le cas où le météore passe directement sur le lieu de l'observation, et non pas s'il voyage à quelque distance au Nord ou au Sud. Nous ajouterons même que cette estimation n'est que très approximative.

Il est de plus bien entendu que ces recherches sur la durée probable d'un ouragan, qui peuvent se faire à terre dans un observatoire, sont inutiles, en mer, à un navire qui par sa propre vitesse se rapproche plus ou moins, lui-même, du centre de l'ouragan auquel il est soumis; je n'indique donc ces renseignements que pour ceux qui s'occupent d'observations atmosphériques dans les contrées tropicales de l'hémisphère austral.

L'étude d'un assez grand nombre d'ouragans, voyageant au Nord ou au Sud de Saint-Denis, nous a fait reconnaître une dernière particularité assez curieuse, c'est qu'en général l'ouragan, qui passe au Nord, commence à se faire sentir avec une grande violence quand le baromètre a baissé de 10 millimètres, tandis que, pour l'ouragan qui passe au Sud, le baromètre descend de 16 millimètres avant que l'ouragan commence à frapper sérieusement.

Ces diverses remarques si intéressantes ne doivent pas être regardées comme des règles fixes et immuables; c'est plutôt à titre de renseignement à vérifier plus tard que je me suis permis d'indiquer ce que j'avance ici. C'est une question réservée à l'avenir et mon seul but a été d'appeler l'attention des observateurs sur ce sujet.

Quant au thermomètre, il se tient généralement très élevé avant un ouragan, et sans assigner de degré à la hauteur de cet instrument, on doit considérer comme un indice fâcheux toute hausse anormale manifestée par le thermomètre.

Nous avons dit que des faibles brises variables précèdent souvent les ouragans, ce fait se remarque généralement à la Réunion lorsque le cyclone doit passer directement sur l'île, ou à une petite distance, en venant du N.E. au S.O.; un calme stupéfiant, accompagné de bouffées d'air chaud et étouffant, règne pendant 24 heures et l'on dirait que la nature recueille toutes ses forces, pour accomplir l'œuvre de dévastation qui va marquer le passage du funeste météore. Ce calme précurseur doit donc être considéré comme de très mauvais augure, et faire redouter une convulsion terrible.

L'état de la mer, lorsqu'un cyclone doit passer directement sur la Réunion, offre aussi un renseignement important: le ras de marée, déclaré depuis quelque temps déjà, va en augmentant continuellement pour tous les quartiers qui en sont frappés, Saint-Paul, au contraire, n'éprouve pas de ras de marée précurseur de l'ouragan et c'est à peine si la mer grossit, même pendant la plus grande violence de l'ouragan.

Dans le cas d'un cyclone passant au Nord de la Réunion à grande distance, les vents généraux du S.E. soufflent généralement grand frais 48 heures ou 24 heures avant les rafales appartenant au cercle d'activité de l'ouragan; ces brises de S.E. quelque fraîches qu'elles soient, ne font pas partie de l'ouragan, elles sont bien au contraire la conséquence des vents généraux ou de l'influence de la terre, car elles cessent pendant la nuit pour faire place aux brises de terre, on ne doit donc pas y avoir égard pour se rendre compte de la position du centre du cyclone qui menace.

A mesure que l'ouragan se rapproche en poursuivant sa course au Nord de la Réunion, le ras de marée augmente pour les quartiers du Nord de l'Ile où la mer roule des lames effroyables, tandis que Saint-Pierre, Saint-Louis, Saint-Leu voient au contraire le ras de marée diminuer et la mer, très grosse au large, devenir belle au rivage.

C'est là un indice précurseur bien précieux: dès que le ras de marée qui débute à Sainte-Rose et à Saint-Pierre, gagne de proche en proche jusqu'à Saint-Denis et atteint Saint-Paul, on peut affirmer, presqu'à coup sûr, que le cyclone passera au Nord de l'Ile.

Si l'ouragan doit passer au Sud de l'Ile, les vents généraux du S.E. cessent à l'approche du phénomène; et lorsque les rafales du S.E. au S.S.E. se déclarent, on reconnaît qu'elles appartiennent bien à l'ouragan parce que la baisse du baromètre continue et va en augmentant à mesure que le météore se rapproche.

Quant au ras de marée qui a débuté par Sainte-Rose, Saint-Pierre et Saint-Benoit, on le voit augmenter dans ces localités et atteindre jusqu'à Saint-Denis, sans arriver *jamais* jusqu'à Saint-Paul, puis peu à peu le ras de marée semble rétrograder de Saint-Denis à Sainte-Rose, il diminue sensiblement de Saint-Denis à Sainte-Marie, Sainte-Suzanne, etc., si bien que lorsque les premières rafales du S.O. se font sentir à Saint-Denis, la mer se trouve belle au rivage.

Pendant ce temps le ras de marée n'a pas cessé d'augmenter pour les quartiers du Sud de l'Ile et on le voit gagner successivement Saint-Louis,

Saint-Leu, arrivant par sous le vent jusqu'à Saint-Paul, où il n'est alors que très rarement violent.

Nous pouvons déjà conclure, de ces remarques sur l'état de la mer, que Saint-Denis est on ne peut mieux placé pour reconnaître, à l'avance, le passage d'un cyclone au Nord de la Réunion, tandis que Saint-Pierre est plus favorisé pour ceux qui voyagent au Sud de l'Ile; Saint-Paul est le quartier le moins heureusement situé sous le rapport de la précision des observations, les montagnes empêchent les vents de se faire sentir et la terre est un obstacle pour le développement du ras de marée, de sorte qu'on se trouve plus longtemps qu'ailleurs dans l'incertitude.

Les vents de S.E. sont les vents généraux de l'hémisphère Sud; toutes les fois qu'ils règnent à la Réunion, c'est-à-dire dans tous les quartiers du vent, le baromètre monte s'il n'est pas à son point normal, ou s'y maintient si rien n'est venu l'influencer; lors donc qu'on voit le baromètre commencer à baisser avec les vents généraux, il ne doit rester aucun doute sur l'existence d'une perturbation, quand bien même aucun autre indice ne se remarquerait; celui-là seul suffit pour convaincre l'observateur qu'un cyclone est en mouvement à une distance plus ou moins rapprochée.

Sans aucune influence sur la régularité des brises journalières de terre et de mer, ce météore n'en fait pas moins sentir son action sur les instruments, aussi l'attention doit-elle être éveillée et ne plus se ralentir ni le jour ni la nuit.

Tels sont les signes précurseurs des ouragans à la Réunion.

J'avais pensé que les cirrus, qui en sont les premiers signes avant-coureurs, auraient pu fournir quelques indices de la marche probable d'un ouragan, mais je n'ai rien pu conclure de certain de l'étude à laquelle je me suis livré.

Qu'un ouragan passe au Nord ou au Sud de la Réunion, les cirrus chassent toujours invariablement du S.O. au N.E.; ou du N.O. au S.E.; c'est à peu près la marche qu'ils ont en Europe; il n'y a donc pas de conséquences à tirer de la présence de ces nuages quant à la course future de l'ouragan, ils doivent ainsi que je l'ai dit, servir d'avertissement qu'il faut veiller avec soin les phénomènes qui vont se produire.

Cette étude de la marche des cirrus ne peut, du reste, se faire qu'à terre, leur mouvement est si lent qu'il est souvent très difficile à reconnaître, c'est par comparaison avec des objets fixes à terre qu'on parvient à s'en rendre compte, les navires ne pourraient donc en tirer aucune utilité, en admettant qu'on réussisse à conclure quelqu'induction profitable de la marche de ces nuages.

Mais l'ouragan s'avance et bientôt il va frapper la colonie, les nimbus chassent rapidement sans que le vent souffle encore, et cette fuite rapide des nuages peut, avec ce que nous avons dit des inductions tirées de l'état de la mer, faire pressentir la course probable de l'ouragan.

Si les nimbus, chassant du S.E. au S.S.E., paraissent incliner vers l'E.S.E., les vents suivront la même variation et on doit présumer que le cyclone passera au Nord de l'observateur: si, au contraire, les variations dans la chasse des nuages ont lieu vers le Sud, l'ouragan se dirige au Sud de l'observateur.

C'est donc de l'étude très attentive de la mer et des nuages qu'on peut conclure quelques probabilités sur la marche d'une perturbation; ces probabilités, si utiles au moment où l'on va être forcé d'appareiller, ne peuvent pas être calculées pour tous les cyclones, mais cependant on doit pouvoir le faire assez souvent pour que j'aie cru utile d'insérer, dans la police de rade, des signaux qui font connaître aux officiers commandants à bord des navires, les observations recueillies à terre et les présomptions qu'on en tire.

Malheureusement ce n'est pas la certitude, il n'existe encore que des probabilités que les faits peuvent démentir plus tard, et je ne saurais trop redire à MM. les Capitaines qu'ils ne doivent s'en rapporter qu'à leurs propres observations pour reconnaître si un ouragan, auquel ils sont soumis, passe au Nord ou au Sud du navire qu'ils ont l'honneur de commander; leur manœuvre ne doit être basée que sur la certitude qu'ils acquièrent par eux-mêmes et non sur les présomptions émises par celui qui donne l'ordre de l'appareillage.

Au moment où l'ouragan sévit sur la colonie et développe toutes ses fureurs, l'incertitude cesse et nous savons, à n'en pas douter, quelle est la course de l'ouragan. A la première variation du vent, il ne reste aucun doute et l'on peut prévoir quels seront les quartiers particulièrement atteints, quels seront épargnés.

Nous avons dit déjà comment le baromètre pouvait faire préjuger la durée approximative d'un ouragan; cet instrument nous fournit des données de plus en plus exactes à mesure que le cyclone poursuit sa route.

On sait en effet que, quelle que soit la marche adoptée par l'ouragan: soit directement sur l'île, soit au Nord, soit au Sud, on est au point le plus rapproché du centre dès que le baromètre commence à osciller et que son mouvement de baisse s'arrête. Alors, pendant deux ou trois heures, on voit cet instrument monter et baisser à chaque demi heure, sans avoir de mouvement prononcé, soit en hausse soit en baisse.

C'est un signe presque certain qu'on se trouve à la plus courte distance du centre; la plus grande violence de l'ouragan a été ressentie et les rafales ne vont plus désormais aller qu'en diminuant, c'est donc un indice très rassurant et qui doit ramener l'espoir et la confiance chez tous ceux dont les intérêts sont si cruellement menacés par le passage du météore dévastateur.

Un autre indice de la cessation prochaine de l'ouragan nous est fourni par les éclairs qui sillonnent l'atmosphère, et le tonnerre qui fait entendre ses roulements prolongés.

Il est très rare que ces signes d'électricité s'observent dans la première partie de l'ouragan, au centre on les remarque quelquefois, mais ils accompagnent presque toujours la dernière moitié du cyclone.

Les anciens habitants de l'île avaient coutume de dire que l'orage fesait revenir le beau temps parce qu'il nettoyait l'atmosphère; ces orages ne sont pas la cause de la cessation du mauvais temps mais, comme ils font partie intégrante du phénomène et qu'ils ne se produisent généralement que dans la dernière moitié, l'observation n'en reste pas moins exacte et l'orage annonce réellement que le mauvais temps s'éloigne et tire à sa fin.

Le ras-de-marée qui diminue, indique aussi que l'ouragan va se terminer; dès que la mer s'embellit on peut être certain que la perturbation cessera prochainement.

Nous ne devons pas négliger de faire connaître un dernier symptôme de la course d'un cyclone au large de la Réunion, et à une distance plus ou moins rapprochée.

Chaque fois qu'un cyclone frappe sur la Réunion, nous l'avons tou-

8

jours vu accompagné de pluie, souvent, très abondante ; les pluies torrentielles de l'hivernage ne sont dûes qu'au passage d'une pertubation autour de nous, aussi sont-elles presque toujours accompagnées d'un ras-
de-marée et d'une baisse barométrique plus ou moins prononcée.

La variation des vents, ou plutôt la manière dont la chasse des nuages
change successivement, pendant les quelques jours de la durée de la pluie,
fait reconnaître très facilement si le cyclone a passé au Nord ou au Sud
de l'Ile, et quels sont, par conséquent, les quartiers qui auront eu particulièrement à en souffrir.

Enfin quand le cyclone s'est éloigné et que la mer s'est apaisée, que le
beau temps, tout à fait revenu, ne laisse plus apercevoir aucune trace de
la pertubation qui vient de sévir, les vents généraux reprennent leur
cours, le baromètre remonte à sa hauteur normale, et les marées diurnes
font régulièrement sentir leur action jusqu'à ce qu'un nouveau météore
vienne troubler la marche si parfaite de cet instrument précieux.

Lorsque les choses ne se passent pas ainsi, lorsque après le passage
bien constaté d'un cyclone dans le voisinage, on voit le baromètre s'arrêter dans son mouvement de hausse, on peut être presque certain qu'une
seconde perturbation s'avance et il faut observer avec attention, si quelqu'un des phenomènes indiqués ne vient pas confirmer l'indice qui
est fourni par le baromètre.

Si l'on reconnaît positivement l'existence d'un nouveau cyclone, il est
permis de faire d'avance quelques suppositions sur sa course probable.
En effet, si le premier a voyagé au Nord ou au Sud de l'Ile à une distance
assez considérable pour ne faire que très peu sentir son influence, on doit
craindre que le second ne passe près de la Réunion, tandis qu'au contraire, le second restera assez éloigné de la Colonie, si elle a déjà été fortement
atteinte par le premier.

Ces prévisions ont de grandes chances pour se justifier plus tard, puisqu'il est reconnu que les cyclones simultanés suivent des routes distinctes et qui ne se confondent, que très rarement, les unes avec les autres.

Ainsi, en récapitulant les signes divers qui précèdent, accompagnent et
suivent le passage d'un cyclone autour de la Réunion, nous pouvons les
classer dans l'ordre suivant :

Cirrus, baisse progressive du baromètre, ras-de-marée, élévation du
thermomètre, levers et couchers du soleil rouges et cuivrés, vents variables et quelquefois calme profond, horizon menaçant du N.E. au S.E,
chasse rapide des nimbus et enfin déclaration des premières rafales. Pluie
abondante, baisse rapide alors du baromètre, à mesure que les rafales
augmentent de violence et jusqu'au moment où l'on se trouve à la plus
courte distance du centre, moment indiqué par les oscillations bien mar-
quées du baromètre, qui remonte ensuite à mesure que l'ouragan s'éloigne. Affaiblissement du ras-de-marée, enfin orage plus ou moins violent
coïncidant avec la cessation prochaine du phénomène, retour du beau
temps.

Tels sont à peu près tous les phenomènes qui font reconnaître la
présence d'un ouragan au large ou dans le voisinage de l'Ile. Les uns se
produisent successivement, les autres simultanément, mais il reste bien
entendu que, pour se prononcer avec quelque chance de ne pas se tromper, il faut que les uns et les autres se soient faits remarquer ; il ne faut
pas oublier que les prévisions que l'on tire d'un symptôme de mauvais

augure peuvent être détruites plus tard par une observation nouvelle, en un mot il faut savoir attendre !

C'est là l'écueil des commençants, des observateurs qui débutent ; le moindre signe précurseur leur fait croire à l'existence d'un cyclone, ils en voient partout, en annoncent à tort et à travers, et c'est plus tard seulement qu'ils s'aperçoivent que l'expérience, en ceci comme en toute autre chose, ne s'acquiert qu'au prix de nombreuses erreurs.

CHAPITRE VIII.

Des ras de marée. — Preuve que les ras de marée sont toujours occasionnés par le passage
d'un cyclone à une distance quelconque de la Réunion. — Des inondations. — Preuve que
les inondations et les grandes pluies de l'hivernage sont la conséquence des cyclones.

Nous avons dit qu'il n'existe pas d'ouragans sans ras de marée, ce phénomène est donc un indice des plus certains; il y a cependant beaucoup
d'exemples de ras de marée à la Réunion sans qu'un ouragan ait frappé
la colonie, mais si on n'a pas ressenti les atteintes du cyclone qui produit
le ras de marée, c'est que le météore voyage au large de la Réunion à une
distance qui est quelquefois considérable.

Dès que le ras de marée est prononcé, nul doute qu'il y ait au loin une
perturbation sévissant sur les bâtiments qui se trouvent sur son passage;
j'en ai recueilli de nombreux exemples dont je rapporterai quelques-uns.

Ras de marée produit par le cyclone de la frégate la *Jeanne-d'Arc;* février 1854.

Pendant que la *Jeanne d'Arc* traversait, très près du centre, l'ouragan
dont nous avons parlé (page 27), l'on éprouvait à Saint-Denis des rafales
assez violentes du S.E., avec une baisse légère du baromètre (757.3); la
mer indiquait parfaitement la présence de l'ouragan par un ras de marée
violent, allant en augmentant depuis le 26 février jusqu'au 1er mars et
gagnant, de proche en proche, des quartiers du vent jusqu'à Saint-Paul,
tandis que les cirro-cumulus chassaient successivement du S.E. à E.S.E.
et Est.

La frégate était cependant à ce moment à environ 500 milles au Nord
de la Réunion, et son rapport venait confirmer les suppositions que le ras
de marée et la chasse des nuages avaient fait concevoir.

Ras de marée produit par le cyclone de février 1860.

L'ouragan de février 1860, dont le centre a passé à 90 milles au Nord
et qui n'a causé que peu de dommages aux plantations de l'Ile, a soulevé
la mer d'une manière formidable et un ras de marée des plus violents a
produit, au contraire, des pertes très regrettables aux établissements de
marine. Ici encore les quartiers du Vent étaient frappés les premiers par
le ras de marée.

Dès le 22 la communication était interdite à Saint-Benoit; le 23, à
Sainte-Marie; le 24, au Butor et enfin le soir du même jour à Saint-
Denis.

C'est le lendemain seulement que Saint-Paul était atteint, puis Saint-
Leu et Saint-Louis; Saint-Pierre n'en ressentait aucunement les effets;
la mer restait belle au rivage pendant qu'on la voyait soulevée en montagnes énormes au large.

Ras de marée produit par le cyclone de la frégate la*Belle-Poule* décembre 1847.

Mais, quoique ces ouragans aient passé à grande distance, on en avait
néanmoins ressenti les fortes rafales, c'est ce qui n'a pas eu lieu pour
l'ouragan subi par la *Belle Poule* entre Madagascar et la Réunion, ouragan dont nous avons rapporté toutes les phases à la page 75.

Le 14 décembre 1847, le ras de marée atteignait Saint-Denis où ré-
gnait une jolie brise d'E.S.E. avec toutes les apparences du beau temps,
ce ras de marée devenait très violent le 15 pendant que la frégate se trouvait engagée au centre de l'ouragan terrible, qui lui faisait courir de si
grands dangers et engloutissait la corvette le *Berceau,* à 200 milles au
moins de la Réunion.

Le ras de marée se développait le 15 à Saint-Paul et s'éteignait le 16
sans que Saint-Pierre l'ait ressenti, les vents ayant varié d'E.S.E. à
E.N.E. très faible, et la chasse des nuages ayant été d'E.S.E. à E.,
E.N.E. et N.E.

Quelques années après, le 25 décembre 1852, l'*Indienne* recevait un ouragan des plus violents qui jetait ce bâtiment de guerre à la côte au Nord de Sainte-Marie Madagascar, à 450 milles environ de la Réunion.

La colonie, pendant ce temps, n'avait à souffrir que d'un ras de marée très fort, le ciel était très beau et il ventait une jolie brise du S.E. à l'Est. Les cirro-cumulus, chassant successivement d'E.S.E., Est, E.N.E. et N.E., les 22, 23 et 24, indiquaient suffisamment, par leur marche, le passage de l'ouragan qui occasionnait le ras de marée à Saint-Denis les 22 et 23, commençant à diminuer le 24 décembre.

Voilà donc des ras de marée produits par des ouragans passant au Nord à grande distance, je pourrais facilement en citer de nombreux exemples, mais ce n'est pas nécessaire pour en conclure que, toutes les fois qu'un ouragan passe au Nord, même très éloigné, il cause à la Réunion un ras de marée plus ou moins violent suivant la distance à laquelle il se trouve de l'Ile. Ce ras de marée débute par la partie du Vent, gagne peu à peu les quartiers du Nord de l'Ile jusqu'à Saint-Paul, tandis que Saint-Pierre, après en avoir ressenti les premières atteintes, voit, au contraire, la mer s'embellir rapidement, Saint-Louis et Saint-Leu restant dans un calme complet pendant tout ce temps.

Nous avons parlé d'un ouragan ayant passé au Sud de la Réunion en mars 1860, (page 34); le 22 de ce mois les quartiers du Vent ressentirent un ras de marée qui gagna jusqu'à Saint-Denis le 23, le vent variable du S.O. au N.O. faible; dans la soirée du même jour la mer commença à s'embellir, la chasse assez rapide des cumulus du S.O. et cette circonstance de la mer s'embellissant, après avoir menacé d'un ras de marée, ne laissèrent plus de doute sur la course de l'ouragan au Sud de l'Ile dans sa première branche; à Saint-Pierre en effet la mer continue à grossir en lames monstrueuses produisant un ras de marée des plus intenses qui dura jusqu'au 26 mars c'est-à-dire jusqu'au jour où les navires l'*Amélie*, le *Malouin* et le *Volney* se trouvaient enveloppés, presque au centre de l'ouragan, à environ 500 milles au Sud de la Réunion.

Saint-Paul n'a pas eu de ras de marée, la mer est constamment restée belle, la force du vent seule a forcé les navires à l'appareillage.

A mesure que la mer s'embellissait pour Saint-Denis, et augmentait pour Saint-Pierre les vents soufflaient du S.O., de l'O. et de l'O.N.O., les nuages chassant des mêmes directions et indiquant bien le passage d'un cyclone au Sud de l'Ile et dans la première partie de sa parabole.

Je rapporterai quelques autres exemples de ras de marée dûs à la course d'un cyclone au Sud de la Réunion dans la seconde partie de la parabole :

Nous avons déjà décrit (page 39) l'ouragan subi par le *Duguesclin*, le 6, 7 et 8 juin 1854, par 32°43' latitude et 52°24', c'est-à-dire à environ 700 milles de la Réunion; Saint-Pierre ressentait parfaitement le passage de cet ouragan : Le 7 juin la mer, très houleuse en rade, était encore belle au rivage, mais le 8 un ras de marée très fort se déclarait et durait jusqu'au 9; le temps était beau et le vent variait faible du Sud au S.O., le baromètre n'ayant baissé que de trois millimètres.

Saint-Denis avait pendant ce temps des vents faibles du N.O., la mer très belle, le baromètre en baisse seulement de deux millimètres; les cirro-cumulus chassaient du N.O. puis de l'Ouest, et le 9 la brise générale du S.E. avait déjà fait remonter le baromètre, et effacé dans la chasse des nuages toute trace du passage d'une perturbation au loin.

Ras de marée produit par le cyclone du *Havre et Martinique*; juillet 1852.

Le 25 juillet 1852, le *Havre et Martinique*, capitaine Borkey, se trouvait, par 31°33' latitude et 54°32' longitude, à près de 650 milles de la Réunion, avec une mer excessivement grosse et des vents de N.O. très violents tournant le 26 au S.O. en mollissant; la pluie, la grêle tombaient en abondance c'était un véritable cyclone parcourant la deuxième branche de sa parabole.

Saint-Pierre, le 25, voyait se déclarer subitement un ras de marée excessivement fort, le baromètre n'ayant baissé que de un millimètre, le ciel beau, à demi couvert, et le vent très faible du S.S.E. au S. et S.O; le ras de marée se terminait le 27, après avoir causé des avaries aux caboteurs qui se trouvaient dans le petit bassin, et forcé les navires à mettre sous voiles.

A Saint-Denis le baromètre, qui avait fléchi le 22 jusqu'à 761, s'était relevé le 25 à 764, la mer était belle et une jolie brise de N.O. au O., se fesait sentir; le 26 la mer fut un peu houleuse, les cumulus chassaient du N.O., O. et S.O., malgré une fraîche brise de S.E., et le 27 la mer était devenue magnifique.

Le 5 juillet 1858, le *Prophète*, capitaine Guérin, venant de France, se trouvait par 28°22' latitude et 55°3' longitude, lorsqu'il reçut un coup de vent très violent variant du Nord au N.O. et sautant subitement au S.O. après une accalmie de peu de durée, pendant laquelle le baromètre était descendu à 747; c'est bien encore un cyclone poursuivant sa course vers le S.E. et occasionnant comme à l'ordinaire un raz de marée à Saint-Pierre; la mer, belle le 4, devient affreuse le 5 et un ras de marée des plus intenses sévit à Saint-Pierre jusqu'au 8 suivant, renversant la jetée en construction, bouleversant les travaux du Port, et obligeant les navires à s'éloigner.

Pendant toute la durée de ce ras de marée le baromètre a baissé d'un millimètre seulement; le ciel nuageux permet de voir les cumulus chasser dans les régions supérieures du S.O. et S.S.O. assez vite, pendant qu'une faible brise du S. au S.O. règne en bas. Saint-Denis ne s'en ressent pas autrement que par une jolie brise du N.O., O. et S.O., la mer, belle le 4, devient un peu houleuse le 5 sans que les communications en soient le moindrement génées et les cumulus, après avoir chassé le 3 et le 4 du N.O., tournent le 5 à l'O., puis au S.O., la baisse du baromètre n'ayant pas dépassé, comme à Saint-Pierre, un millimètre.

Ces quelques exemples, que je pourrais multiplier, suffiront pour prouver que les ras de marée sont bien dûs au passage des cyclones au Nord ou au Sud de la Réunion. Nous avons vu quels sont les indices qui indiquent d'une manière certaine la route suivie par un cyclone, nous n'avons plus qu'à insister sur cet enseignement fourni par les ras de marée eux-mêmes, à savoir: que, dans le cas d'un cyclone passant au Nord de la Réunion, le ras de marée, après avoir débuté par les quartiers du Vent, Sainte-Rose et Saint-Benoît, gagne progressivement Saint-André, Sainte-Suzanne, Sainte-Marie, Saint-Denis et Saint-Paul sans atteindre les quartiers Sous-le-Vent, tandis que si le cyclone voyage au Sud de l'Ile, le ras de marée, après avoir débuté par Saint-Pierre et Sainte-Rose, arrive souvent jusqu'à Saint-Denis mais jamais jusqu'à Saint-Paul et qu'ensuite le ras de marée gagne progressivement les quartiers Sous-le-Vent de Saint-Pierre à Saint-Louis et Saint-Leu, atteignant jusqu'à Saint-Paul à mesure que les quartiers du Nord de l'Ile souffrent de moins en moins du ras de marée qui mollit chaque jour.

Dans le cas où le cyclone passe au Sud de l'Ile, après avoir déjà voyagé au Nord, c'est-à-dire lorsqu'il parcourt la seconde branche de la parabole, les quartiers Sous-le-Vent de l'Ile éprouvent un ras de marée plus ou moins violent de Saint-Paul à Saint-Pierre, tandis que les quartiers du Vent n'en reçoivent aucune atteinte; les nuages chassent alors du N.O., puis de l'O. et enfin du S.O. indiquant, par leur marche successive, le passage d'un cyclone au Sud de l'Ile en route vers le S.E. ; c'est alors dans le Sud que le ciel se charge, et le Nord reste au contraire beau ou presque beau.

Si l'ouragan passe à grande distance soit au Nord soit au Sud, sans faire sentir son action autrement que par un ras de marée, les nuages qui en révèlent la présence sont des cirro-cumulus, lorsque l'ouragan se rapproche un peu, ce sont les cumulus qui l'indiquent et qui suivent la marche que nous venons de faire connaître.

Ce sont là des indices qui, avec la baisse plus ou moins prononcée du baromètre, peuvent donner une idée de la distance à laquelle passe une perturbation.

J'ai eu souvent occasion de reconnaître ainsi l'existence de perturbations qui avaient lieu à de grandes distances, et qui n'avaient pas d'autre influence sur l'Ile qu'un ras de marée plus ou moins violent.

Dans l'hivernage les ouragans passent presque toujours au Nord de l'Ile parcourant la première branche de leur parabole, et ce sont alors les quartiers du Vent jusqu'à St-Denis qui souffrent des ras de marée; Saint-Pierre et les quartiers Sous-le-Vent ne s'en ressentent généralement pas, aussi cette saison est-elle pour ces quartiers le temps de la mer calme et tranquille.

Dans la belle saison au contraire, c'est-à-dire de mai à novembre, les cyclones formés ne peuvent pas se développer dans la première partie de leur course. Ils ne parcourent, à la surface de la mer, que la deuxième branche de leur parabole, et forment ainsi ces tempêtes au Cap de Bonne-Espérance et au Sud de la Réunion, par les latitudes de 30° à 35°, tempêtes qui produisent, en atteignant la longitude de la Réunion, des vents d'Ouest et de S. O., ainsi que des ras de marée très violents à St-Pierre, forçant les navires à l'appareillage, tandis que les quartiers du Nord sont épargnés.

Pendant que ces perturbations sévissent à Saint-Pierre, Saint-Denis voit les vents généraux suspendre leur marche régulière, et les vents d'Ouest se faire sentir en même temps que le baromètre baisse sous l'influence du cyclone qui passe au loin dans le Sud.

C'est là ce qui explique la différence si remarquable qui existe entre la partie Nord et la partie Sud de l'Ile, quant au régime suivi par la mer, pendant les deux saisons qui divisent notre année climatérique.

Quelquefois cependant on voit dans les mois de juillet et d'août, la mer grossir au rivage de St-Denis de manière à interdire la communication, c'est qu'alors, le cyclone formé a, par une circonstance exceptionnelle, pu développer ses effets à la surface de la mer dans la première branche de sa parabole, les cumulus chassent du S. E., E. puis N. E. et un vent violent de cette partie se fait sentir à la Possession et à St-Paul, soufflant peu à St-Denis de cette dernière partie par la raison que nous avons dite.

Mais encore une fois ces perturbations de la mer à St-Denis, pendant les mois de la belle saison, sont très rares et surtout insignifiantes quant aux navires qui ne sont jamais obligés d'appareiller en cette saison.

Ainsi donc nous pouvons dire certainement qu'un ras de marée, sur quelque point qu'il se fasse sentir à la Réunion, indique toujours le passage, à une certaine distance, d'un cyclone plus ou moins violent. Les deux phénomènes sont intimement liés, le premier est toujours l'annonce du second quand bien même la marche des vents n'en serait pas troublée.

Des inondations.

Preuve que les inondations sont la conséquence des cyclones.

Je parlerai maintenant des inondations et des pluies torrentielles qui se présentent souvent dans l'hivernage, nul doute que ces pluies, bienfaisantes presque toujours, terribles quelquefois par les désastres qui les accompagnent, ne soient la conséquence immédiate de cyclones passant à distance de la Réunion.

Personne n'ignore que les ouragans sont accompagnés de pluies abondantes, c'est un phénomène que l'on observe toujours quand la colonie est frappée par un de ces météores, ainsi les ouragans de 1806 et de 1850, dont le centre a passé sur la Réunion, ont été suivis d'inondations désastreuses.

L'ouragan de 1818, dont le centre a passé si près de Maurice, a également causé une inondation générale et tout dernièrement nous venons de voir, en février 1861, les mêmes accidents se renouveler pour cette colonie.

Si l'on fait attention à la route suivie par ce dernier cyclone et qu'on se rappelle les faits consignés au tableau que nous en avons dressé, (page 93), on remarquera qu'une inondation partielle s'est présentée pour divers quartiers de la Réunion : Saint-Benoit, Sainte-Rose, Saint-Joseph et Saint-Pierre ont vu leurs rivières déborder en torrents menaçants; le pont de la Rivière de l'Est a été emporté, plusieurs ont été fortement endommagés dans ces localités, tandis que les rivières étaient à peine gonflées par les eaux dans les autres quartiers de la colonie.

Ainsi le cyclone passe très près de Maurice qui souffre d'une inondation générale, et poursuivant sa route au S.E. et au Sud de la Réunion, ce sont les quartiers du S.E. et du Sud de l'Ile qui sont inondés.

La course de l'ouragan de 1818 a été à peu près la même que celle du cyclone de février 1861, les mêmes effets s'étaient présentés et Saint-Pierre avait également eu à supporter les désastres d'une inondation.

Ce qui arrive lorsqu'un ouragan sévit sur la Réunion se présente aussi lorsqu'il passe à une certaine distance, ce sont les quartiers les plus rapprochés de son passage qui souffrent de pluies torrentielles dont le résultat est souvent l'inondation.

Pour mieux faire saisir la corrélation qui existe entre le passage des cyclones et les inondations, j'ai dressé le tableau suivant qui fait bien voir que les mêmes causes amènent les mêmes effets.

Tableau comparatif des phénomènes météorologiques observés pendant les inondations de janvier 1844 et février 1860.

Janvier 1844.

DATE.	BAROMÈTRE.	ÉTAT DE LA MER.	VENTS.	OBSERVATIONS.
1er	759. 50.	Mer grosse.	Grains S.E. à E.S.E.	Pluie et orage.
2	760. 00.	Id. Appareillage.	Id. E.S.E. à E.N.E.	Id. abondante.
3	758. 00.	Mer très grosse.	N.E. rafales.	Id. Id.
4	745. 50.	La mer s'embellit.	N.O. et O.N.O.	Id. Id. Inondation.
5	753. 00.	Mer belle.	O.N.O. jolie brise.	Quelq. grains de pluie, le temps s'embellit.

Février 1860.

DATE.	BAROMÈTRE.	ÉTAT DE LA MER.	VENTS.	OBSERVATIONS.
8	761. 00.	Mer grosse.	Grains S.S.E. à S.E.	Pluie très abondante le soir.
9	759. 50.	Idem.	S.E. à E.S.E.	Id. surtout dans l'après-midi.
10	757. 40.	Mer très gr. Appareil.	E. et E.N.E. rafales.	Id. Inondation.
11	756. 50.	La mer s'embellit.	N.N.O. et N.O. rafales	Id. par grains très abondants.
12	757. 00.	Mer belle.	O.N.O. rafales.	Pluie par grains. Le temps s'embellit.

A la seule inspection de ces tableaux comparatifs, n'est-on pas frappé de voir que les phénomènes qui précèdent et accompagnent ces deux inondations sont presque identiquement les mêmes? Ras de marée, vents tournant d'une manière semblable, baisse progressive du baromètre à mesure que le vent varie, c'est pour ainsi dire le signalement d'un seul et même fléau dévastateur, aussi doit-on conclure que ces deux inondations procèdent d'un seul et même principe, d'une seule et même cause déterminante.

Est-il besoin de dire que nous reconnaissons dans ces deux exemples tous les signes d'un cyclone passant au Nord de la Réunion? J'espère qu'aucun de nos lecteurs ne s'y sera trompé, les variations du vent l'indiquent suffisamment et l'erreur n'est pas possible.

On a encore présents à la mémoire les désastres qui ont accompagné l'inondation de février 1860, ce fut le renouvellement un peu amoindri des malheurs de 1844.

Tous les quartiers du vent et du Nord de l'Ile de Sainte-Rose à Saint-Denis ont souffert des ravages d'une inondation très intense, tandisque tous les quartiers du Sud, de Saint-Philippe à Saint-Louis, voyaient le niveau de leurs rivières s'exhausser un peu sans être la cause de la moindre inquiétude.

Nous savons donc désormais que ces inondations, ces pluies torrentielles sont bien la conséquence du passage des cyclones au large de la Réunion; ces pluies torrentielles, si bienfaisantes lorsqu'elles ne dégénèrent pas en inondations désastreuses, viennent rafraîchir l'atmosphère des pays intertropicaux ; sans elles la Réunion serait inhabitable autant par son climat brûlant que par la destruction annuelle des moissons, séchées sur pied par l'ardeur d'un soleil implacable. Si les cyclones ravagent les pays qui sont directement sur leur passage, s'ils font courir aux navires les plus grands dangers, ce sont eux aussi qui fertilisent les contrées qu'ils visitent, par les pluies fécondantes qu'ils répandent sur les bords de la vaste circonférence qu'ils embrassent.

CHAPITRE IX.

Influence des quartiers de la lune sur les changements de temps et les ouragans.

Une question bien controversée et qui compte encore bon nombre de partisans parmi les marins est celle de l'influence de la lune sur les changements de temps, combien en est-il parmi eux qui attendent ou redoutent avec anxiété un changement de quartier dans la lune pour amener un changement de temps? Combien de fois n'entend-on pas dire : c'est la nouvelle lune, c'est le premier quartier, etc, qui nous amène ce temps là, ou bien encore la lune à commencé mauvaise, nous en aurons pour tout le quartier?

C'est là cependant une erreur bien reconnue par les observateurs consciencieux, et l'on peut dire hardiment que ce n'est qu'un préjugé sans aucune espèce de fondement.

Malheureusement les vérités les plus incontestables ont besoin de se produire dans un milieu favorable pour être admises sans contestation, et quoiqu'on écrive ou qu'on répète, ce préjugé subsistera longtemps encore, surtout parmi les marins.

Les marins sont naturellement observateurs, leur vie se passe à la mer et leur devoir, autant que leur loisir forcé, les oblige à s'occuper du temps et à prévoir, autant que possible, les changements qui vont survenir.

Ceux qui ont pour eux l'expérience parlent avec assurance de l'influence de la lune, et ne manquent pas de faire remarquer avec soin les événements qui coïncident avec les prédictions qu'ils ont faites; on évite de parler des circonstances où cela n'arrive pas, et on accueillerait avec le plus grand dédain le jeune homme qui voudrait présenter quelques objections aux idées généralement adoptées.

Pleins de confiance dans leurs supérieurs par le grade aussi bien que par l'expérience acquise, les jeunes gens admettent l'influence de la lune sur le temps comme une vérité maritime fondamentale qu'on ne se donne pas la peine de vérifier par soi-même, et la tradition passe ainsi de bouche en bouche et passera longtemps encore, malgré toutes les protestations des météorologistes. Il est si facile de se laisser aller au courant des idées reçues et si pénible de le remonter ou de le combattre !

Et cependant à y regarder de près que devrait-on croire d'une idée admise par tous mais qui n'est cependant pas la même pour tous? Les uns disent que le changement de temps se présente surtout aux changements de quartier, les autres que c'est le troisième jour avant ou le troisième jour après, beaucoup enfin que c'est surtout pendant les trois jours avant ou les trois jours après qu'on doit s'attendre à ce phénomène, et chacun de ces partisans de la lune vous affirme que c'est le résultat d'une longue expérience, qui s'appuie sur des faits que chacun cite avec autorité.

D'où vient donc que l'expérience n'a pas révélé la même conclusion à tous ces observateurs? C'est que l'expérience acquise n'est que le résultat d'observations incomplètes et mal faites et qu'en réalité rien ne vient corroborer ce qu'avancent les uns et les autres.

Je n'ai jamais compris, du reste, que les habitants de la Réunion aient pu croire à cette prétendue influence de la lune en voyant combien est différente chaque année climatérique pour les deux parties de l'île : au Vent et Sous-le-Vent.

Tous les ans, il nous arrive d'entendre les habitants de la partie du Vent se plaindre des pluies incessantes pendant trois et quatre mois de suite, de mai à septembre, et en même temps les sucriers des quartiers Sous-le-Vent se désespèrent en songeant à la sécheresse qui brûle leur récolte. Où donc est l'influence de la lune et comment produit-elle de la pluie à St-Joseph, St-Philippe, Ste-Rose et St-Benoit , et au même moment de la sécheresse de Saint-Paul à Saint-Louis?

A cela l'on objecte que la conformation de l'île est la seule cause de cette différence. Cela est évident ! Nos montagnes élevées arrêtent les nuages provenant de l'humidité dont sont saturées les brises générales du S.E. qui règnent dans les quartiers du Vent, tandis que les vents d'O. de la partie Sous-le-Vent sont secs et ne donnent pas lieu au même phénomène ; la condensation s'opère dans les quartiers du Vent et amène la pluie, en même temps que la sécheresse règne dans l'autre partie de la colonie, mais qu'a de commun la lune avec ce phénomène? Autant dire qu'elle est la cause des différentes brises qui soufflent autour de l'île!

On ne se rend donc pas compte de ce préjugé presque général dont sont atteints les habitants de la colonie comme d'une maladie incurable.

J'ai fait des recherches pour voir s'il était basé sur quelque donnée un peu certaine et j'ai compulsé les cahiers laissés par M. Desmolières qui, dans un seul but scientifique, a fait des observations à St-Denis pendant 18 ans. Chacun sait avec quel scrupule il s'astreignait aux obligations qu'il s'était imposées, il y a donc peu de lacunes dans les observations faites par ce modeste savant et c'était une mine précieuse que je me suis empressé de mettre à profit.

En y joignant mes propres observations pendant huit années, j'ai recueilli 8947 jours d'observations pour lesquels j'ai recherché les variations de temps qui se sont présentées dans les diverses phases de la lune ; j'ai noté d'abord tous les changements dûs à la pluie seulement et je suis arrivé aux chiffres du tableau suivant.

Tableau indiquant le nombre de jours de pluie dans les divers quartiers de la lune, pendant 26 années d'observations à peu près sans interruption.

	N. L.	P. Q.	P. L.	D. Q.
Jours du quartier........	85	108	99	97
Un jour après..........	90	80	96	96
Deux jours après.......	87	84	95	98
Trois jours après.......	90	86	92	95
Quatre jours après......	86	85	87	98
Cinq jours après........	80	89	83	90
Six jours après.........	102	92	101	102
TOTAL	620	624	653	676
MOYENNE.	88	89	93	96

Soit un total de 2573 jours de pluie sur les 8947 jours d'observation.

Il y a dans ce tableau une différence en faveur de quelques jours lunaires, mais pas assez marquée cependant pour établir une règle générale, j'ai pensé alors à une objection que pourraient faire les partisans de l'influence lunaire, c'est que par changement dans le temps on n'entend pas nécessairement qu'il doive y avoir de la pluie, j'ai refait alors les moyennes en ayant égard à tous les changements sensibles, c'est-à-dire que s'il fesait beau un jour et que le temps vint à se couvrir le lendemain, je comptais un changement, si une brise fraiche succédait à un calme, j'enregisterais une variation, je suis arrivé ainsi à un total de 3534 changements dans le temps, total qui s'est réparti de la manière suivante pour chaque quartier de la lune :

Tableau indiquant les changements de temps dans les divers quartiers de la lune, pendant 26 années d'observations à peu près sans interruption.

	N. L.	P. Q.	N. L.	D. Q.
Jour du quartier	128	131	127	125
Un jour après	121	122	122	127
Deux jours après	127	120	119	125
Trois jours après	130	127	116	121
Quatre jours après......	117	121	134	130
Cinq jours après	119	123	128	134
Six jours après.........	134	121	137	138
TOTAL.............	876	865	883	910
MOYENNE..........	125	123	126	130

A l'examen de ce tableau il serait bien difficile de dire quelle influence la lune a sur le temps, les moyennes générales sont tellement rapprochées les unes des autres et celles de chaque jour lunaire sont si peu différentes qu'en vérité je partage l'embarras dans lequel vont se trouver les partisans quand même de l'influence lunaire, et je préfère les laisser se prononcer pour le jour de leur prédilection, peut-être trouveront-ils dans ce tableau ce que je ne saurais y rencontrer.

J'ai poussé plus loin mes recherches et j'ai voulu voir si la règle, découverte par le maréchal Bugeaud dans un manuscrit espagnol, se vérifiait ici, et j'ai le regret de dire que je n'ai pas été plus heureux.

On sait que la règle adoptée par le maréchal Bugeaud est celle-ci :

Le temps se comporte onze fois sur douze, pendant toute la durée de la lune, comme il s'est comporté le cinquième jour de la lune, si le sixième jour le temps est resté le même qu'au cinquième.

Et neuf fois sur douze comme le quatrième jour, si le sixième jour ressemble au quatrième.

Je dois dire d'abord que sur plus de 1,300 lunaisons la règle n'a pu servir en tout que 358 fois.

Sur ces 358 fois, 314 ont été données par l'accord du cinquième au sixième jour et 44 seulement par la concordance du quatrième et du sixième jour de la lune.

Dans le premier cas, la règle s'est vérifiée 188 fois sur les 314 observations c'est-à-dire 7 fois sur 12, au lieu de 11 fois sur 12.

Dans le second cas la règle a été exacte 26 fois sur 44 soit encore 7 fois sur 12 au lieu de 9 fois sur 12.

Mais il y a à faire une remarque importante : il est bien reconnu que pendant la belle saison, de mai à octobre inclusivement, le temps général est beau à St-Denis et que la pluie ou le mauvais temps sont extrêmement rares dans ces mois de l'année, on ne devrait donc pas compter les coïncidences qui ont lieu par beau temps dans cette saison, et si on les retranche on n'arrive plus alors qu'aux chiffres suivants : 114 fois la règle a été exacte sur 240 pour le cinquième jour soit un peu plus de 5 fois sur 12 et 14 fois la règle s'est vérifiée sur 32 pour le quatrième jour, soit aussi un peu plus de 5 fois sur 12, ce qui est bien loin des chiffres posés dans la règle énoncée.

Cette fois encore nous ne saurions découvrir l'influence que la lune peut exercer sur le temps général.

Mais en voilà bien assez sur cette prétendue influence lunaire ! Après avoir lu les pages qui précèdent, combien qui répèteront encore : Il a beau dire, j'ai fait des expériences moi-même, j'ai fait des observations, en un mot j'ai vu ! Et cependant Dieu sait quelles sont ces expériences et ces observations ! Dieu seul sait ce qu'ils ont vu, car eux n'en savent rien et ils seraient bien embarrassés de citer une date précise et des faits qu'on puisse facilement contrôler.

Quoiqu'il en soit, et quelle que puisse être d'ailleurs l'influence lunaire sur le temps ordinaire, toujours est-il que cet astre n'en a aucune sur les cyclones qui parcourent la mer des Indes. M. Bousquet, observateur sur les travaux duquel on peut compter, a recherché avec soin les phases de la lune, pendant lesquelles avaient eu lieu les diverses perturbations qui se sont fait sentir depuis 35 ans, il est arrivé au tableau suivant que j'ai complété de quelques observations faites par moi-même.

Tableau de quelques perturbations ressenties à Maurice et à la Réunion dans les divers quartiers de la lune.

Nombre de jours.	N. L.		P. Q.		P. L.		D. Q.		Coincidences.
	Avant	Après	Avant	Après	Avant	Après	Avant	Après	
1	2	2	2	2	2	2	2	2	N. L. 1
2	2	3	2	2	3	2	3	3	P. Q. 2
3	3	3	2	6	2	3	4	2	P. L. 2
									D. Q. 2
	7	8	6	10	7	7	9	7	
Total des perturbations.	15		16		14		16		7

On voit, à l'inspection de ce tableau que le nombre des perturbations est à peu près le même dans chacun des divers quartiers de la lune; que le nombre de jours avant ou après tel ou tel quartier est insignifiant, et que les coïncidences avec un changement de quartier sont des exceptions au lieu de former la règle générale.

En supposant qu'on mette de côté le tableau ci-dessus, et en négligeant les conclusions qu'on en tire, n'est-il pas évident pour tous ceux qui nous ont suivi jusqu'ici, et qui admettent avec nous la réalité de la science cyclonomique, que l'influence de la lune sur les cyclones est une véritable chimère dont l'étude a fait raison complète?

N'est-il pas parfaitement démontré qu'un cyclone voyage pendant 10, 15 et même 20 jours pour accomplir sa course totale, et n'en doit-on pas conclure alors, que le même cyclone peut frapper un navire en nouvelle lune par exemple, un second en premier quartier et un troisième en pleine lune? Chacun des capitaines de ces trois navires aura le droit d'attribuer à l'un de ces trois quartiers de lune le désastre qui l'aura frappé, et cependant ce sera le même phénomène qui aura rencontré ces trois navires, l'un après l'autre, sur la route qu'il est appelé fatalement à parcourir.

Pour les cyclones donc j'espère que, dans peu d'années, il sera reconnu que la lune n'y est pour rien et cette vérité mènera à la même conclusion pour les autres mauvais temps, car il sera bientôt prouvé que tous les coups de vent, toutes les bourrasques, en quelque parage qu'on se trouve, appartiennent à des cyclones de la même espèce que ceux des tropiques, mais plus ou moins violents selon qu'ils sont plus ou moins rapprochés de cette zone si dangereuse.

Impossibilité de prévoir si les cyclones seront fréquents pendant l'hivernage.

Après avoir vu que l'influence de la lune était complètement nulle sur le nombre et l'intensité des cyclones, on se demandera si l'on peut prévoir, pendant la belle saison, le temps qu'il fera dans l'hivernage :

Les îles de Maurice et la Réunion, qui se trouvent, pour ainsi dire, sur le passage des cyclones, sont tout naturellement très exposées à se voir ravagées dans la mauvaise saison par les météores qui sillonnent les mers intertropicales; chaque année, en effet, on voit passer autour de ces deux îles des perturbations nombreuses qui pourraient tout aussi bien les frapper directement; les relations des coups de vent supportés par les navires à quelque distance viennent confirmer les suppositions faites à terre, et nous apprendre que dix ou douze cyclones, souvent plus, circulent tous les ans à quelque distance dans les quatre à cinq mois d'hivernage; comment donc prévoir à l'avance si ces phénomènes frapperont ou non les îles sœurs, quelles observations peuvent guider en cette matière?

La prévoyance humaine est ici en défaut comme en bien d'autre chose; la Providence, seule, qui tient en ses mains la destinée de tous, et qui mesure à chacun la part de maux qui lui est assignée dans ses décrets impénétrables, sait à l'avance si nous serons épargnés ou bouleversés par les ouragans.

J'ai bien souvent entendu avancer que les années sèches, c'est-à-dire celles pendant lesquelles il tombait peu de pluie, dans les mois de la belle saison, étaient aussi les années fertiles en coups de vent; d'autres prétendent que ce sont au contraire les années pluvieuses, de sorte qu'il n'y a aucune foi à ajouter à ces opinions divergentes qui ne sont basées sur aucune étude suivie et consciencieuse.

Je serais porté à croire, cependant, que les années sèches pendant la belle saison peuvent faire supposer un hivernage tourmenté et voici pourquoi :

En admettant qu'il tombe en général par an à la Réunion la même quantité d'eau, ce qui est à peu près exact, il est évident que la sécheresse de la belle saison doit être compensée par une pluie plus abondante dans l'hivernage. Nous avons démontré que les pluies torrentielles n'étaient que la conséquence du passage des cyclones autour de l'île; plus les pluies seront abondantes et fréquentes, plus les cyclones seront nombreux, et peut-être y a-t-il dans cette observation un indice dont on puisse tirer quelque conséquence pour l'avenir. Je dois avouer néanmoins que je n'ai pu obtenir aucun résultat positif de mes études à cet égard.

Une opinion assez généralement accréditée consiste à croire que l'hivernage doit être mauvais toutes les fois que le temps de la belle saison est est troublée, c'est-à-dire lorsque les vents d'Ouest règnent plus généralement qu'à l'ordinaire à Saint-Denis.

J'expliquerai plus loin que les vents d'Ouest, qui arrivent jusqu'à St-Denis, ne sont que la conséquence des cyclones qui voyagent au loin par les latitudes du Cap de Bonne-Espérance, ce serait donc établir une corrélation entre les coups de vent de ces parages et ceux qui doivent se faire sentir plus tard dans les régions tropicales; j'ai fait quelques recherches à ce sujet et je n'ai malheureusement pas pu arriver à un résultat appréciable.

Les vents se partagent en moyenne pendant l'année de la manière suivante :

Tableau indiquant le nombre de jours dans l'année pendant lesquels le vent souffle de diverses directions à Saint-Denis, Saint-Paul et Saint-Pierre.

VENTS DE	Nord.	N.E.	Est.	S.E.	Sud.	S.O.	N.O.	Ouest
St-Denis	2	12	100	172	17	9	18	27
St-Paul	1	95	12	3	5	145	37	48
St-Pierre	2	3	85	143	33	50	35	7

Ce tableau fait voir combien la direction générale des vents est différente pour Saint-Denis et Saint-Paul, les vents de la partie Est dominent à St-Denis au nombre de 284, tandis que St-Paul enregistre 230 jours de vents de la partie Ouest; Saint-Pierre se rapproche des moyennes de St-Denis, cependant les vents de la partie Ouest y sont plus fréquents.

La moyenne des vents de la partie Ouest, (S.O., O. et N.O.) est pour St-Denis de 54; sur lesquels la moyenne, pendant les mois de mai à novembre, est de 26.

En 1820 le nombre de jours de vents d'Ouest dans la belle saison a été de 36 et autant en 1840; cependant les hivernages de 1821 et 1841 n'ont pas été plus mauvais que les autres. Il n'y a eu que 24 jours de vents d'Ouest en 1859, et nous avons vu, en 1860, les navires forcés à l'appareillage quatre fois différentes, et on n'a pas encore oublié les désastres du mois de février si fatal aux navires dans cette année déplorable.

Rien donc de démontré dans cette nouvelle assertion et rien qui puisse nous faire émettre quelque supposition probable sur le temps qu'il doit faire dans la saison de l'hivernage.

Les seules prévisions certaines sont celles dont j'ai parlé précédemment, et qui ne s'appliquent qu'aux observations faites pendant les quelques jours qui précèdent la déclaration d'un coup de vent. Quant à prévoir deux ou trois mois d'avance les chances que nous aurons à courir pendant l'hivernage, c'est je le répète, absolument impossible dans l'état actuel de nos connaissances, et il n'y a aucune croyance à ajouter aux prédictions de ceux qui les font avec tant d'assurance chaque année.

De la fréquence des cyclones dans les divers mois de l'année.

La saison pendant laquelle se développent les ouragans dans l'hémisphère Sud, de l'équateur au tropique, est généralement comprise entre les mois de décembre et avril inclusivement, il y a donc cinq mois de surveillance incessante pour les marins qui naviguent dans ces parages.

Ces cinq mois ne sont pas également redoutables et le relevé des cyclones observés nous apprend que c'est dans le mois de février qu'on a eu l'occasion d'en constater le plus grand nombre, vient ensuite le mois de mars, puis le mois de janvier, le mois d'avril et enfin celui de décembre.

Quelques cyclones se font sentir dans les autres mois de l'année en mai, juin, septembre, octobre et novembre mais ils sont rares.

C'en est assez cependant pour qu'un capitaine attentif ne se laisse pas surprendre, en se basant sur ce que la saison d'hivernage est passée et qu'il n'y a plus rien à craindre.

J'en citerai quelques exemples pour mettre en garde ceux à la vigilance desquels l'existence de tous est confiée à bord, et qui ont entre leurs mains des intérêts si considérables.

Le 9 mai 1852, le navire français l'*Hortensia*, capitaine Legonidec, appareillait de la Réunion pour Calcutta. Le 13 au soir, étant par 10° latitude Sud et 55° longitude Est, le vent de S.E. augmenta très rapidement de manière à forcer le navire à mettre à la cape sous le grand hunier, après avoir perdu la grand'voile.

Le vent hâla successivement le S. et le S.O. ventant ouragan, et la baisse rapide du baromètre le fit tomber à 730. A une heure du matin, le 14, le grand hunier est défoncé et casse la grand'vergue, toutes les voiles sont emportées, enfin, à 5 heures, une accalmie de peu de durée permet de dégager le navire; bientôt cependant le vent reprend au N.N.O. avec la plus grande violence, le navire se couche et engage et le salut de tous oblige à couper le grand mât; on fuit vent arrière sous le petit foc, et à 5 heures du soir, les vents halent le N.O. et le N., diminuant de violence ; le navire peut alors être redressé.

C'est bien là un cyclone complet à travers le centre duquel l'*Hortensia* s'est précipitée, il n'y a pas à s'y tromper.

Nous avons rapporté l'exemple de la *Junon* qui, du 3 au 6 mai 1860, s'est trouvée enveloppée dans un cyclone des plus violents, nous n'y reviendrons donc pas.

9

Le *Héro*, juin 1860; latitude 17° 18' Sud, longitude 70° 48' Est.

Le *Jules César*, novembre 1854 ; latitude 6° Sud, longitude 83° Est.

Du 25 au 27 juin 1860, le navire prussien le *Héro*, capitaine Michaclir, reçoit une très violente tempête entre 17°48' à 19°7' latitude Sud, et 70°48' à 66°36' longitude Est; les vents variant du S.E. à E.S.E. et Est et le baromètre ayant baissé jusqu'à 733.

Ce navire, qui avait fait route dans la partie dangereuse du cyclone, rentre à Maurice où une voie d'eau considérable le force à relâcher.

Le 20 novembre 1854, le *Jules César*, capitaine Gachet, revenant de l'Inde à la Réunion, se trouvait par 6° latitude Sud et 83° longitude Est lorsque le temps prit une apparence très menaçante, le baromètre en baisse et les vents de S.E. soufflant avec la plus grande violence.

Le 21, à 2 heures du soir, il vente ouragan, les bastingages sont enlevés par une mer monstrueuse ; la pluie tombe à torrents et des éclairs sinistres sillonnent à chaque instant le ciel de tous côtés.

A 9 heures du soir les vents, qui ont hâlé l'E.S.E. et l'Est, cessent subitement et une accalmie d'une heure succède aux rafales terribles qu'on vient de supporter; pendant ce temps, le ciel est magnifique au zénith, les étoiles se montrent dans toute leur splendeur, obscurcies de temps à autre par de légères brumes qui chassent rapidement du N.O., des éclairs rougeâtres se succèdent sans interruption dans le N.O. qu'ils éclairent d'une lueur sinistre semblable à des feux de Bengale.

A 10 heures l'ouragan se déchaîne de nouveau de l'Ouest et du N.O., avec la même force que précédemment et le navire n'y échappe qu'après avoir perdu ses voiles et ses canots.

Inutile de dire que, là encore, nous avons un exemple de cyclone bien caractérisé.

En complétant le relevé dressé par M. Piddington, pendant 39 années, avec les renseignements que j'ai pu me procurer moi-même, nous arrivons au tableau suivant:

Moyenne du nombre des cyclones observés dans l'hémisphère Sud pendant les différents mois de l'année dans les régions tropicales.

Janvier.	Février.	Mars.	Avril.	Mai.	Juin.	Juillet.	Août.	Septembre.	Octobre.	Novembre.	Décembre.
9	14	10	8	4	1	...	...	1	1	4	4

Je n'ai pas pu me procurer de relation de cyclones dans les mois de juillet ni d'août, il doit cependant y en avoir mais ils sont excessivement rares; ce tableau n'en montre pas moins combien il faut être attentif dans tous les mois de l'année, et ne pas se fier aux indications généralement admises quant à l'intervalle de temps qui limite la saison d'hivernage.

Dans les autres mois, le premier indice et le plus certain qui doit faire reconnaître à un capitaine qu'il est sous l'influence d'un cyclone, c'est la baisse du baromètre avec les vents de S.E. ou d'Est; il ne faut pas oublier que les vents de cette partie maintiennent toujours le baromètre très haut quand ils appartiennent aux vents généraux.

Si donc le contraire se produit, si le baromètre baisse avec des vents de la partie de l'Est, c'est que ces vents appartiennent à un cyclone qu'il faut veiller et fuir, exactement comme si on était dans l'hivernage.

Dans les mois de la belle saison il est très rare que les cyclones atteignent les longitudes de Maurice et la Réunion, ils courbent généralement avant, entre 65° et 80° de longitude se rapprochant progressivement des deux Iles, qui ne sont guère sérieusement menacées que dans les mois de janvier, février et mars ; on peut donc être sans crainte à la Réunion du commencement de mai au commencement de décembre, il faut remonter à l'année 1779 pour retrouver un cyclone un peu violent le 17 mai. Mais il n'en est pas de même pour les capitaines qui naviguent au Sud de l'équateur, quelque soit le mois de l'année dans lequel on se trouve à la mer dans ces parages ; on doit toujours surveiller les indices qui dénotent la présence d'un cyclone afin de ne pas se laisser surprendre.

CHAPITRE X.

Instructions pour les navires qui appareillent des rades de la Réunion. — Précautions à prendre avant l'appareillage. — Route à faire après l'appareillage: lorsque le cyclone passe au
Nord de la Réunion; lorsqu'il passe au Sud de la Réunion; lorsqu'il frappe directement sur
la Réunion; lorsqu'il descend entre Madagascar et la Réunion. — Route à faire pour le
retour au mouillage.

Instructions pour les navires appareillant des rades de la Réunion.

Maintenant que j'ai à peu près dit tout ce qui est nécessaire pour prémunir les capitaines contre les ouragans de l'hémisphère austral, je parlerai particulièrement de ce que doivent faire les navires mouillés sur les
diverses rades de la Réunion et des précautions à prendre pendant la saison de l'hivernage.

Précautions à prendre avant l'appareillage. Les navires, qui en tout temps doivent être affourchés, auront dans
l'hivernage une embossure sur la chaîne de l'ancre de l'Est, afin de pou-
voir appareiller promptement au premier signal, en démaillonnant la
chaîne; l'embossure sera prise de manière à faire abattre au large en
appareillant.

De bons orins munis de bouées seront toujours frappés sur les ancres
et sur l'embossure.

Messieurs les capitaines veilleront à ce que le chargement soit toujours
installé de manière à assurer une bonne navigation, et prendront en
même temps les plus grandes précautions pour que l'arrimage ne soit
pas exposé à être jeté, d'un bord à l'autre, par un coup de roulis.

On recommandera la plus grande surveillance aux signaux de la Direction du port, et on exigera que les quarts de nuit soient régulièrement
faits.

La brigantine et les focs seront toujours parés à être hissés et bordés;
les voiles de cape enverguées et des faux bras de basses vergues et de
grand hunier mis en place.

Les bouts dehors seront dépassés et réunis aux dromes.

Les dromes seront bien saisies, ainsi que les embarcations qui ne doivent pas servir ordinairement. Les gardes du gouvernail seront visitées
et les palans mis sur la barre du gouvernail, afin de pouvoir remplacer
la drosse si elle venait à casser. Des prélarts seront toujours disposés et
prêts à être cloués sur les panneaux dès que la violence de la mer l'exigera.
Les pompes seront visitées et garnies avec soin.

Un relèvement exact du mouillage sera fait tous les soirs et avant l'appareillage.

Précautions à prendre après l'appareillage. Immédiatement après l'appareillage, les bâtiments prendront des dispositions pour pouvoir mouiller, s'ils étaient drossés vers la terre par les
courants et les calmes qui règnent quelquefois à l'approche d'un ouragan.

Les mâts de perroquet seront dépassés dès qu'on sera assez au large
pour ne rien craindre de la terre.

Les vergues devront être bien assujetties, les balancines et les palans
de roulis renforcés, s'il est possible. Les voiles inutiles fortement rabantées avec des drisses de bonnettes.

Les bosses de bout et serre-bosses des ancres seront doublées, et enfin
les haches montées sur le pont pour couper un mât si c'était là un dernier
moyen de salut. Dès que l'ouragan est déclaré, il n'est plus nécessaire

de mettre la barre dessous pour tenir la cape, le navire se maintient en cape sans cela, et l'on a toujours, au contraire, une peine infinie à le faire arriver lorsque cela devient indispensable.

Mettre la barre dessous est donc inutile ou plutôt nuisible, c'est exposer le gouvernail et la barre à être brisés par la violence des coups de mer qui frappent sur le navire.

Toutes ces recommandations sembleront peut-être exagérées et par trop minutieuses, mais on ne saurait prendre trop de précautions pour prévenir les effets funestes des ouragans qui soufflent dans nos parages.

Tout doit être prévu avant que le coup de vent soit déclaré; au milieu de la violence d'un ouragan il n'y a rien à faire, rien qu'à courber la tête si, par négligence, on n'est prêt pour tous les événements qui doivent infailliblement se présenter.

Lorsque le temps devient menaçant et que l'appareillage est ordonné, la manœuvre des navires est tout d'abord commandée par l'obligation d'échapperr à la proximité de la terre, les capitaines ne sont donc pas libres de leurs mouvements.

Nous avons dit qu'en général les cyclones de l'hivernage passaient au Nord de la Réunion, voici donc ce qu'il y a à faire pour échapper aux désastres qui menacent chaque année les bâtiments qui déradent:

Route et manœuvre à faire, après l'appareillage, pour les bâtiments mouillés sur les rades du Nord de l'Ile, de Sainte-Rose à la Possession.

Faire route au Nord en quittant la rade, jusqu'à ce qu'on soit à 10 ou 12 milles de terre, et se placer sous une voilure extrêmement restreinte, car les ouragans soufflent souvent d'une manière aussi subite que violente.

Si le vent souffle déjà grand frais et à fortes rafales et qu'on voit le baromètre baisser rapidement, il faut virer de bord sans hésiter et prendre la cape *babord amures*, jusqu'à ce que, par les variations du vent, on puisse reconnaître la course de l'ouragan.

A la distance où l'on se trouve de la côte, et quelle que soit la direction du vent, on n'a rien à craindre du voisinage de la terre, quoique la route du navire paraisse l'en rapprocher.

Si, après l'appareillage, les vents du S.E. à l'Est quoique soufflant grand frais sont cependant maniables, si l'état du temps n'est pas encore assez obscur pour empêcher de distinguer autour de soi, si, en un mot, on n'a aucune crainte des abordages, je conseillerai à tous les bâtiments qui se trouvent sur les rades de la partie Nord de l'Ile, de Sainte-Rose à la Possession, de laisser porter sous leur voilure réduite et d'aller se placer par le travers de Saint-Paul, et même plus Sud si c'est possible, toujours à 10 ou 12 milles de terre en cape *babord amures*.

C'était la manœuvre de nos anciens et c'était là bonne. Persister à faire route au N.E., est la plus fâcheuse des déterminations, c'est aller se précipiter au devant du danger dont on est menacé!

Mais dès que l'ouragan est complètement déclaré, dès qu'il commence à y avoir incertitude sur la position des navires qui vous entourent, on doit reprendre promptement la cape *babord amures*.

On attend ainsi à la cape que le vent ait varié, pour voir si la route doit être changée ou conservée.

En général les ouragans commencent à souffler du S.E. au S.S.E.

Si le vent hâle l'E.S.E. et l'E., c'est à dire adonne dans ses variations pour le navire qui est en cape babord amures, le cyclone passe au Nord de la Réunion, et l'on peut être certain que les variations du vent continueront à l'E.N.E., N.E. et Nord; il est bien évident alors que la cape *babord amures* doit être conservée. Avec de telles amures, on ne court aucun risque d'être masqué par les sautes du vent puisqu'il adonne toujours, et on échappe surtout au grand danger des coups de mer par l'arrière, danger inévitable si l'on avait les amures à tribord, parce qu'il faudrait laisser porter dès que le vent refuserait.

Ainsi que je l'ai dit déjà, la direction du navire vers la terre ne doit pas préoccuper; le chemin fait en ligne directe est complètement nul, tandis que la dérive pousse au contraire le navire dans l'O. et l'O.S.O. où l'entraîne, bien plus rapidement encore, le courant produit par le mouvement de translation de l'ouragan, courant et dérive assez rapides pour porter les navires à 50 lieues quelquefois dans l'Ouest de l'Ile pendant la durée du mauvais temps. Surtout pas de fuite, dans ce cas d'un ouragan passant au Nord d'un bâtiment!

Si la violence du vent est telle que le navire ne puisse plus prêter côté et engage, si le salut de tous exige impérieusement le sacrifice de la mâture, qu'on se débarrasse du mât d'artimon, qu'on coupe le grand mât si c'est indispensable; mais, dès que le navire se relève, il faut conserver la cape babord amures et ne fuir sous aucun prétexte, lorsque les vents ont déjà varié jusqu'à l'Est, car je ne saurais trop le répéter, ce serait courir volontairement à une perte inévitable.

Si le vent de S.E. hâle le S.S.E. et le Sud, il est certain qu'il continuera à hâler le S.O. et l'O. et que le cyclone passera au Sud de la Réunion.

Si le navire conservait les amures à babord, le vent lui refuserait dans toutes ses variations, il faut donc virer de bord et persister à la cape tribord amures lorsque le vent n'est pas trop violent et ne fatigue pas trop le bâtiment.

Mais il n'y a que cette seule circonstance qui puisse motiver la cape à tribord, toujours on doit débuter par la cape *babord amures*, et ne la changer que dans le cas où les variations du vent indiquent clairement la course du cyclone au Sud de l'Ile et du bâtiment qui en est menacé.

Il est bien évident que, dans cette position, la meilleure route à faire serait de fuir au Nord, mais, lorsqu'on pense que quarante ou cinquante navires sont à peu de distance les uns des autres, lorsqu'on sait qu'au milieu de ces phénomènes terribles on ne distingue en aucune manière devant soi, même pendant le jour, comment s'exposer au danger si imminent d'un abordage, qui doit amener presque certainement la perte des deux navires qui se rencontrent dans un choc effroyable!

Si le temps n'est pas assez mauvais pour empêcher de voir autour de soi, à la distance de quatre ou cinq encablures, alors on peut fuir grand largue, autant que possible, pour s'éloigner du centre du cyclone, mais dès que l'incertitude se représente, il faut reprendre la cape tribord amures.

Nous avons conseillé de laisser porter, au début, sous le vent de Saint-Paul, mais c'était dans la supposition que l'appareillage avait lieu avec les vents de S.E. et dans l'ignorance où l'on se trouvait de la course future du cyclone, il n'est pas nécessaire de dire que, si les vents étaient déjà fixés au Sud, et bien plus encore au S.O., au moment de l'appareillage, il faut bien se garder de chercher à atteindre Saint-Paul et l'on doi manœuvrer, ainsi que nous venons de le dire, soit en prenant la fuite grand largue si elle est possible, soit en se mettant en cape tribord amures.

Si les vents de S.E. ne varient pas, et si les rafales vont en augmentant à mesure que le baromètre baisse, le cyclone passe droit sur la Réunion et sur le navire, qui va être exposé à toutes les fureurs de l'ouragan et soumis, pour ainsi dire, à deux tempêtes aussi affreuses l'une que l'autre quoique soufflant de deux directions parfaitement opposées.

Manœuvre à faire dans le cas d'un ouragan passant directement sur la Réunion.

La position est bien critique et l'on ne sait pas ce qui peut advenir d'un bâtiment dans une aussi cruelle situation, mais que faire? La fuite doit vous sauver certainement, va-t-on s'y résoudre?

Je redoute à tel point les chances d'un abordage, que je n'ose conseiller cette manœuvre au milieu de tous les navires dont on est entouré, et cependant c'est la seule manière d'agir.

Si les rafales de pluie n'obscurcissent pas l'atmosphère assez pour empêcher de distinguer à quelque distance, c'est praticable, mais qu'on veille bien sans cesse et de toute manière! Qu'on n'oublie pas qu'une minute de négligence peut causer la mort de tous ceux qui sont à bord d'un bâtiment en fuite, s'il a le malheur d'en aborder un autre!

Si l'on a pu fuir et si l'on a réussi à placer son bâtiment dans le côté maniable du cyclone, ce qui est indiqué dès que les vents sont au S.O., il faut s'arrêter et prendre la cape tribord amures, jusqu'à ce que la hausse du baromètre et le beau temps permettent de songer au retour.

En tout cas et quelle que soit la position d'un navire, en déradage des rades de la colonie, par rapport à un cyclone, répétons encore qu'il ne doit jamais prendre la fuite la nuit sous peine de s'exposer aux plus grands dangers.

Nous avons dit qu'en général les ouragans commençaient par souffler du S.E., mais il arrive quelquefois que le cyclone frappe la Réunion quand il descend du Nord au Sud, en passant entre cette Ile et Madagascar. Nous en avons cité des exemples dans le cours de cette étude, les vents alors sont N.E. au début, tournant ensuite au Nord et au N.O.

Manœuvre à faire dans le cas d'un ouragan qui descend du Nord au Sud, entre Madagascar et la Réunion.

Si les vents sont N.E. au moment où appareillent les navires qui sont mouillés sur les rades du Nord de la colonie, il faut se hâter d'atteindre Saint-Paul, en s'éloignant de terre le plus possible, afin de pouvoir faire le tour de l'Ile lorsque les vents hâleront le Nord et le N.O. La bordée de l'E.S.E. au plus près est mauvaise, la lame du ras de marée pousse à terre ainsi que la dérive, et il est certain qu'on sera jeté à la côte dès que les rafales seront assez violentes pour empêcher de manœuvrer.

Si le vent est déjà Nord au moment de l'appareillage, les deux bordées de l'Est et de l'Ouest sont également périlleuses surtout si la brise est faible, on doit cependant préférer celle de l'Est parce que les vents hâleront sûrement le N.N.O. et le N.O., et donneront aux navires facilité pour s'élever de la côte.

Comme on le voit, cette circonstance d'un ouragan qui frappe la Réunion en descendant du Nord au Sud, est la plus défavorable pour les navires qui se trouvent dans la partie Nord, et surtout en rade de St-Denis, heureusement cela ne se présente que dans de rares exceptions.

Les navires qui sont dans les quartiers du vent appareillent toujours avant ceux de St-Denis, parce que le ras de marée et les rafales de S.E. se font sentir plus tôt dans ces quartiers; s'ils se décident à laisser porter sur St-Paul, je les engage à se tenir autant que possible en vue de St-

Denis avant de le faire, afin de ne s'éloigner que si l'ordre en est donné par la Direction du port de cette localité. Cependant si le vent est faible et paraît hâler le N.E., il faut s'éloigner de terre aussi promptement qu'on le peut, sans chercher à rallier Saint-Denis.

Manœuvre à faire pour les navires mouillés sur les rades des quartiers sous le vent.

La route à faire au début pour les navires qui sont mouillés sur les rades des quartiers sous le vent, de St-Pierre à St-Paul, est tout naturellement indiquée puisqu'ils se trouvent là où je conseille aux autres d'aller se placer, la seule préoccupation des capitaines est de s'éloigner de terre, et lorsqu'ils s'en trouvent à 10 ou 12 milles, ils doivent comme toujours prendre la cape *babord amures*.

La manœuvre à faire ensuite est exactement la même que celle indiquée précédemment pour les différents cas qui peuvent se présenter. Il n'y a rien à changer à ce que nous venons de conseiller aux navires qui appareillent des rades de la partie Nord de l'Île.

Il n'est pas nécessaire de dire que toutes ces prescriptions sont indiquées dans la supposition que le vent est déjà frais au moment de l'appareillage, et qu'on est bien sûr qu'il dépend du cyclone qui est en marche.

Si on se hâtait de manœuvrer avec les folles brises qui précèdent souvent les ouragans, on s'exposerait à de graves erreurs, il faut savoir attendre dès qu'on est à 12 ou 15 milles de terre, en cape *babord amures*, avant de se décider à une manœuvre quelconque.

Manœuvre à faire pour le retour au mouillage.

Après avoir subi les diverses phases d'un ouragan, il faut songer à revenir au mouillage et se hâter afin de ne pas perdre un temps si précieux dans la saison d'hivernage. Aussi, dès que le vent mollit un peu, doit-on faire de la toile autant que possible, afin de se mettre en bonne position pour revenir au mouillage.

Quelle que soit, du reste, l'apparence du temps, les indices les plus certains, ceux qui ne trompent jamais, sont fournis par le baromètre ; dès qu'il monte, le navire a supporté la plus grande violence de l'ouragan et, s'il a résisté jusqu'à ce moment, il ne doit plus craindre les effets du vent qui n'ira plus désormais qu'en diminuant jusqu'au retour du beau temps.

Si l'ouragan a passé au Nord, le navire a été nécessairement obligé de conserver la cape *babord amures* et la dérive, autant que le courant de translation, le placent dans l'O.S.O. et peut-être le S.O. de la Réunion à une assez grande distance ; on doit donc profiter des vents de N.E. et de Nord appartenant encore à l'ouragan pour se hâler dans l'Est le plus possible, et se mettre en position de profiter des vents généraux aussitôt qu'ils auront remplacé le mauvais temps.

Si l'ouragan a passé au Sud, le navire, soit qu'il ait pris la fuite, soit qu'il se soit mis en cape tribord amures, se trouve dans le N.O. de la Réunion, il doit alors manœuvrer promptement et profiter des vents d'Ouest et de N.O., dépendant du cyclone, pour revenir au mouillage, ce qui lui est toujours facile puisque ces vents lui permettent de courir grand largue. Il est encore bien moins nécessaire que précédemment d'attendre le retour du beau temps pour manœuvrer ; dès que l'horizon s'est un peu éclairci , dès que la hausse du baromètre est bien marquée, il faut rallier au plus vite, et un navire bien commandé doit toujours, dans ce cas, atteindre ses amarres avec les vents qui appartiennent encore au cyclone qui l'a forcé à l'appareillage.

Si on néglige de faire ainsi, si on attend que le temps soit entièrement remis, on peut se trouver pris au large par des calmes prolongés , ce qui arrive souvent à la suite des ouragans , et on est exposé à perdre du temps sans nécessité , faute d'avoir adopté promptement une manœuvre plus intelligente.

Je ne terminerai pas ce que j'ai à dire des manœuvres concernant les navires mouillés sur les diverses rades de la colonie, sans combattre cette opinion que les ouragans arrivent comme des coups de foudre et qu'on peut être surpris au moment où on s'y attend le moins.

Un cyclone donne des signes de son existence trois ou quatre jours au moins avant qu'il ne frappe; un observateur attentif sait donc très bien , au moment de se livrer au repos, s'il peut le faire en toute sécurité ; les nuits qui exigent une veille absolue sont rares dans l'hivernage, et les surprises ne peuvent avoir lieu que pour les officiers qui ne veillent pas, ou qui ne veulent pas apprendre à connaître les pronostics si intelligibles des phénomènes de la nature.

D'ailleurs tous les hivernages ne sont pas mauvais, et la colonie a vu des périodes de sept et huit années sans avoir à souffrir des atteintes d'un ouragan.

Qu'on ne s'effraye donc pas outre mesure et qu'on n'oublie pas que le sort du navire dépend toujours de son bon état de navigabilité, et des précautions qu'on aura prises avant d'être obligé de mettre sous voiles.

Un navire bien lesté et bien préparé peut toujours supporter, sans trop de dommages, les fureurs d'un ouragan pourvu qu'il manœuvre convenablement; nous avons eu, en 1860, la preuve qu'un ouragan n'est à redouter que pour ceux qui ignorent les règles si simples que nous avons établies, ou qui ne veulent pas s'y confier.

Dans certains cas même il vaut mieux se trouver à la mer que dans un port sur lequel passe le centre d'un ouragan. L'île Maurice a eu ses jours de ravages horribles, et si la Réunion a enregistré de si nombreux désastres maritimes, cela n'est dû qu'à l'ignorance où l'on était, jusqu'ici, des lois qui président à la marche de ces météores.

Un Port n'abrite pas les navires dans ces cataclysmes de la nature et Port-Louis a gardé le souvenir de sinistres immenses.

En 1761, l'escadre de d'Aché a été presqu'entièrement détruite par un cyclone qui a chaviré et broyé, les uns contre les autres, les navires de guerre qui s'étaient réfugiés au Port-Louis.

En 1786 un ouragan terrible a causé des avaries désastreuses à tous les navires dans le port.

En 1818 nous avons déjà dit, page 87, que presque tous les navires ont fait de graves avaries; quelques uns ont chaviré et une frégate anglaise a été jeté à la côte dans le trou fanfaron.

En 1824, 50 navires ont été endommagés et un grand nombre a été à la côte.

Enfin en 1861 nous venons de voir les mêmes effets se produire. Un navire a sombré , plusieurs ont été jetés à la côte, et presque tous ont fait des avaries plus ou moins considérables, tandis que nous avons vu tous nos navires appareillés, revenir sans avoir beaucoup souffert et n'ayant que quelques avaries insignifiantes.

J'ai eu occasion de dire, page 22, qu'à Mozambique, port plus favorablement disposé pour les navires que celui du Port-Louis, il n'était resté que trois navires à l'ancre à la suite du cyclone qui s'y est fait sentir en 1858 ; une goëlette de guerre, des bricks, des trois-mâts et de nombreux bateaux arabes ont été jetés à la côte qui a recueilli, en outre, les cadavres de nombreuses victimes.

Le port, dans cette circonstance, loin d'être un abri devient un danger auquel il est impossible de se soustraire. Nos rades foraines sont donc préférables dans certains cas, et un officier, sûr de son navire, doit mettre à la voile sans la moindre appréhension, se reposant sur sa prudence et son sang froid pour échapper aux chances d'un combat qu'il doit envisager avec une confiante tranquillité !

CHAPITRE XI.

Manière d'utiliser un cyclone pour faire la route qui conduit à destination. — Manœuvre à faire pour le navire qui revient de l'Inde à la Réunion. — Manœuvre à faire pour un navire qui vient de France à la Réunion et qui se trouve par les latitudes de 20° à 25°. — Manœuvre à faire pour les navires qui se trouvent par la latitude du Cap de Bonne Espérance, en route d'Europe à la Réunion. — Manœuvre à faire pour un bâtiment qui retourne en Europe. — Conclusions de la première partie.

Nous sommes enfin arrivés près du but que nous nous étions proposé; nous avons expliqué la nature du phénomène, toujours si redoutable pour les ignorants, et toujours si redouté même des plus instruits.

La marche en est désormais parfaitement connue, nous savons quelle est la direction des vents qui règnent dans telle ou telle partie de ces météores, nous connaissons la vitesse moyenne dont ils sont animés, et nous n'ignorons aucune des manœuvres qui doivent être faites pour éviter de se jeter au centre si fatal de ces phénomènes désastreux, ne serait-il pas possible alors d'utiliser ces agents de destruction et de combiner sa manœuvre selon le point de destination du navire, en allant précisément chercher les vents dont on a besoin.

La vapeur est un agent bien terrible, bien difficile à manier, on est cependant parvenu à en écarter les effets funestes et le génie de l'homme l'a forcé à obéir à ses moindres volontés. Pourquoi donc un cyclone ne deviendrait-il pas un auxiliaire à la navigation et ne servirait-il pas à celui qui a bien compris que les dangers qu'il présente peuvent être facilement évités?

C'est chose très facile et c'est à le prouver que je consacrerai le dernier chapitre de la première partie du travail que j'ai entrepris.

Manière d'utiliser un cyclone pour faire la route qui conduit à destination.

Manœuvre à faire pour un bâtiment qui va de la Réunion dans l'Inde.

Un navire partant de la Réunion à destination de l'Inde fait route au N.E. autant que possible; il est bien évident que, s'il se trouve sous l'influence d'un cyclone, débutant généralement par les vents de S.E. avec baisse du baromètre, et qu'il continue sa route au N.E., il va se jeter tête baissée au centre de l'ouragan d'où il ne sortira que mutilé, écrasé, et peut-être même y restera-t-il englouti. Ce vent de S.E. qui paraît si favorable au capitaine inexpérimenté doit au contraire éveiller sa plus grande attention; la baisse barométrique indique clairement qu'il dépend d'un ouragan, il faut donc immédiatement changer la route sans attendre trop longtemps, si l'on ne veut pas s'exposer aux plus grands dangers.

Dès que le baromètre a atteint 758 à 755, on doit savoir, d'après les variations du vent, quelle position on occupe par rapport au centre du cyclone, il n'y a donc plus à hésiter.

Deux manœuvres sont possibles, mais il y en a une qui peut être tentée avec avantage, si l'on est bien sûr de sa position.

La première consisterait, comme nous l'avons indiqué, à se mettre en cape *babord amures*, après avoir pris les précautions les plus minutieuses que suggèrent la prudence et l'habitude de la mer, puis à attendre que le cyclone, poursuivant sa course, s'éloigne du navire.

On se soumet ainsi aux événements, et c'est la manœuvre d'un homme qui se résigne aux désastres qu'il ne sait comment conjurer, abandonnant son navire à la garde de Dieu après avoir pris toutes les mesures conseillées en pareil cas.

Advienne que pourra ensuite ! Le cyclone peut passer sur le bâtiment, l'œuvre de destruction peut s'accomplir, le capitaine est en règle, il a fait ce que conseillent les auteurs, personne n'a rien à lui dire excepté ceux dont l'existence compromise aurait pu être sauvée par une détermination plus intelligente !

Mais celui qui s'est bien pénétré de ce que nous avons dit, ne doit pas ainsi courber la tête sous le fatalisme, à la manière des Mahométans ! Si Dieu est grand, on sait aussi qu'il vous aide à raison des efforts que l'on fait pour se soustraire aux mauvaises chances qu'il vous envoie, et c'est alors que le calcul froid et raisonné va conduire un capitaine instruit à une manœuvre bien autrement féconde en résultats admirables.

Supposons que, le vent variant du S.E. 1/4 Sud au S.E. 1/4 Est, le navire soit en B (figure 46) avec le baromètre à 755 et toutes les apparences d'un mauvais temps. D'après le tableau que nous avons dressé pour la distance à laquelle reste le centre, suivant la hauteur du baromètre, nous voyons que le centre se trouve au minimum à 157 milles de distance du navire, qui a environ 21 heures avant d'y être exposé.

Supposons toutes les circonstances les plus défavorables, qu'au lieu de 157 milles il n'en soit qu'à 130, et que le cyclone soit animé d'une vitesse de 12 milles dans son mouvement de translation, au lieu d'en parcourir 8 comme c'est la moyenne ordinaire, le centre sera en O, à 11 heures du navire au lieu de 21, et cependant le capitaine a encore plus que le temps suffisant pour couper en avant du cyclone, afin d'aller se placer dans la partie maniable, où règnent des vents plus modérés et favorables à la route qui doit le conduire à sa destination. Que le navire B, en effet, laisse porter vent arrière sans hésiter, six heures après il aura parcouru 60 milles au moins, et sera parvenu en C, après avoir coupé la ligne de translation du cyclone, et le centre qui, pendant ce temps, a marché de 72 milles jusqu'en P, ne se trouvera plus du navire qu'à environ 60 milles.

En C le bâtiment rencontrera les vents de Sud et sera obligé de courir au Nord, deux heures après il sera en D et le centre en R à une distance un peu moindre que précédemment ; supposons qu'elle ne soit plus que de 50 milles, le baromètre aura baissé de 755 à 740, les rafales auront certainement augmenté de violence, mais le plus fort est fait !

En D les vents sont S.O., remettant en route le navire qui regagne bien vite le chemin qu'il a fait au N.O., et qui, utilisant des vents favorables, voit promptement le temps revenir au beau avec les vents d'Ouest et de N.O.

En pleine mer il n'y a aucun risque à tenter cette manœuvre intelligente et on ne doit pas hésiter.

L'hésitation n'est, du reste, pas permise si l'on songe que, dans l'hivernage, la zône parcourue par les ouragans, est généralement comprise entre 12 et 20° de latitude, c'est-à-dire à peu près dans les parages où se trouve le navire, que nous avons supposé parti de la Réunion ou de Maurice pour l'Inde.

En restant en place à la cape, *babord amures*, un capitaine est donc presque sûr de voir passer très près de lui le centre du cyclone qui le menace, et d'être entraîné souvent très loin du point où il s'est mis en cape au début, sans compter les avaries auxquelles on est exposé.

Il ne faut pas se laisser influencer par la baisse barométrique qui se produit et les rafales qui augmentent d'intensité, surtout il ne faut pas croire que c'est la route adoptée qui en est cause, les mêmes phénomènes se fussent présenter en restant à la cape et la distance à laquelle on serait passé du centre eût été moindre encore, car le point B n'est pas à 50 milles de la trajectoire et de plus on serait resté dans le demi cercle dangereux.

On ne doit donc pas changer la route, il faut au contraire poursuivre hardiment la manœuvre adoptée, avec la certitude qu'on ne tardera pas à voir bientôt revenir le beau temps.

N'oublions pas qu'il ne faut pas hésiter trop longtemps avant de fuir; A 755 de hauteur barométrique, il est temps de se décider, plus on tarderait, plus on passerait près du centre et alors ce pourrait être dangereux.

Je ne saurais trop rappeler ici de nouveau que, si les vents, au lieu d'être du S.E. au S.E ¼ Est, ainsi que nous l'avons supposé, avaient déjà varié à l'Est, il serait trop tard pour chercher à passer dans le demi cercle maniable où sont les vents favorables, la seule manœuvre à conseiller et à faire est la cape *babord amures*.

Si par hasard on s'était trompé et si on passait trop près du centre, ce qu'indiquerait la baisse excessive du baromètre aussi bien que la violence inouïe des rafales, il ne faut pas oublier qu'on ne doit plus fuir dès que les vents sont N.O. Quelle que soit la fureur du vent, la cape doit être prise tribord amures s'il est impossible de continuer la route au N.E., car la fuite au S.E. avec les vents de N.O. ramènerait du côté du demi cercle dangereux, et on retomberait dans l'inconvénient qu'on a voulu éviter.

Par la manœuvre que nous conseillons, un capitaine profite des vents d'un ouragan pour faire la route à laquelle il est destiné, et bien loin de redouter un cyclone, il s'en sert avec la connaissance certaine de ce qui doit lui arriver et des événements auxquels il peut être soumis.

Nous avons eu occasion de signaler l'adoption de cette manœuvre en février 1860 par les navires la *Somme*, l'*Angèle*, l'*Alfred* et la *Victorine*, manœuvre qui leur a si bien réussi; en pleine mer je n'hésiterais jamais à l'exécuter, et je crois devoir la conseiller à tous ceux qu'une étude suffisante a familiarisés avec la nature des cyclones et la course qu'ils suivent généralement entre les tropiques.

Manœuvre à faire pour un navire qui revient de l'Inde à la Réunion.

Voyons maintenant ce que doit faire un navire en retour de l'Inde pour Maurice ou Réunion, et qui se trouve dans la même position que le précèdent par rapport à un cyclone, c'est-à-dire en avant de la course présumée de l'ouragan en B (figure 47).

La route suivie par le navire est le S.O., les circonstances sont les mêmes : Le vent est à rafales du S.E. au S.E. ¼ E. le baromètre à 755 et tout annonce l'approche du mauvais temps.

Ici encore on peut mettre en cape babord amures pour attendre les événements, et reprendre sa route dès que les vents seront N.E. avec une hausse sensible du baromètre, mais ces événements peuvent être très graves, et occasionner au navire des avaries excessivement sérieuses, pourquoi alors ne pas agir comme précédemment ?

Fuir au N.O. et au Nord jusqu'en C, puis au N.E. et à l'Est jusqu'en D, où l'on trouve les vents de N.O.

Tout à l'heure nous avons conseillé au navire, allant dans l'Inde, de s'arrêter et de ne pas continuer à fuir avec les vents de N.O., pour ne pas être ramené dans le demi cercle dangereux où les vents de N.E. lui seraient contraires, mais, pour le navire dont il est question, la route à faire afin de rallier Maurice ou la Réunion est le S.O. les vents de N.E. et d'Est sont favorables, il faut donc venir les chercher, même dans le demi cercle dangereux.

Avec les vents de N.O. c'est possible et c'est le baromètre seul qui va indiquer s'il faut tenter cette manœuvre. Si cet instrument, après avoir descendu à 740, ainsi que nous l'avons supposé, est remonté, ne fut-ce que de un ou deux millimètres, on est bien sûr qu'on a dépassé le point de plus courte distance, et l'on peut sans crainte faire route au S.E.; puis au Sud jusqu'en E. où l'on rencontrera les vents du Nord au N.E., permettant de courir au S.S.O, et plus tard au S.O., presque parallèlement à l'ouragan, en se maintenant à une distance du centre telle que les rafales soient supportables pour le bâtiment.

Le cyclone lui-même, si sa vitesse de translation n'excède par celle que peut atteindre le bâtiment vent arrière, conduit ainsi à destination, et l'on n'a plus qu'à veiller si le météore ne courbe pas en avant de la route que l'on poursuit.

Pour s'en appercevoir il ne faut pas cesser d'observer le baromètre : Tant qu'il ne baisse pas on peut continuer la route au S.O., mais si le capitaine, arrivé en F par exemple, tandis que le centre est en Q, voit le baromètre recommencer à baisser, c'est que la route X Y, suivie par le cyclone, change subitement et courbe suivant une ligne QY' par exemple, de sorte que, si on continuait au S.O, on s'exposerait au risque d'aller se jeter au centre de l'ouragan.

On prend alors la cape *babord amures* et on attend que le cyclone s'éloigne avant de remettre en route, ce que permettent plus tard les vents généraux dès que le cyclone ne fait plus sentir son influence;

Dans le cas que nous venons d'admettre il faut bien veiller que le navire n'aille pas plus vite que le cyclone, et ce sont les variations du vent qui vous indiquent ce qui se passe à cet égard.

Il pourrait arriver en effet que le bâtiment filât dix nœuds, par exemple, tandis que le cyclone n'en ferait que 7 ou 8, comme nous l'avons vu pour le *Saint-Vincent de Paul* et le *D'Après* en 1860 ; alors le navire dépasserait le centre et l'on pourrait se rencontrer avec lui s'il courbait vers le Sud, les variations du vent ne laissent aucun doute sur la vitesse relative du bâtiment et du cyclone, les vents varient en effet dans ce cas du N.E. à l'Est et au S.E, en sens contraire de ce qui se passe habituellement et démontrent clairement que le navire marche plus vite que le cyclone.

Il faut donc s'arrêter dès qu'on voit les vents hâler l'Est et régler sa vitesse sur celle du cyclone.

Il est évident que si le vent ne change pas de direction et reste fixe au N.E, pendant que le baromètre se maintient à la hauteur qu'il avait lorsqu'on s'est mis en fuite, on est sûr de suivre une route parallèle à celle du cyclone et de rester toujours à même distance du centre.

C'est dans cette circonstance qu'il ne faut pas être trop pressé et qu'on doit juger sa position avec sang froid ; l'étude attentive du baromètre et des apparences du temps sufisent pour indiquer qu'il serait imprudent de précipiter la course du navire, quoique la direction des vents soit favorable.

Il n'y a rien à craindre en manœuvrant de cette manière , si on suit bien ce que nous venons de dire, et le cyclone , si terrible pour d'autres, devient au contraire un auxiliaire favorable.

Il est inutile de dire que si le navire, au lieu de se trouver au début dans le demi cercle dangereux, était frappé par le demi cercle maniable, c'est-à-dire par des vents du S.S.O. au S.O, la manœuvre que je viens d'indiquer serait tout à fait obligatoire.

Ce serait le cas alors, après être parvenu en D, de s'empresser de faire du Sud, avec les vents d'Ouest et de N.O, dès que le baromètre aurait manifesté son mouvement de hausse, afin de venir chercher les vents de la partie Est qu'on est sûr de rencontrer dans le demi cercle dangereux.

Les deux manières de manœuvrer que nous recommandons, soit pour aller dans l'Inde, soit pour en revenir s'appliquent parfaitement aux paquebots à vapeur qui font le service entre Aden et les deux colonies, leur grande vitesse les rend tout à fait maîtres de leur manœuvre et leurs capitaines ne doivent pas hésiter à couper en avant d'un cyclone pour éviter de se trouver sur le passage du centre ou pour aller chercher des vents favorables à la route qu'ils doivent faire.

Manœuvre à faire pour un navire qui vient de France à la Réunion, et qui se trouve par les latitudes de 20° à 25°

Un bâtiment qui, après avoir doublé le cap de Bonne Espérance, se trouve menacé d'un cyclone, entre les latitudes de 20° à 25°, au moment où il remonte au nord pour arriver à la Réunion, et qui voit les vents de S.E. à l'E.S.E. fraichir avec une baisse progressive du baromètre, doit bien se garder de poursuivre sa route au nord ce que la direction des vents lui permettrait facilement ; il est très probable que le cyclone qui menace passera au Nord de la position occupée par le navire, et en continuant la route suivie jusqu'alors, on irait se jeter au milieu du danger ; la seule manœuvre à faire est de prendre la cape *babord amures* dès que le baromètre est à 755 ou même avant, et de faire toutes les dispositions nécessaires pour recevoir le mauvais temps ; les rafales varieront du S.E. à E., N.E. et N. et on remettra en route dès que les vents généraux auront repris leur cours.

Ordinairement on n'agit pas ainsi ; avec les vents du S.E. à E.S.E. on continue à courir au nord jusqu'à ce qu'on soit forcé de prendre la cape et on garde les amures à tribord sous prétexte que, gouvernant au N.E. ou au N.N.E., on se rapproche toujours un peu du point d'arrivée. On croit ainsi gagner du temps sans réfléchir qu'un navire à la cape n'a plus de vitesse, et l'on oublie que, dans tous les cas, le peu de chemin qu'il pourrait faire dans les embardées doit avoir pour conséquence fâcheuse de rapprocher du centre, qu'on devrait au contraire fuir à tout prix.

Il arrive alors que le navire, étant aux mauvaises amures, voit le vent lui refuser dans toutes ses variations, et les coups de mer l'assaillir à chaque arrivée par l'arrière, d'où il résulte les plus graves avaries. On a cru gagner quelques heures et arriver plus vite, tandis qu'on a grand peine à conduire son navire désemparé au port le plus voisin, où l'on séjourne des mois entiers pour réparer les avaries inévitables qu'une mauvaise manœuvre a entraînées.

Il y a donc perte de temps et d'argent en prenant tribord amures, bien heureux encore quand on n'a pas à regretter la mort des hommes dont l'existence vous est confiée.

Il est bien évident que, si le vent refusait et halait le Sud au lieu de l'Est, c'est que la marche du cyclone le dirigerait au Sud du navire, il faudrait alors laisser porter au N.O. sans crainte de tomber sous le vent de l'Ile, on rattrapperait bien vite le chemin perdu en remontant à l'Est avec les vents de S.O. d'Ouest et de N.O.

Dès que l'on approche de l'Ile, il faut bien veiller autour de soi, les navires de la Réunion doivent être déradés et on doit redouter les abordages.

Manœuvres à faire pour les navires qui se trouvent par la latitude du Cap de Bonne-Espérance en route d'Europe à la Réunion.

Preuve du double mouvement des tempêtes du Cap de Bonne-Espérance.

J'ai déjà eu occasion de dire que les tempêtes qui règnent par les latitudes de 30° à 40°, dans les mois de juin, juillet, août, septembre et octobre, n'étaient autre chose que des cyclones parcourant la deuxième branche de leur parabole, j'en ai cité des exemples qui ne peuvent laisser aucun doute quant au mouvement rotatoire de ces tempêtes; il est nécessaire d'ajouter quelques mots pour prouver que ces ouragans sont animés du mouvement de translation comme les cyclones tropicaux.

Je rapporterai un seul exemple fourni par plusieurs navires le 3 et le 4 septembre 1860.

Tableau comparatif des observations faites à bord de quatre navires par les latitudes de 40 à 42° Sud

Corvette la *Seine*, commandée par M. Bertin, capitaine de frégate.	*Rivière d'Abord*, capitaine Blanchard.	*Jenny*, capitaine Gautier.	*Octavie*, capitaine Richardeau.
3 septembre.	**3 septembre.**	**3 septembre.**	**3 septembre.**
Latitude 40° 52' Longitude 30° 27' } observé	Latitude 41° 10' Longitude 32° 36' } observé	Latitude 41° 2' Longitude 38° 19' } estimé	Latitude 40° 31' Longitude 38° 23' } observé
Vent de N.E. au N.N.E. très violent, mer très grosse, à la cape sous le grand hunier, misaine et artimon. — Baromètre en baisse depuis la veille, 750.	Vent N.E. à E.N.E. très violent, en cape courante, mer très grosse. — Baromètre 756.	Grand frais du N.E.; hunier deux ris, basses voiles un ris.	Grande brise d'E.N.E. à E.; basses voiles, huniers, grand et petit foc. — Baromètre à 770.
4 septembre.	**4 septembre.**	**4 septembre.**	**4 septembre.**
Latitude 40° 55' Longitude 33° 38' } observé	Latitude 41° 10' Longitude 34° 30' } estimé	Latitude 41° 40' Longitude 38° 46' } estimé	Latitude 42° 11' Longitude 40° 59' } observé
A une heure du matin le vent N.E. se calme subitement et, demi heure après, saute au N.O. et O. très grand frais, la mer énorme enlève le canot major. — Baromètre 745 au moment de la saute de vent.	A 4 heures du matin, saute de vent au N.O. et à l'O. la mer épouvantable. — Baromètre à 747 au moment de la saute de vent.	Le temps plus mauvais à midi, les rafales sont très violentes, le baromètre descend à 730; à deux heures de l'après midi le vent saute au N.O. et à l'O. après une accalmie.	Grande brise d'Est, un ris aux huniers. — Baromètre 754. A 9 heures du soir en cape, dans un grain le vent passe au N.O. puis à l'O. grand frais, la mer très grosse.

Comme il est facile de s'en convaincre d'après ce tableau , les navires qui se trouvaient le plus à l'E. avaient, au même moment, les vents d'E. à E.N.E. moins frais que ceux qui étaient à l'Ouest: ainsi à midi le 3, alors que la *Seine* éprouve des vents d'Est qui la forcent à mettre en cape , l'*Octavie*, qui est à 580 milles plus à l'Est, navigue sous les basses voiles, les huniers hauts, le grand et le petit foc. (figure 48).

La *Jenny*, un peu plus à l'Ouest que l'*Octavie* , a deux ris aux huniers, les basses voiles un ris, tandis que la *Rivière-d'Abord*, encore plus Ouest, est en cape courante.

Ce vent d'Est est donc d'autant plus violent qu'on se rapproche du point occupé par la *Seine*, qui est le navire le plus à l'Ouest des quatre, ce qui indique déjà que ce vent d'Est appartient à un météore qui s'avance de l'Ouest vers l'Est.

Mais ces quatre navires éprouvent tous une saute de vent du N.O. , après une accalmie de plus ou moins grande durée , et nous voyons cette saute de vent se produire d'abord pour le navire le plus à l'Ouest et n'atteindre qu'en dernier lieu celui qui est le plus à l'Est; ainsi c'est à une heure du matin , le 4 septembre , que la *Seine* ressent la saute de vent , qui arrive à la *Rivière-d'Abord* le même jour à quatre heures du matin, c'est-à-dire trois heures après ; puis la *Jenny* est soumise à cette saute de vent à deux heures de l'après midi, dix heures après la *Rivière-d'Abord* , tandis que l'*Octavie* n'en est atteinte qu'à neuf heures du soir, sept heures après la *Jenny*.

N'est-il pas évident que ces quatre bâtiments se sont trouvés sur le parcours d'un cyclone fesant sa course du O.N.O. à l'E.S.E., dans la seconde branche de la parabole, et qu'ils ont successivement passé par le centre ou au moins très près du centre de ce météore ?

Si, d'après la position des deux navires extrémes, la *Seine* et l'*Octavie*, qui seuls donnent leur position observée le 3 et le 4 septembre , on calcule la vitesse de translation du cyclone , on voit qu'il a parcouru 440 milles en vingt heures soit environ 22 milles à l'heure , vitesse de translation bien plus considérable que celle observée dans nos régions tropicales.

De cet exemple , auquel je pourrais ajouter un grand nombre , il est constant que les tempêtes du Cap de Bonne-Espérance sont animées du double mouvement de rotation et de translation ; ce ne sont donc que des cyclones qui n'exigent pas d'autres manœuvres que celles recommandées dans le cours de cette étude.

La seule différence essentielle c'est que leur mouvement de rotation est moins rapide à cause de leur grande étendue, et qu'ils sont moins violents par conséquent que les ouragans des tropiques ; mais leur mouvement de translation est bien plus considérable, aussi s'explique-t-on déjà pourquoi le coté maniable de ces cyclones ne se manifeste que par de grandes brises de la partie Est sans faire courir le moindre danger aux navires qui s'y trouvent soumis.

Ce sont ces tempêtes du Cap de Bonne-Espérance qui , en atteignant la longitude de la Réunion, produisent , dans les mois de juin à septembre, des ras de marée à Saint-Pierre et des brises d'Ouest à Saint-Denis où leur influence suspend la marche régulière des vents généraux , aussi ces vents d'Ouest sont-ils toujours accompagnés d'une baisse barométrique, c'est ce qui a donné lieu à cette erreur générale à Saint-Denis et dans les quartiers du vent, que ce sont les vents d'Ouest qui causent la perturbation barométrique, tandis que ces deux faits sont la conséquence d'un seul et même phénomène.

J'ai cru utile de bien établir la nature des tempêtes des latitudes du Cap de Bonne-Espérance, sous le rapport du double mouvement, avant d'indiquer aux navires comment ils peuvent manœuvrer pour en profiter; il ne doit plus rester maintenant la moindre incertitude à ce sujet.

Un capitaine qui, après avoir doublé le Cap de Bonne-Espérance en venant d'Europe à la Réunion, se trouve sur le parcours d'un cyclone, voit les vents du N.E. au Nord passer rapidement au N.O., la route qu'il doit faire étant l'E.S.E., c'est-à-dire à peu près celle que suit le cyclone lui-même, il est bien clair que, s'il n'en change pas, le cyclone qui marche beaucoup plus vite que lui, ne tardera pas à le dépasser, de sorte que le navire passera très près du centre, et sera soumis à toutes les chances qui peuvent survenir.

Généralement les navires, venant de France, sont peu chargés, il est donc possible, malgré les lames énormes qui les atteignent, qu'ils ne soient pas dans l'absolue nécessité de fuir à la lame et qu'ils puissent courir grand largue.

Si le vent du N.O. n'est pas trop violent, on pourrait, en courant à l'E.N.E., s'écarter de la route suivie par le cyclone jusqu'à ce que le vent ait passé à l'O.N.O.; on est alors à peu-près à la plus courte distance et il faut tâcher de profiter de ces vents favorables pour se mettre en longitude de la Réunion. En conséquence on reprend la route à l'E.S.E. de manière à suivre la trajectoire du cyclone et en fesant le plus de toile possible, car dès que le vent saute au S.O. ce qui ne tarde généralement pas à arriver, c'est que le cyclone dépasse le navire par sa grande vitesse de translation, et qu'il va cesser bientôt avec le retour du beau temps qu'annoncent certainement les vents de S.O.

On a remarqué souvent que les tempêtes du Cap de Bonne-Espérance débutent par le N.O. et que le baromètre, qui a baissé avant que le mauvais temps soit déclaré, remonte presqu'aussitôt après, quoique le vent continue à souffler très violemment, c'est qu'en effet avec les vents du N.O. à l'O.N.O., on est presque de suite à la plus courte distance du centre, le baromètre, là comme partout, ne manque pas de l'affirmer et il doit monter presqu'en même temps que le coup de vent se déclare.

Les cyclones au Cap, dans cette saison de l'année, sont très nombreux et se succèdent très rapidement, aussi sont-ils très favorables pour amener les navires d'Europe à la Réunion où à Maurice; on les utilise donc depuis long temps, seulement on saura maintenant qu'ils sont sans danger si l'on se rappelle, qu'en courant un peu Nord on s'écarte du centre dangereux et qu'on évite ainsi, autant que possible, les effets de leur violence.

Manœuvre à faire pour un navire qui retourne en Europe.

Lorsqu'un navire se rend en Europe et se trouve par la latitude du Cap de Bonne-Espérance, dans les mois d'hiver, de juin à octobre, il est fréquemment assailli par des tempêtes qui débutant toujours du N.O. sautent rapidement à l'Ouest et au S.O., il est clair que, si l'on prend *babord amures*, les sautes de vent ne seront pas à craindre, puisque avec de telles amures le bâtiment ne saurait courir le risque d'être masqué.

Mais il est d'usage, pour passer le Cap de Bonne-Espérance, de rallier la côte d'Afrique, à cause des courants constants qu'on y rencontre et qui, portant à l'Ouest assez rapidement, aident à doubler ce cap dangereux ; il arrive souvent alors que, par crainte de la terre on n'ose pas conserver les amures à bâbord, surtout avec la certitude qu'on a d'être exposé bientôt aux vents de S.O. battant en côte, on prend donc tribord amures et l'on se trouve dans la position d'un navire qui manœuvre mal dans le demi-cercle dangereux d'un cyclone ; de là tant de désastres chaque année.

Les navires, en général toujours trop chargés, perdent les qualités nautiques qu'ils peuvent avoir, ils sont lourds, s'élèvent peu à la lame, et sont écrasés par les coups de mer de l'arrière lorsqu'aux amures de tribord, ils sont obligés de laisser porter au moment où le vent de N.O. saute au S.O. Il faut donc, au lieu de raser la terre de trop près, ne pas s'en approcher à plus de quarante ou cinquante milles ; sans doute on y trouvera les courants à l'Ouest moins forts, et par conséquent moins favorables, mais on y gagnera cet autre avantage bien plus important de ne pas être gêné dans sa manœuvre par le voisinage de la terre, et de pouvoir se placer en cape, *bâbord amures*, si l'on est assailli par un cyclone.

Peut-être serait-il possible de faire mieux encore et d'utiliser réellement ces tempêtes, même dans ces parages?

Nous avons vu par les exemples que nous avons cités, et ceux plus nombreux que j'ai recueillis, que le centre des cyclones qui parcourent ces parages dans les mois d'hiver de l'hémisphère austral, se tient presque constamment dans une zône de 35° à 40 degrés de latitude, nous avons démontré que les tempêtes du Cap étaient, à n'en pas douter, de véritables cyclones ayant commé les autres leur côté dangereux et leur côté maniable, pourquoi donc persiste-t-on à rester dans le demi cercle dangereux et ne cherche-t-on pas au contraire à se placer dans le demi cercle maniable?

On y trouverait des vents variables du N.E. à l'E. et au S.E., faisant doubler facilement le cap, sans aucune crainte d'avaries, et le passage de ce terrible cap des tempêtes s'effectuerait sans être accompagné de ces nombreux sinistres qui se renouvellent si fréquemment.

En été, de novembre à mai, le passage du cap est bien moins dangereux et on peut en approcher assez près pour profiter des courants, parce que la marche générale des cyclones, dans la deuxième branche de leur parabole, a lieu par des latitudes beaucoup moindres, aussi n'est-il pas rare de rencontrer alors les vents d'Est de la partie maniable, ce qui vient précisément à l'appui de l'opinion que j'émets en ce moment, il y aurait donc une route à essayer pour les capitaines allant en Europe, dans la saison d'hiver, ce serait de courir par une latitude d'au moins 45° et de pousser même jusqu'à 50°.

J'ai la conviction que ceux qui tenteront cette voie nouvelle navigueront sans trouble, avec des vents constamment favorables de la partie Est, bon frais mais ne soufflant plus en rafales dangereuses, comme les brises d'Ouest qu'on rencontre près du cap de Bonne-Espérance. Ils perdront, il est vrai, la ressource heureuse des courants portant à l'Ouest, mais ils se seront soustraits à l'action de tempêtes violentes et de vents constamment contraires.

Dans ce cas encore, comme dans les précédents, on utiliserait les ouragans pour faire sa route et le passage du Cap ne serait plus à craindre désormais.

Ces divers aperçus sur la manière d'utiliser les ouragans font voir que c'est une manœuvre très possible au capitaine qui est bien pénétré de la nature et la marche de ces météores; les ignorants seuls devront en redouter les conséquences.

Conclusions de ce travail.

Confiant dans la fixité des lois qui les régissent, familiarisé avec l'étude des diverses phases qu'ils peuvent présenter, j'en suis arrivé à cette conviction qu'on peut se jouer impunément au milieu de ces phénomènes terribles, sans s'exposer à de sérieuses avaries.

Pour un bâtiment à vapeur, toujours maître de sa manœuvre par le moteur, qui lui permet de se placer là où le capitaine l'ordonne, à un moment donné, il n'est plus d'ouragan possible, comme ouragan bien entendu; sans doute il peut être enveloppé dans le tourbillon et y rencontrer de violentes bourrasques, mais plus de ces rafales terribles, plus de ces sautes de vent qui exposent le bâtiment et les hommes qui le montent à une perte presque certaine!

Pour un capitaine instruit, un ouragan n'est plus qu'une trombe ordinaire autour de laquelle il circule, s'en écartant ou s'en rapprochant selon que cela lui est utile.

Par lui tout est prévu! Il sait d'avance quelles variations le vent doit présenter, quelle sera la violence des rafales, et il est parfaitement sûr de ne jamais être fatalement entraîné au milieu de ce centre si dangereux, toujours la cause de désastres inévitables qui peuvent amener la destruction du bâtiment.

Non seulement le bâtiment à vapeur n'a rien à craindre de ces ouragans jusqu'ici si redoutés, mais ils deviennent au contraire, pour lui, un auxiliaire important.

Méprisant leur fureur, un capitaine peut aller chercher des vents favorables à sa route, et, s'il ne lui est pas possible d'anéantir la puissance dévastatrice qui le menace, du moins peut-il, en contournant cet ennemi redoutable, en faire servir la violence à le conduire au point de destination qui lui est assigné.

Un navire à voile n'est pas aussi libre dans ses mouvements.

N'ayant pas de force motrice à sa disposition, le capitaine, qui le commande, peut être surpris par des calmes avant la venue de la tempête, et se trouver ainsi obligé de subir le cyclone auquel rien n'a pu le soustraire; il ne lui est pas toujours possible de se transporter là où il sait trouver des vents favorables à sa route, la cape est souvent sa seule ressource, mais nous en avons dit assez pour qu'il soit assuré d'éviter à son navire les avaries désastreuses qui ont trop souvent jusqu'ici affligé la grande famille maritime.

Et du reste combien de temps encore durera la navigation simplement à la voile? N'est-il pas permis d'espérer qu'avant peu un moteur, économique et moins encombrant que le charbon, sera installé à bord de tous les navires qui, tous alors, pourront braver les fureurs des tempêtes et des ouragans.

J'ai fini cette première partie toute pratique dans laquelle je me suis efforcé d'être aussi clair que possible.

Sans doute on trouvera des longueurs, des répétitions, et ceux qui sont déjà familiarisés avec la science nouvelle, penseront que j'aurais pu me dispenser de citer autant d'exemples de coups de vent.

Je sens aussi bien qu'eux ce qu'il peut y avoir de fatiguant dans cette répétition de faits identiques, presqu'exprimés dans les mêmes termes, et conduisant aux mêmes conclusions, ils doivent comprendre que ce n'est pas principalement pour eux que ce travail a été entrepris. Je m'adresse surtout aux capitaines qui repoussent cette science comme une abstraction théorique sans valeur, ou ceux encore qui pensent qu'elle est trop difficile à comprendre, ces exemples nombreux seront autant d'exercices pour familiariser avec les lois énoncées ; j'ai dû revenir quelquefois sur un même sujet pour éclaircir une question déjà traitée, et ne laisser subsister aucun doute, aucune incertitude. J'ai voulu convaincre et persuader, qu'on ne fasse donc pas trop attentïon à la forme !

Si j'ai atteint le but que je me suis proposé, qu'on me pardonne les longueurs et les incorrections de ce travail, dans lequel j'ai été soutenu par l'espoir de rendre service à mes camarades et surtout par la conscience de remplir un devoir envers ceux qui exposent chaque jour leur existence dans cette rude et laborieuse profession !

FIN DE LA PREMIÈRE PARTIE.

SECONDE PARTIE.

PARTIE THÉORIQUE.

Dans cette seconde partie je chercherai à expliquer les phénomènes dont les faits seuls nous ont révélé l'existence, je tâcherai de faire voir que la nature et la marche des cyclones est non seulement rationnelle, mais qu'il est impossible qu'elles soient autres que celles prouvées par la pratique, en un mot, j'essaierai de rendre compte de tout ce qui a été établi précédemment.

Nous allons nous livrer à une explication toute théorique, qui peut être une satisfaction pour ceux qui désirent raisonner les faits révélés par l'expérience, mais qui n'est pas indispensable à ceux qui se contentent des notions purement pratiques.

Ces derniers n'ont pas besoin de lire ce qui va suivre, ils n'apprendraient rien de nouveau et ne trouveraient pas, dans ce chapitre un peu abstrait, d'autres connaissances pratiques que celles exposées dans la première partie de ce travail.

Cela dit, j'entre de suite en matière.

Explication des causes qui contribuent à la formation des cyclones.

Pendant sa course entre les tropiques, le soleil, par son action incessante, échauffe considérablement l'air de cette partie de la terre, il en dilate toutes les molécules qui s'élèvent alors dans les régions supérieures.

A mesure que le soleil se rapproche du tropique de l'hémisphère austral, la zône raréfiée le suit et il se forme, entre ce tropique et l'équateur, une espèce de vide où se précipitent des courants d'air apportant du Nord et du Sud les molécules aériennes destinées à le combler.

Telle est la cause déterminante des nombreux cyclones de notre hivernage, ainsi qu'il est facile de le démontrer.

Dans l'hémisphère austral les molécules d'air, qui affluent du Sud pour remonter vers l'équateur, y arrivent à peu près dans les mêmes conditions de vitesse qu'à leur point de départ.

Or plus on s'éloigne de l'équateur, moins est rapide, sur chacun des cercles qui lui sont parallèles, la vitesse dans le sens du mouvement de la terre, de l'Ouest à l'Est ; les molécules d'air, s'échappant du Sud, parviennent dans la région raréfiée avec la vitesse propre au lieu de leur origine, sans que rien n'ait pu leur faire acquérir l'accélération qui leur serait nécessaire pour suivre le mouvement des couches environnantes, ces molécules d'air provenant du Sud restent donc de l'arrière et s'inclinent naturellement vers l'Ouest, en sens contraire du mouvement de la terre.

Les molécules d'air qui se rendent des régions équatoriales au même point de raréfaction, y arrivent, au contraire, avec un excès de vitesse dans le sens du mouvement de la terre et, devançant les couches environnantes, s'inclinent vers l'Est avec une énergie d'autant plus grande que le lieu d'arrivée est plus éloigné de l'équateur.

Mouvement de rotation. Lorsque ces dernières molécules rencontreront celles provenant du Sud dans l'espace qu'il s'agit de combler, leur tendance à se diriger dans des directions opposées, les forcera à glisser les unes sur les autres ; un couple statique se formera et donnera naissance à un tourbillon dont le mouvement giratoire aura toujours lieu de gauche à droite, c'est à dire dans le sens du mouvement des aiguilles d'une montre.

Une figure aidera à faire comprendre ce que je viens de dire.

E Q est l'équateur, (fig. 49) $a\,b\,c\,d$ le lieu où s'est formée la raréfaction de l'air par l'action calorique du soleil ; P R le parallèle d'où s'échappent les molécules d'air du Sud, A et B sont deux molécules, l'une provenant de P R l'autre de E Q ; leur rencontre produit un couple statique suivant $a\,c$ et l'impulsion est donnée toujours dans le même sens, qui est celui indiqué par les flèches. Chacune des deux molécules A et B se dirige en effet avec la même énergie vers le lieu de raréfaction qu'aucune d'elles ne peut traverser sans rencontrer l'autre, ce qu'il faudrait absolument pour que le couple pût donner naissance à un mouvement contraire à celui reconnu par la pratique.

L'afflux de toutes les molécules du Nord et du Sud engendre ainsi un tourbillon dont le mouvement de rotation se produit toujours dans le même sens, de gauche à droite.

Le tourbillon étant formé, les molécules qui le composent s'échauffent et se dilatent à leur tour, elles s'élèvent en conservant leur mouvement rotatoire, et en se saturant des vapeurs qui proviennent de l'action calorique du soleil sur la mer.

Si l'on suppose qu'une tension électrique puissante maintienne toutes ces molécules réunies les unes aux autres, on comprend le développement d'un cyclone, dont la hauteur au-dessus de l'horizon est d'autant plus grande que l'aspiration a été plus intense et l'action du soleil plus puissante.

Or cette tension électrique puissante existe toujours au-dessus de la surface des mers, dans les régions voisines de l'équateur. Personne n'ignore que la décomposition chimique d'un liquide contenant des sels et passant à l'état de vapeurs donne toujours naissance à de l'électricité ; l'immense nappe de mer au Sud de l'équateur, incessamment vaporisée par l'action des rayons brûlants du soleil, produit donc des vapeurs chargées d'électricité dont la tension est encore augmentée par le frottement des molécules les unes sur les autres ; les molécules constitutives du tourbillon trouvent donc, dans les régions supérieures, une couche électrique constante, et dont la puissance les relie les unes aux autres dans un cercle d'activité infranchissable.

Mais ces couches supérieures ont un mouvement propre auquel participe bientôt toute la colonne rotatoire ; elles obéissent elles-mêmes à une loi constante, les obligeant à se mouvoir suivant une courbe parabolique qui est celle suivie par les cyclones.

En effet lorsque les molécules d'air ou de vapeur, dans les régions équatoriales, s'élèvent au-dessus des mers par suite de leur échauffement, elles quittent la surface animées, dans le sens du mouvement de la terre, d'une certaine vitesse qu'elles conservent pendant toute la durée de leur ascension. A mesure qu'elles s'élèvent, elles rencontrent des couches atmosphériques dont les molécules ont une vitesse de l'Ouest à l'Est plus considérable que celle qui les entraine elles-mêmes, puisqu'elles conservent à peu près la vitesse de leur point de départ, il en résulte donc un retard sur les molécules environnantes, d'où un mouvement de l'Est à l'Ouest en sens contraire du mouvement de la terre.

Plus leur ascension est grande, plus le retard sur les couches environnantes est considérable, et par conséquent le mouvement de l'Est à l'Ouest plus rapide.

D'un autre côté, nous savons que les molécules d'air échauffé ont la propriété constante de se diriger vers les régions froides ; les molécules ascendantes dont nous avons parlé, sont donc sollicitées, par leur température élevée, à se diriger vers le pôle Sud, de sorte qu'outre leur mouvement de l'Est à l'Ouest, elles en ont un autre du Nord au Sud.

Ces deux mouvements combinés font prendre aux couches supérieures une direction intermédiaire, c'est-à-dire du N.E. au S.O., et comme nous avons dit que toutes les molécules constitutives du cyclone étaient reliées les unes aux autres par leur tension électrique, les couches supérieures donnent le mouvement à toute la colonne tourbillonnante qui se trouve ainsi entraînée dans un mouvement de translation du N.E. au S.O.

Suivons maintenant les molécules des couches directrices dans le mouvement qui les anime.

Nous avons dit que les molécules, qui s'élèvent au-dessus de la surface échauffée de la terre, étaient animées d'une certaine vitesse dans le sens du mouvement diurne de l'Ouest à l'Est et qu'elles rencontraient, dans les régions supérieures, des couches dont la vitesse dans le même sens était plus considérable ; à mesure qu'elles s'éloignent de l'équateur pour atteindre le pôle Sud, en se maintenant à même hauteur au-dessus de la surface terrestre, elles atteignent des parallèles dont la vitesse de l'Ouest à l'Est est de moins en moins considérable, puisqu'au pôle elle est nulle, il arrivera donc un moment où les molécules directrices rencontreront des couches animées d'un mouvement égal au leur, la différence de vitesse qui causait le mouvement de l'Est à l'Ouest n'existant plus, elles ne seront plus sollicitées que par l'excès de calorique qui les entraînait vers le Sud, et le mouvement de translation du cyclone tout entier se fera du Nord au Sud.

Continuant à rallier les régions polaires, les molécules directrices se trouveront bientôt arrivées par des parallèles dont la vitesse n'égalera pas celle qui les anime, elles auront alors sur les couches environnantes un excès de vitesse qui les dirigera de l'Ouest à l'Est, et comme elles ne cessent pas d'être soumises à la force qui les attire vers le Sud, le mouvement de translation du cyclone se fera dans une direction intermédiaire vers le S.E.

C'est ainsi qu'on peut se rendre compte du double mouvement de rotation et de translation de ces météores , et qu'on comprend la forme parabolique de la course qu'ils accomplissent.

Position des vents par rapport au centre d'un cyclone.

D'après l'explication de la manière dont se forme le phénomène , il est évident que les deux forces agissant dans la direction du S.E. et du N.O., qui donnent naissance au tourbillon , se trouvent toujours dans la même position l'une par rapport à l'autre , et aussi par rapport au Nord du monde, c'est-à-dire qu'à l'une des extrémités du levier, se trouvera le vent de S.E. tandis que le vent de N.O. soufflera à l'autre; ces deux vents soufflant toujours aux mêmes points du cyclone engendré par eux , et le mouvement rotatoire ayant toujours lieu dans le même sens , il en résulte que toutes les autres directions des vents conservent également la même position par rapport au centre du météore et que l'on a pu alors indiquer la position du centre par rapport au vent que l'on éprouve.

La carte d'ouragan aurait pû être nommée : rose des vents cyclonomique par analogie à la rose des vents ordinaires, et il semble qu'il eût peut-être été plus facile de la fixer dans la mémoire si l'on avait , dans la partie pratique, insisté sur cette considération que le mouvement rotatoire avait toujours lieu de gauche à droite, c'est-à-dire dans le sens des aiguilles d'une montre.

On se rappelle en effet immédiatement la position du vent d'Ouest au Nord du centre de l'ouragan, celle du vent d'E. au Sud , et les autres rhumbs de vent en découlent naturellement.

Si je n'ai pas dit un mot dans la partie pratique de ce mouvement rotatoire dans le sens des aiguilles d'une montre , c'est que j'ai remarqué que c'était l'occasion d'une confusion pour les débutants dans l'étude cyclonomique.

Confondant le mouvement rotatoire avec la manière dont se succèdent les vents , ils sont arrêtés dès le principe en présence des faits et ne comprennent pas, qu'après leur avoir dit que le mouvement rotatoire avait toujours lieu dans le sens des aiguilles d'une montre , on parle ensuite d'un demi-cercle dangereux, dans lequel les variations du vent ont lieu dans le sens opposé au mouvement de ces aiguilles. De là un embarras que j'ai cherché à leur éviter en ne m'occupant pas, dans la partie purement pratique , de la manière dont se produit le mouvement rotatoire.

Ici c'est différent; personne ne lira ces explications des phénomènes sans avoir compris tout ce que renferme la partie pratique , il n'y a donc plus possibilité d'erreur.

Paraboles différentes suivies par les cyclones.

Il est facile de se rendre compte de ce fait remarqué, que les paraboles suivies par divers cyclones diffèrent entr'elles , c'est-à-dire que les unes ont les branches plus ou moins resserrées, les autres plus ou moins d'étendue, sans que, cependant, la forme générale parabolique soit altérée; cela dépend uniquement de la puissance plus ou moins grande de la force aspiratrice au point de formation du cyclone.

On conçoit en effet que , si les molécules sont aspirées très énergiquement vers les régions supérieures, elles y parviendront en conservant à peu près la vitesse dont elles sont animées à leur point de départ; le frottement des couches intermédiaires n'ayant pas le temps de leur procurer une accélération de mouvement pendant leur course rapide , le retard sur les couches supérieures sera d'autant plus considérable que l'aspiration aura été plus intense, et plus puissante aussi sera la force qui entraîne la colonne vers l'Ouest.

Comme la force qui attire le cyclone vers le Sud ne change pas sensiblement, il doit arriver que, pour certains cyclones, elle n'agisse pas avec la même intensité que celle qui les pousse vers l'Ouest ; de sorte qu'au lieu de suivre la direction du N.E. au S.O., la trajectoire se dirigera plutôt de l'E.N.E. à l'O.S.O., et les deux branches de la parabole seront plus resserrées.

Cet effet se présente particulièrement au milieu de l'hivernage alors que le raréfaction solaire est plus énergique, et c'est ce qui fait que le mois de février est le plus à craindre pour les colonies de la Réunion et Maurice, puisqu'elles se trouvent fatalement sur la route des cyclones qui se forment par 7° ou 8° de latitude, et se dirigent de l'E.N.E. vers l'O.S.O.

A mesure qu'on s'éloigne du milieu de l'hivernage, l'aspiration solaire devient moins puissante, les deux branches de la courbe des cyclones sont de plus en plus ouvertes et les deux colonies sont moins exposées; nous voyons en effet qu'aux mois de mai à octobre et novembre la première partie de la courbe est généralement dirigée du N.N.E. au S.S.O.

Par la raison que nous venons de dire les cyclones, à vitesse de translation plus grande dans la première partie de leur parabole, sont aussi les plus dangereux puisqu'en même temps ils sont animés d'un mouvement rotatoire beaucoup plus rapide.

Il semble naturel de supposer que la colonne tourbillonnante de ces cyclones ait aussi une élévation totale plus grande, au dessus de la surface des mers, que celle des cyclones de peu d'intensité, l'aspiration plus forte devant donner naissance à une colonne de plus grande hauteur ; nous en avons vu un exemple dans le cyclone de février 1861 dont la vitesse de translation ne dépassait pas 4 à 4,5 milles et la hauteur 3000 mètres, sa violence a été loin d'égaler celle des ouragans qui forment époque dans les annales de la Réunion.

Explication des phénomènes qui précèdent et accompagnent les ouragans.

La nature et la marche du météore étant expliquées, on peut se rendre compte des divers phénomènes qu'il présente.

Les cirrus sont les premiers signes indicateurs d'une perturbation ; ces nuages sont considérés par tous les météorologistes comme des nuages électriques, il n'est donc pas étonnant qu'ils soient l'accompagnement obligé des phénomènes cycloniques qui ont pour cause principale une immense accumulation de fluide électrique.

Ces nuages, qui se tiennent toujours dans des régions excessivement élevées, sont composés de particules glacées dont les facettes ne laissent passer que certaines couleurs du spectre solaire, lorsque le soleil les frappe sous un certain angle, de là cette coloration en rouge des nuages aux levers et couchers du soleil, ainsi que ces halos qui s'observent autour du soleil et de la lune lorsque leurs rayons traversent la couche épaisse de cirrus qui couvrent le ciel en si grandes masses.

Ces nuages ne pourraient-ils pas fournir également l'explication de la hausse remarquée souvent dans le thermomètre avant que l'ouragan soit déclaré?

Les cirrus sont composés de particules prismatiques qui doivent faire l'effet de lentilles et augmenter encore la puissance calorique du soleil, aussi n'est-il pas étonnant qu'on ressente en leur présence cette chaleur étouffante qui se traduit par une hausse du thermomètre.

Dès que l'ouragan est déclaré, que les cirrus ont fait place aux cumulo-nimbus et aux nimbus, la température se régularise et le thermomètre tombe aussitôt à une hauteur qui reste à peu près la même pendant toute la durée de l'ouragan.

On remarque quelquefois, avant l'arrivée d'un ouragan, que le baromètre s'élève à une hauteur innaccoutumée, cet effet ne se produit que lorsque l'atmosphère est parfaitement en repos, c'est-à-dire qu'il n'est pas troublé par le passage d'un autre ouragan à grande distance.

Lorsqu'un cyclone, se dirigeant sur un lieu quelconque, en est encore très éloigné, il refoule, par l'effet de son mouvement de translation, les couches d'air environnantes qui viennent s'accumuler au-dessus du lieu de l'observation, la pesanteur atmosphérique s'augmente du poids de l'air poussé en avant, et le baromètre doit monter jusqu'à ce que les couches supérieures du cyclone se mêlent à l'atmosphère et, par leur légèreté, produisent la baisse barométrique qui ne doit plus s'arrêter jusqu'à la cessation du phénomène.

Nous avons dit que toujours on voyait les nuages fuir rapidement avant d'être frappé par un ouragan, cela provient de ce que la forme de la colonne est évasée par le haut. Les molécules, à mesure qu'elles s'élèvent, rencontrent des couches atmosphériques de moins en moins denses, la force centrifuge, qui nait du mouvement rotatoire, est donc moins contrebalancée par la pression atmosphérique dans les régions supérieures, il en résulte que la partie supérieure du météore est plus grande que la base inférieure et que la colonne cyclonique a la forme d'un tronc de cône renversé ; il est évident alors qu'on doit toujours voir les nuages supérieurs chasser avec vitesse avant que les rafales se fassent sentir à la surface de la terre.

Au centre existe un espace d'une étendue variable, où règne un calme complet. La force centrifuge doit, en effet, tendre à rejeter les molécules tourbillonnantes sur les bords du météore et, si elles n'étaient pas maintenues par l'énergie puissante de la force électrique dont nous avons parlé, aussi bien que par l'aspiration qui résulte du vide intérieur formé par le mouvement rotatoire lui-même, le cyclone serait anéanti aussitôt que formé, les molécules s'écartent donc jusqu'au point où les deux forces se font équilibre et il se forme ainsi un espace où règne un calme parfait.

Tout autour de ce calme central le mouvement rotatoire a la même énergie ; après avoir passé à travers le calme on doit donc rencontrer des rafales aussi violentes que celles qui ont précédé et d'une direction tout à fait opposée, si on se trouve directement sur le passage du centre de l'ouragan.

Cette explication du calme central démontre pourquoi l'on passe subitement de la tempête au calme, de même que l'accalmie est remplacée par une nouvelle tempête sans transition marquée.

On comprend maintenant le ciel découvert qui est constamment remarqué au centre des ouragans, cet espace étant complètement vide des molécules d'air chargées d'humidité qui constituent le phénomène. Il n'y existe pas de nuages, le soleil resplendit, les astres reparaissent et l'on croit au retour du beau temps alors qu'on est entouré de tous côtés par une ceinture plus ou moins épaisse d'orages et de rafales terribles.

Telle est également l'explication de l'absence d'orages et de tonnerre au centre du cyclone; les nuages ayant disparu, les effets électriques ne peuvent pas se présenter et il est en effet très rare qu'on les observe.

A partir du centre et lorsqu'on se trouve plongé au milieu des rafales les plus violentes, ces phénomènes électriques sont encore peu fréquents. Plus les molécules se rapprochent du calme central plus elles sont coercées les unes contre les autres, l'électricité qui les enveloppe reste donc à l'état statique pour ainsi dire, et aucun dégagement n'a lieu ; il n'en est pas de même sur les bords extérieurs du phénomène.

A mesure que la colonne tourbillonnante arrive dans des latitudes plus élevées, les molécules extérieures se trouvent en contact avec une atmosphère plus froide, les vapeurs sont condensées et se résolvent en pluie, laissant échapper le calorique et l'électricité latente qu'elles renferment, aussi les bords extérieurs d'un cyclone sont-ils accompagnés de pluies torrentielles et de décharges électriques puissantes qui n'existent pas dans l'intérieur et au centre du phénomène.

Ces signes d'électricité et ces pluies abondantes se montrent très rarement dans la partie antérieure du cyclone, c'est surtout à la partie postérieure du météore que ces phénomènes sont observés, et cela s'explique par cette raison que les molécules d'en avant sont pressées les unes contre les autres, par la résistance qu'oppose l'atmosphère à la translation du cyclone, les molécules libres s'écoulent à l'arrière et sur les côtés ; et là seulement peuvent avoir lieu ces combinaisons électriques, qui produisent les orages violents qui accompagnent souvent la course de ces météores désastreux. C'est ainsi que ces orages et pluies abondantes annoncent toujours, soit la cessation d'un ouragan, soit son passage au loin des contrées visitées par des commotions orageuses ; aussi le débordement de nos rivières par l'effet des pluies torrentielles est-il toujours dû à la course d'un cyclone dans le voisinage, ainsi que nous l'avions fait pressentir déjà à la page 116.

Il est bon de faire remarquer que les orages ne sont pas une conséquence indispensable du passage des cyclones, souvent ils existent mais quelquefois aussi les ouragans s'éloignent sans avoir donné ces signes de l'électricité qu'ils contiennent, et on n'observe pas ces décharges électriques dont nous venons de parler.

Nous avons dit qu'au centre du phénomène existait un espace de calme de plus ou moins grande étendue ; le vide qui s'y produit par la force centrifuge, ainsi que par l'aspiration électrique, occasionne une force ascenscionnelle assez considérable, d'où un exhaussement des eaux à l'intérieur et au milieu du calme central.

Les lames qui s'y développent sont pressées de tous côtés les unes contre les autres par la force rotatoire qui les enserrent, la mer doit être horriblement agitée et c'est qui a toujours été constaté.

Cette surélévation des eaux au centre du tourbillon donne lieu à un phénomène très remarquable et qui annonce l'approche du météore ; l'effet analogue à celui qu'on remarque quand on jette une pierre dans l'eau se produit en sens inverse, et se transmet jusqu'aux bords extrêmes du phénomène, de vastes ondulations circulaires se propagent au loin , et un ras de marée se fait sentir devenant ainsi un indice certain de la présence d'un ouragan.

Telle est la cause des ras de marée qui surgissent dans les pays soumis à l'action des cyclones, et qui interrompent si souvent les communications sur les rades foraines de notre colonie.

Telle est aussi la cause des inondations qui accompagnent toujours le passage du centre d'un ouragan sur une terre quelconque, inondations ter-

ribles fesant monter la mer à 4 mètres au dessus de son niveau ordinaire à Maurice en 1818, et plus encore à la Réunion dans l'ouragan si funeste de 1829.

On conçoit maintenant qu'un ras de marée doive se déclarer avant
qu'on soit soumis aux rafales violentes de l'ouragan, et que ce phénomène puisse se présenter sans qu'on ressente aucun autre effet du cyclone
qui sévit au loin. Dû à la transmission du mouvement des eaux par propa-
gation des ondes circulaires, le ras de marée fait sentir son action au loin,
sur tous les bords extrêmes du phénomène, là où n'existe qu'une faible
brise dont les bouffées variables ne peuvent donner une idée de l'ouragan
auquel le phénomène doit naissance.

Cette explication des ras de marée nous fait comprendre pourquoi ils
sont toujours accompagnés d'une baisse barométrique.

De même que les ondulations, à la surface de la mer, propagent au loin
l'élévation des eaux à l'intérieur du météore, de même les couches atmosphériques supérieures projettent au loin de vastes bouffées d'air raréfié
qui dénoncent le vide central.

Cet air raréfié chassant devant lui les couches qui sont dans l'état normal, il en résulte dans la pression atmosphérique une diminution de pression que le baromètre accuse, signalant ainsi plusieurs jours à l'avance
l'approche de l'ouragan, plus tôt même que le ras de marée, et annonçant
comme lui qu'une perturbation sérieuse a lieu à une distance plus ou
moins grande du lieu de l'observation ; le baromètre baisse ensuite d'autant plus qu'on se rapproche du centre, où la raréfaction est la plus considérable.

Baisse barométrique.

A partir de ce point et tout autour à peu près également la raréfaction
va en s'amoindrissant ainsi que l'énergie de la force ascencionnelle, de
sorte que le baromètre, après avoir baissé graduellement jusqu'au centre,
doit remonter progressivement jusqu'à la cessation du phénomène. Si on
ne traverse par le centre du météore, la même raison explique comment le
baromètre doit baisser jusqu'au point de la plus courte distance du centre,
pour remonter ensuite à mesure qu'on s'en éloigne.

La baisse barométrique totale est d'autant plus grande que la raréfaction centrale est plus complète, et cette raréfaction elle même, produite
en grande partie par la force centrifuge, s'augmente en raison de l'ac-
croissement du mouvement rotatoire qui fait la violence des rafales, le baromètre baisse donc à mesure que la violence du vent est plus intense, et
les ouragans les plus désastreux sont aussi ceux qui l'influencent davantage.

On comprend pourquoi le baromètre ne doit baisser que très peu
avant la déclaration de l'ouragan ; il faut que cet instrument se trouve
dans le cercle d'activité du météore pour être influencé sensiblement
et cela ne peut pas arriver avant le souffle des premières rafales ; c'est
là ce qui fait dire à beaucoup de personnes, même parmi les marins, que
le baromètre ne marque pas entre les tropiques, tandis qu'il est au contraire le plus précieux des instruments quand on sait l'observer.

On se figure que les indications : pluie, vent, grand vent, tempête ins-
crites sur le baromètre sont des données mathématiques qu'il doit atteindre, avant même que le temps ne soit prononcé, sous peine de se trouver
en défaut.

Il ne faut pas avoir la moindre notion sur la propriété du baromètre
pour croire qu'il annonce le beau ou le mauvais temps. Cet instrument
n'indique pas autre chose que le plus ou moins de pression de la colonne

atmosphérique, seulement il est reconnu qu'en général, à mesure que la pression diminue, le temps devient plus mauvais, et on a placé sur le baromètre des indications qui se vérifient le plus souvent.

Dans nos régions tropicales, les ouragans étant la conséquence du vide ou plutôt de la grande diminution de pression qui existe au centre du phénomène, la baisse barométrique ne va en augmentant qu'autant qu'on se rapproche de ce point central et non pas parce que l'intensité des rafales augmente ; quoiqu'indépendants, ces deux phénomènes concordent l'un avec l'autre, aussi voit-on le baromètre commencer à remonter sans que les rafales paraissent avoir sensiblement diminué de violence, et continuer son ascension jusqu'au retour du beau temps.

Puisque nous parlons de la violence des rafales qui va en augmentant jusqu'au centre du cyclone, il n'est pas inutile d'expliquer comment cet effet se produit. Il semblerait en effet naturel de supposer que l'énergie des rafales étant la conséquence de la vitesse du mouvement rotatoire, on dût trouver le vent plus violent sur les bords extrêmes du tourbillon puisque les molécules aériennes paraissent parcourir une plus grande circonférence dans le même temps.

Rafales plus violentes au centre que sur les bords du cyclone.

Mais il n'en est pas ainsi. La puissance rotatrice, qui donne le mouvement à tout l'ensemble du phénomène, agit avec d'autant plus de facilité qu'on se rapproche du centre où l'air est extrêmement raréfié, et n'oppose au mouvement qu'une résistance insignifiante ; sur les bords au contraire les molécules mises en mouvement se trouvent en contact avec des couches d'air en état normal et qui, par leur frottement, produisent une résistance à vaincre ; aussi quoiqu'entraînés par le mouvement général de la colonne, les bords extrêmes sont-ils animés d'une vitesse très minime.

Si le météore était un corps opaque, toutes ses parties obéiraient simultanément au mouvement provenant du centre, mais par leur état de fluidité, les molécules glissent les unes sur les autres sans pouvoir obéir immédiatement à l'impulsion qui leur est communiquée, et la vitesse de rotation va en augmentant, depuis les bords extrêmes du phénomène jusqu'au calme central, à la limite duquel se rencontrent les plus violentes rafales.

On a remarqué que le baromètre remontait toujours plus rapidement qu'il n'était descendu ; d'après ce que nous avons dit, le mouvement de cet instrument devrait être partagé en deux intervalles égaux par le centre ou par le point de la plus courte distance au centre, tandis que tous les faits observés constatent le contraire. De même la durée de l'ouragan devrait être divisée en deux parties égales par le centre ou le point de plus courte distance, et nous savons que la première partie est toujours d'une durée plus grande que celle de la dernière.

Durée de l'ouragan plus grande dans la première partie du cyclone que dans la dernière.

L'explication de cette particularité est assez facile.

On sait maintenant que toute la colonne qui constitue le phénomène des ouragans est reliée, par la tension électrique, aux couches atmosphériques supérieures qui, seules, donnent le mouvement de translation en entraînant à leur suite l'énorme trombe cyclonique.

Si le cyclone était un corps opaque il conserverait, pendant ce mouvement de translation, la forme régulièrement circulaire qu'il avait au début de sa formation, mais rien de plus élastique que les couches d'air qui le composent.

Ces couches d'air sollicitées par la force déterminante du mouvement de translation, force qui agit incessamment et toujours en avant pendant tont le parcours du cyclone, un allongement inévitable doit s'en suivre et la forme circulaire se changer en une espèce d'ellipse dont le grand axe est précisément dans la direction du mouvement de translation.

Cette traction dans le sens de la translation agit plus fortement sur la partie avant du météore que sur la partie arrière, car elle est favorisée par la puissance de la force centrifuge qui tend toujours à rejeter les molécules au dehors du tourbillon, et qui les chasse dans le sens de la translation pour la partie avant du météore, tandis qu'elle les pousse en sens contraire dans la partie arrière, de là cet allongement plus facile de la première partie du cyclone et par suite sa durée plus grande.

Plus le mouvement de translation sera rapide, plus la différence entre les deux parties du météore sera considérable, et les cyclones les plus violents seront aussi ceux qui se termineront le plus rapidement après le passage du centre.

Mais quelle forme définitive va donc affecter le cyclone puisque celle du cercle ne lui est plus applicable?

Si l'on raisonne par analogie, si l'on comprend que la lune, corps fluide dans le principe, a pris définitivement la forme elliptique sous l'influence de l'attraction constante de la terre, et que son mouvement de rotation se fait autour du foyer arrière de son ellipse, on est autorisé à penser que, par les mêmes motifs, la forme du cyclone doit être elliptique et que le point de plus grande raréfaction, centre du mouvement rotatoire, est situé au foyer arrière de l'ellipse qui représente la base du météore.

Cette hypothèse très probable, cette forme nouvelle que nous attribuons au cyclone va-t-elle changer les prescriptions et les règles que nous avons données pour reconnaître la position du centre; en un mot y a-t-il là cause d'erreur pour les navires qui se préoccupent surtout de fuir ce centre fatal?

Il est évident qu'il faudrait tenir grand compte de cet allongement du météore, si l'on recherchait une précision mathématique, mais est-ce possible et comment apprécier la valeur du grand axe de l'ellipse ainsi que la position des deux foyers?

Ce sont des questions bien obscures encore, mais qui ne peuvent pas cependant faire hésiter sur la manœuvre à adopter.

La position la plus critique pour un capitaine est de se trouver dans la partie avant du cyclone; c'est là surtout que la détermination exacte du centre présente le plus d'intérêt.

Or le mouvement de translation est si minime, par rapport à celui de rotation que la dépression reconnue au météore ne peut pas être bien considérable; d'ailleurs quelque puisse être l'allongement qui en résulte, la perpendiculaire à la direction du vent qui sert à indiquer la position du centre coupera toujours la trajectoire en avant du foyer arrière de l'ellipse où est très probablement le centre du cyclone ainsi que nous l'avons dit.

L'erreur de la position assignée au centre tendra donc à faire supposer qu'on s'en trouve plus près qu'on n'en est en réalité, on n'en manœuvrera par conséquent que plus promptement pour s'en éloigner, et il n'y a pas lieu de se préoccuper outre mesure de cette question, et qui ne peut en rien infirmer les règles pratiques données dans la première partie de cette étude.

Le météore une fois en marche, se meut à travers une atmosphère dont la densité va toujours en diminuant à mesure qu'on s'éloigne de la surface de la terre , les couches supérieures du cyclone , directrices du mouvement de translation, éprouvent donc une résistance moins grande à vaincre que cellesqui forment la base du phénomène. D'un autre côté , cette résistance, pour la base du cyclone, est encore augmentée par le frottement à la surface de la terre et par la tendance qu'auraient les couches inférieures à se diriger vers l'équateur, par suite de leur différence de température, si elles n'étaient soumises à la puissance électrique qui relie entr'elles toutes les parties constitutives du phénomène, l'axe est donc nécessairement incliné par rapport à l'horizon. *Inclinaison de l'axe du cyclone sur l'horizon*

C'est à cette inclinaison de l'axe que M. Piddington attribue la différence de la durée des deux parties des cyclones.

Il suppose que la base du météore reste à peu près perpendiculaire à l'axe et que, par conséquent, la partie arrière doit se relever au-dessus de l'horizon, de sorte qu'on n'en ressent pas la totalité , le cyclone prenant la forme qu'indique la figure 50.

S'il en est ainsi , ce serait une nouvelle cause à ajouter à celle que nous avons donnée, sans qu'elle en infirmât en rien la valeur; mais cette inclinaison de l'axe produit un autre effet dont nous allons nous occuper.

Il est impossible d'admettre qu'une colonne giratoire d'une aussi grande étendue, et dont l'axe est incliné sur l'horizon , puisse décrire une parabole d'une régularité parfaite; en raison des résistances qui s'opposent à la marche du météore, il est difficile de supposer que l'inclinaison de l'axe reste constamment la même ; la différence de densité des diverses couches atmosphériques rencontrées dans le parcours, le mouvement rotatoire lui-même doit donner à l'axe, et par suite à tout le météore, un mouvement oscillatoire; il en résulte qu'au lieu de décrire une parabole régulière, ainsi que nous l'avons établi , la course du cyclone est plutôt une spirale s'enroulant autour de la parabole dans le genre de celle indiquée par la figure 51. *La course d'un cyclone est une spire parabolique.*

C'est ce qui explique comment des navires ont vu le vent faire plusieurs fois et très rapidement le tour du compas, et comment les rafales étaient entremêlées d'accalmies plus ou moins prolongées; ces navires se trouvant près du centre du météore, étaient soumis à son action oscillante qui, tour à tour, les faisait entrer dans le calme central et les rejetait sur les bords voisins; de là ces rafales terribles auxquelles succédait un calme plus ou moins complet.

Les sautes de vent subites et effroyables qu'on considérait autrefois comme l'essence même des ouragans, typhons, tornades, etc. ne peuvent donc se présenter et ne s'offrent en effet que pour ceux qui se trouvent directement, ou à très peu près sur le parcours du centre d'un cyclone; dans toute autre position, les vents ne sautent jamais cap pour cap, leur variation quoique subite ne s'en fait pas moins d'une manière régulière, et ainsi que nous l'avons démontré dans la partie pratique. *Sautes de vent faisant rapidement le tour du compas.*

Il est inutile de faire remarquer que cette course en spirale ne peut modifier en rien les manœuvres que nous avons indiquées. C'est une raison de plus pour s'efforcer de fuir le centre si redoutable, mais la loi qui préside au mouvement de ces météores désastreux, et qui a été reconnu par les faits , n'en est pas sensiblement altérée.

11

Oscillations du baromètre au centre et au point de plus courte distance.

Les oscillations du baromètre au centre de l'ouragan, ainsi qu'au point de plus courte distance, s'expliquent tout naturellement par celles du météore lui-même ; le mouvement oscillatoire rapproche ou éloigne tour à tour le centre du cyclone du lieu de l'observation, et par suite le baromètre, arrivé à son point minimum, remonte ou retombe jusqu'à ce que la course du météore l'éloigne franchement et sans retour.

Dès qu'elle est en marche, la colonne rotatoire, qui projette au loin de vastes sillons circulaires sur la surface des mers, chasse devant elle, par son mouvement de translation, les molécules d'eau qui se trouvent sur son passage et il se forme ainsi un courant dans le sens du mouvement de translation, courant qui ajoute encore à la violence des ras de marée, et qui entraîne, pendant un temps toujours trop long, les navires qui ont eu la maladresse de se plonger au milieu du centre du cyclone, auquel ils ont alors la plus grande peine à échapper.

L'origine des cyclones doit se trouver dans une zone où règne le calme nécessaire ou plutôt indispensable à leur formation. On sait en effet que les phénomènes électriques ne se produisent que dans une atmosphère en repos ; les molécules pour se combiner et ressentir les effets de l'attraction électrique les unes par rapport aux autres, demandent à ne pas être en vibration constante par une autre cause que celle de l'attraction, c'est donc pendant l'hivernage, alors que l'alizé du S.E. se retire vers le Sud, que ce phénomène doit se montrer fréquemment.

Il en ressort tout naturellement que le lieu d'origine s'éloigne de l'équateur, à mesure que l'action plus puissante du soleil refoule plus au Sud les vents généraux.

Dès que le soleil, parvenu au terme de sa course au Sud de l'équateur, remonte vers le Nord, il repasse par des régions échauffées précédemment et où, par conséquent, son action est beaucoup plus énergique, l'aspiration solaire agit alors avec d'autant plus de facilité et la latitude du lieu de formation des cyclones est plus Sud que précédemment, plus près de $10°$ que de $5°$.

Cet effet se produit dans les mois du milieu de l'hivernage, en février et mars, aussi sont-ce les mois les plus dangereux pour les colonies de Maurice et la Réunion ; il est facile de voir à l'inspection d'une carte, qu'un cyclone, prenant naissance par $8°$ à $10°$ de latitude et se dirigeant de l'E.N.E. à l'O.S.O., doit passer très près de ces deux Iles ; c'est ce qu'on remarque chaque année.

Au début de la formation le diamètre du météore est de peu d'étendue, mais peu à peu la raréfaction intérieure s'accroit par l'effet même du mouvement rotatoire, de nouvelles molécules viennent s'ajouter à celles qui ont donné naissance au phénomène, le diamètre primitif s'étend à mesure que le cyclone progresse, jusqu'à ce que la tension électrique ne puisse plus faire équilibre à la force centrifuge, et que le météore soit saturé, pour ainsi dire, de molécules en mouvement.

Le mouvement de translation est peu intense au début ; nous avons dit qu'il était produit par l'attraction des couches supérieures entraînant à leur suite toute la colonne ; la résistance qu'offrent les couches atmosphériques environnantes au développement du mouvement de translation, le frottement des molécules de la base du cyclone sur la surface de la mer forment un obstacle qui ne peut pas être vaincu tout d'abord, aussi voit-on les cyclones animés d'un faible mouvement près du lieu de leur origine, par les latitudes de $5°$ à $10°$.

Il est encore un autre obstacle dont nous devons dire un mot : Tous ceux qui fréquentent nos mers savent que, dans l'hivernage, il existe un courant de l'O. à l'Est près de l'équateur et jusque par 5° et 6° de latitude Sud, c'est donc pour les cyclones une nouvelle résistance à surmonter et qui doit contribuer encore à les rendre presque stationnaires à leur début.

Peu à peu cependant les résistances diverses sont vaincues, le mouvement de translation devient de plus en plus rapide par les raisons que nous avons données précédemment, et le cyclone s'avance, semant l'effroi la terreur et le deuil sur son passage.

Mais le phénomène contient en lui-même le germe de sa destruction prochaine : A mesure qu'il s'avance dans sa trajectoire il court vers des régions plus froides que celles du point de départ, les molécules constitutives du météore se condensent en ces pluies torrentielles dont nous avons parlé, l'électricité, cause efficiente du phénomène, se dégage à grands courants, l'équilibre qui existait est rompu et la force centrifuge, n'étant plus contrebalancée, reprend ses droits, ce qui se traduit par une augmentation du diamètre du météore.

Plus on avance vers le Sud, plus la condensation est active plus aussi le dégagement d'électricité est considérable ; le cyclone perd en violence ce qu'il gagne en étendue jusqu'à ce qu'enfin à force de dégagements électriques, la force centrifuge n'étant plus équilibrée le fasse s'anéantir. Au point de départ quelques lieues mesurent son étendue, et des centaines de milles sont embrassées par le météore au moment où il s'affaisse sur lui même, effet qui se produit généralement par une latitude de 30° à 35°, dans la saison de l'hivernage.

Plus les dégagements électriques seront rapides plus vite le météore disparaîtra, aussi arrive-t-il quelquefois qu'un cyclone termine sa course avant d'avoir atteint ces latitudes élevées, et sans accomplir la seconde branche de sa parabole qui, alors, reste incomplète.

On a remarqué quelque fois que des ouragans diminuaient de vitesse, devenant presque stationnaires au milieu de leur course, pour reprendre ensuite la marche qu'ils avaient d'abord.

Qu'une grande masse d'air en mouvement règne dans un lieu situé sur la trajectoire d'un cyclone, il est évident qu'elle opposera une résistance qui finira probablement par être vaincue mais qui, avant de l'être, aura été cause d'un ralentissement dans la marche du phénomène.

Il peut même arriver que la résistance opposée soit assez considérable pour forcer la colonne tourbillonnante à passer au dessus de la masse d'air dont nous venons de supposer l'existence, le cyclone épargnerait ainsi les lieux préservés par cette cause accidentelle, et irait s'abattre plus loin en se rapprochant de la surface terrestre où la puissance dévastatrice recommencerait ses effets désastreux.

C'est ce qui a été observé dans quelques rares circonstances, et c'est ainsi qu'on peut se rendre compte de cette anomalie apparente.

Si l'on a bien saisi la manière dont se forment les ouragans et quelle est leur force créatrice, on comprendra facilement que sur la vaste étendue de mer, soumise dans l'océan Indien à la vaporisation du soleil, les mêmes effets puissent se produire en deux lieux différents, et que deux cyclones puissent prendre naissance à peu près au même moment et à une certaine distance l'un de l'autre.

Une fois formés, ces deux météores vont suivre la courbe parabolique à laquelle ils sont soumis sans jamais se confondre, puisque la force centrifuge, qui résulte du mouvement particulier à chacun d'eux, les éloignera l'un de l'autre.

Nous voyons, pendant notre saison d'hivernage, ce phénomène se présenter assez souvent, j'ajouterai même que cette action simultanée du soleil, sur différents points, me semble plus que probable et qu'il doit arriver, pour ainsi dire presque toujours , que plusieurs cyclones voyagent ensemble et à peu près dans le même temps.

Cyclones pendant toute l'année.

L'action solaire étant la cause principale de la formation des ouragans on doit comprendre qu'il puisse y avoir des cyclones en mouvement pendant toute l'année ; la puissance du soleil , tout en étant moins intense dans les mois qui ne font pas partie de la saison d'hivernage, existe toujours et l'aspiration dans les régions équatoriales est incessante ; que, par une cause quelconque, l'alizé du S.E. vienne à manquer, un vide se forme sous l'influence solaire et donne naissance à un tourbillon , mais comme l'aspiration est moins énergique, les branches de la parabole sont moins reserrées, le mouvement de translation étant dû surtout à la force calorique qui entraine les molécules équatoriales vers le pôle Sud ; les cyclones ainsi formés, par 4° à 5° de latitude et 90° à 100° de longitude , se dirigent alors du N.N.E., au S.S.O., et ne depassant pas la longitude de 60° à 70° , n'atteignent jamais les îles Maurice et la Réunion.

On comprend facilement que ces cyclones doivent être peu nombreux, l'alizé du S.E. se fait sentir dans cette saison jusqu'au Nord de l'équateur, et il souffle avec tant de régularité qu'il laisse difficilement place aux tourbillons, aussi n'en rencontre-t-on que très rarement en dehors des mois d'hivernage.

Explication des cyclones ou tempêtes du Cap de Bonne-Espérance, dans les mois de juin à octobre.)

Mais il se produit un autre phénomène très remarquable : l'alizé du S.E. forme, pour ainsi dire, un écran qui empêche l'aspiration solaire de se faire sentir à la surface de la terre, où les molécules d'air sont toujours en vibration ; au dessus des couches d'air obéissant à l'impulsion des vents alizés le calme existe , l'action du soleil développe toute son énergie et donne naissance à des tourbillons dont la base se trouve à la limite supérieure de la couche des vents alizés.

Ces tourbillons, sont mis en mouvement par les mêmes causes et de la même manière que ceux qui circulent à la surface de la terre, seulement ils ne peuvent jamais l'atteindre, préservée qu'elle est par l'interposition de la couche des vents alizés.

Dès que cette interposition cesse et aussitôt que ces colonnes tourbillonnantes rencontrent une atmosphère calme, elles se rapprochent de la surface de la terre, à l'électricité de laquelle elles se combinent.

C'est à la limite Sud de l'alizé du S.E. que ce phénomène peut se produire, par la latitude de 30° à 35° environ, où les cyclones parcourent la seconde branche de leur parabole, et c'est ce qui explique comment les tempêtes du Cap de Bonne-Espérance sont de véritables cyclones, qui se manifestent également dans toute l'étendue de mer située par les mêmes latitudes.

On comprend maintenant pourquoi les tempêtes du Cap de Bonne-Espérance n'existent d'une manière continue que dans les mois d'hiver , alors que la belle saison règne dans les régions intertropicales. Dans l'hivernage les cyclones courbent en général, et décrivent leur seconde branche, par une latitude moindre que celle du Cap de Bonne-Espérance, et cette saison, si redoutable pour nos pays, est au contraire la plus favorable pour doubler le Cap des Tempêtes.

Le passage de ces cyclones dans la seconde branche de leur parcours et par les latitudes de 35°, donne naissance aux ras de marée qui sévissent si violemment à Saint-Pierre, de juin à octobre, et dont les ondulations arrivent jusqu'à Saint-Paul où de faibles ras de marée près de terre se font sentir; ces ras de marée ne parviennent pas jusqu'à Saint-Denis, mais les brises d'Ouest, qui sont la conséquence de la course de ces cyclones au Sud de la Réunion, soufflent plus ou moins fraîches et de là cette explication de la baisse du baromètre à Saint-Denis avec des vents de cette partie.

Toutes les fois que les vents d'Ouest sont frais à Saint-Denis, on peut dire, presqu'à coup sûr, qu'il existe un ras de marée à Saint-Pierre et souvent à Saint-Paul, et par suite un cyclone au Sud de la Réunion à grande distance.

On expliquait la baisse barométrique à Saint-Denis avec les vents d'Ouest, en supposant qu'ils provenaient de Madagascar où la terre plus échauffée que la Réunion, dilatait l'air qui passait au-dessus de la grande île africaine, et qui nous arrivant ainsi plus léger, produisait une baisse barométrique.

Comme on le voit, l'explication est tout autre et elle est toute naturelle.

D'ailleurs, pourquoi l'île de Madagascar s'échaufferait-elle plus que la Réunion à latitude égale? Les montagnes de Madagascar sont bien plus élevées que nos Salazes et les régions des sommets, par conséquent, plus glacées, le contraire devrait donc avoir lieu, si cette raison était la vraie.

Cette idée des vents d'Ouest provenant de Madagascar donne lieu encore à une autre erreur étrange. Chaque fois qu'ils règnent, on entend dire: ces vents me font mal à la tête, ils agacent les nerfs, on voit bien qu'ils nous portent les miasmes pestilentiels de Madagascar.

L'explication de ces diverses sensations est des plus simples, si l'on admet que les vents d'Ouest font partie d'un vaste cyclone qui passe au loin, dans le Sud de la Réunion, dans la deuxième branche de la parabole.

Ne sait-on pas qu'avant l'arrivée des cyclones passant au Nord de la Réunion, dans leur première branche, le même effet se produit avec les vents de S.E. et d'Est? Qui n'a pas remarqué combien la respiration est gênée, l'oppression fatigante avant que l'ouragan soit déclaré? Tout le monde éprouve un malaise très sensible et on ne pense pas à l'attribuer à Madagascar.

On n'a pas songé que si cet effet provenait de la direction même des vents d'Ouest, Saint-Paul, qui les ressent 230 fois au moins dans l'année sur 365, serait presque inhabitable pour les habitants qui vivraient dans un état presque constant d'oppression.

Il n'en est heureusement rien pour ce quartier, les vents de la partie de l'Ouest y sont les vents généraux, comme les vents de la partie Est sont ceux des quartiers du vent de l'île, aussi la hauteur barométrique y est-elle toujours plus considérable avec les vents d'Ouest qu'avec les vents d'Est, qui font au contraire baisser le baromètre à Saint-Paul.

Les vents d'Est en effet, n'y peuvent parvenir que lorsque la régularité des vents généraux est troublée et lorsqu'une perturbation existe dans l'atmosphère, perturbation généralement produite par le passage d'un cyclone dans les environs, les mêmes causes produisent alors les mêmes effets, et le baromètre baisse à Saint-Paul avec les vents d'Est de la même manière qu'ils baissent à Saint-Denis avec les vents d'Ouest; il est à remarquer alors que le même sentiment de malaise se manifeste à Saint-Paul lorsque les vents de l'E. au N.E. s'y font sentir.

Diamètre des ouragans. D'après ce que nous venons de dire de l'influence sur la Réunion des cyclones, dont le centre voyage par 35° et même 40° de latitude, dans les mois de juin, juillet et août, on peut se rendre compte de l'étendue de ces météores.

Plus ils s'avancent vers le Sud, plus leur diamètre augmente, ainsi que nous avons déjà eu occasion de le dire, et nous voyons que, par les latitudes de 35° à 40°, leur influence s'étend jusqu'à 900 et même 1,200 milles du centre, sans souffler en ouragan, bien entendu, mais assez pour annuler la régularité des vents alisés et les remplacer par des vents appartenant au demi cercle dangereux du météore.

Plus au Sud que le centre on doit rencontrer le demi-cercle maniable atteignant des latitudes très élevées, et c'est ce qui m'a fait indiquer cette route nouvelle à essayer pour le passage du Cap de Bonne-Espérance dans les mois d'hiver.

Quoique provenant de renseignements peu nombreux, les cartes de Maury donnent raison à la théorie, car elles indiquent que les vents de la partie N.E. sont plus fréquents que ceux du N.O. et du S.O. pendant les mois de mai à septembre. Je ne vois donc que l'objection des glaces qui puisse faire hésiter un capitaine; encore n'y a-t-il pas de raison pour qu'on en rencontre plus qu'au cap Horn qu'il faut bien doubler par 56° au moins de latitude lorsqu'un navire se rend dans les mers du Sud ou qu'il en revient.

Dans ce demi-cercle maniable il ne doit pas être nécessaire de s'éloigner beaucoup du centre pour n'avoir pas de rafales trop violentes. La grande vitesse de translation des cyclones, en général, par ces latitudes élevées fait que la différence des deux demi-cercles est considérable, et les vents d'Est de la partie maniable ne doivent y souffler tout au plus qu'en grandes brises; peut-être alors suffirait-il d'atteindre la latitude de 45° pour doubler le Cap de Bonne-Espérance avec des vents d'Est.

Hauteur des cyclones au dessus de l'horizon. Nous avons constaté dans la partie pratique, par des observations faites à la Réunion, quelle était la hauteur de quelques cyclones au-dessus de l'horizon, et on aura peut-être été surpris de voir des phénomènes, embrassant 800 à 900 milles de diamètre dans la première partie de leur parabole, n'avoir que 3,000 à 4,000 mètres de hauteur.

Cependant l'étonnement doit cesser si l'on a bien compris que le météore est renfermé entre la surface terrestre et la couche de nuages électriques qui dirigent le mouvement; on a vu souvent, sur de hautes montagnes, les orages circuler au-dessous des observateurs tandis que le sommet des montagnes restait dans un calme parfait et que le ciel conservait une pureté admirable. Il en est de même des cyclones dont la partie supérieure n'atteint pas quelquefois le sommet de nos Salazes, delà ces effets si remarquables produits par la réflexion de nos montagnes.

Lorsque le vent souffle droit en côte et perpendiculairement à la chaîne qui s'élève au milieu de l'île, une réaction contraire se produit, le vent se réfléchit sur lui-même avec la même intensité et le calme existe près de terre, pendant qu'au large, à quelques milles à peine, les navires sont soumis à tous les assauts d'une tempête affreuse.

Nous voyons ainsi deux parties de l'Ile épargnées: l'une par l'interposition des montagnes qui forment écran et produisent le calme derrière elles, l'autre par la réflexion de ces mêmes montagnes qui produisent également une accalmie en avant; phénomène très curieux et qu'il serait difficile d'admettre, si les faits n'étaient venus le confirmer chaque fois qu'on a eu occasion de l'observer.

Mais ces modifications profondes aux effets résultant du passage d'un cyclone près d'une terre élevée, n'en altèrent pas le moindrement la course et nous le voyons poursuivre sa carrière ravageant, plus loin encore, les pays qui se trouvent sur son passage.

Il semble que ces terribles fléaux ont une mission à accomplir, mission marquée à l'avance dans les décrets de la Providence et qu'aucune puissance humaine, aucun obstacle ne saurait arrêter.

En admettant cette dernière supposition il reste à se demander pourquoi tant de désastres chaque année et quel en est le but final ? But des ouragans,

Nous avons déjà fait pressentir, dans la partie pratique, le rôle assigné aux cyclones. La saison de l'hivernage serait la ruine des moissons de la zône torride, si des pluies fréquentes ne venaient tempérer le climat de ces contrées brulantes ; il fallait donc que l'eau, vaporisée par le soleil dans les régions équatoriales, vient se déverser sur les pays intertropicaux et c'est là la raison d'être des cyclones. Ce sont les moteurs destinés à nous conduire les pluies indispensables à nos climats, c'est au passage de ces cyclones au loin que nous devons ces pluies torrentielles qui nous fournissent ces grandes masses de sels amoniacaux, d'acide carbonique et d'électricité si favorables à la végétation ; pluies bienfaisantes et dont l'action salutaire parvient souvent à réparer les désastres causés par le parcours du centre d'un ouragan.

Si l'on tient compte des bienfaits qui en résultent, si l'on est bien pénétré de cette vérité que des cyclones sillonnent nos mers en grand nombre, tandisque très peu frappent les lieux habités, on en arrive à se dire que, comme chaque chose ici bas, les cyclones ont leur but utile qui dépasse de beaucoup les effets désastreux qui en résultent quelquefois, et qu'il serait bien fâcheux que ces météores vinssent à cesser tout à coup.

Un jour viendra peut-être où, tout en profitant des pluies favorables des cyclones passant au loin, on parviendra à détourner ou du moins à amoindrir les calamités qui accompagnent ceux que leur route dirige sur un pays habité ?

La science cyclonomique est un pas immense par les conséquences déjà réalisées pour la sureté de la navigation ; bientôt pas un navire ne naviguera sans un moteur auxiliaire, et les marins se trouveront désormais à l'abri de ces chances terribles qui ont fait jusqu'ici partie essentielle des voyages lointains.

Les terres seules restent exposées aux ravages de ces phénomènes dont le choc est si funeste, mais dans ce siècle de lumière qui donc oserait assigner des limites au génie humain ?

Lorsque de nouvelles observations auront mieux fait connaître encore la nature et les phénomènes constitutifs de ces météores merveilleux, lorsque la science aura enlevé complètement le voile qui nous les cache et dont nous avons à peine soulevé un coin, alors cet ennemi n'aura plus rien de redoutable, car un ennemi connu est à l'avance vaincu !

Déjà nous savons que l'attraction électrique est la cause principale des ouragans, et tous les esprits sont à la recherche d'un puissant moteur électrique. Dès qu'il sera trouvé, peut-être sera-t-il possible d'opposer l'électricité des hommes à celle de la nature !

Nous voyons des décharges d'artillerie renverser et anéantir des trombes de peu d'étendue, et on pensait autrefois à tort quelles suffiraient pour annuler les ouragans ; pourquoi des décharges électriques n'arriveraient-elles pas à produire ce qu'on a en vain cherché à réaliser par des commotions atmosphériques. La science de l'électricité est dans l'enfance et déjà elle a créé des merveilles inattendues, ayons confiance dans l'avenir et que chacun apporte son contingent de lumières en vue d'éclairer une question si intéressante pour l'humanité tout entière.

Je m'arrête sur cette pensée consolante ; j'ai terminé tout ce que j'avais à dire sur les ouragans de l'hémisphère austral, il est probable que ces diverses explications ne satisferont pas tous nos lecteurs mais il ne faut pas oublier que la partie pratique reste entière et ne dépend pas de la manière dont on se rend compte des faits qu'elle renferme. D'autres viendront ensuite qui compléteront ce qui est incomplet, éclaireront les points incertains et achèveront de donner à cette théorie toute la certitude qu'on est en droit d'en attendre.

Depuis que j'ai commencé la publication de cette étude, j'ai eu entre les mains le remarquable travail de M. Lartigue Capitaine de vaisseau, sur les ouragans de toutes les parties du monde.

C'est un plan général qui embrasse l'ensemble des connaissances sur la matière et auquel viendront se rattacher les études particulières de chaque partie du globe.

Maury poursuit ses admirables investigations avec cette ardeur qui anime la foi profonde ; sa patience, son opiniatreté ne reculent devant aucun obstacle et sont à la hauteur de la tâche qu'il s'est tracée ; aussi est-il permis d'espérer que bientôt la connaissance des phénomènes météréologiques sera familière à tous les marins qui ont tant d'intérêt à n'en ignorer aucun.

Quelques uns combattent encore et opposent une résistance systématique, mais que peut faire désormais une routine obstinée ? L'avenir est à la science et son triomphe, pour être retardé, n'en est que plus certain !

Avant peu les vérités qu'elle renferme resplendiront d'une lumière si éclatante, et seront répétées par des échos si retentissants que les aveugles ouvriront les yeux à l'évidence, et que les sourds seront forcés de prêter une oreille attentive !

Avant peu un marin rougira d'avouer qu'il ignore les lois de la science cyclonomique et nous nous réjouirons, si par nos efforts, dans notre modeste sphère, nous avons contribué à obtenir une partie de ce résultat si désirable.

FIN.

TABLE DES MATIÈRES.

CHAPITRE V.

CHAPITRE VI.

CHAPITRE VII.

CHAPITRE VIII.

ERRATA.

Page 7, ligne 44. — Au lieu de : cette remarque importante est parfaitement exacte, lisez : cette remarque importante conserve toute sa valeur.

Page 12 ligne 11. — Au lieu de : du *D'Après* et du *Meunier*, lisez : du *D'Après* et du *Saint-Vincent de Paul*.

Page 13 ligne 31. — Au lieu de : d'une étendue et d'une durée variable, lisez : d'une étendue variable.

Page 13 ligne 33. — Au lieu de : suivant une direction variable, lisez : suivant une direction différente.

Page 82 ligne 42. — Au lieu de : suivant la ligne C D, lisez : suivant la ligne *b c*.

Page 82 ligne 42. — Au lieu de : voyageant du N.O. au S.E. de X en Y, lisez : voyageant du N.O. au S.E. de X' en Y'.

Page 85 ligne 34. — Au lieu de : les distances I I'', I G, I' I'', I' H, lisez : les distances I I', I G, I' I'', G H.

Page 110 ligne 43. — Au lieu de : enfin orage plus ou moins violent, lisez : enfin quelquefois orage plus ou moins violent.

Page 114. — Quelques feuilles ont une erreur grave qui exige un remaniement complet du cinquième paragraphe :

Ligne 31. — Au lieu de : règne en bas, lisez : faible brise du S. au S.O. règne en bas.

Ligne 32. — Supprimez : faible brise du S. au S.O.

Ligne 33. — Supprimez : moindrement gênées, et au lieu de : vient un peu houleuse, lisez : devient un peu houleuse.

Ligne 34. — Au lieu de : en soient le et les cumulus, lisez : en soient le moindrement gênées et les cumulus.

Fig. 1.

5,3   5,4   5,5   5,6   57   58
19.
20.
21.
22.
23.
24.
25.
Palémon.
Vent O. à O.N.O.
Sémillante.
Vent N.O.
Vent O. à O.N.O.
Maurice
Vent S.S.O. au S.O.
Réunion
Centre des diverses circonférences.
Roodolphe.
Vent N.N.E. à N.E.
Lukin.
Vent N.N.E. à N.E.

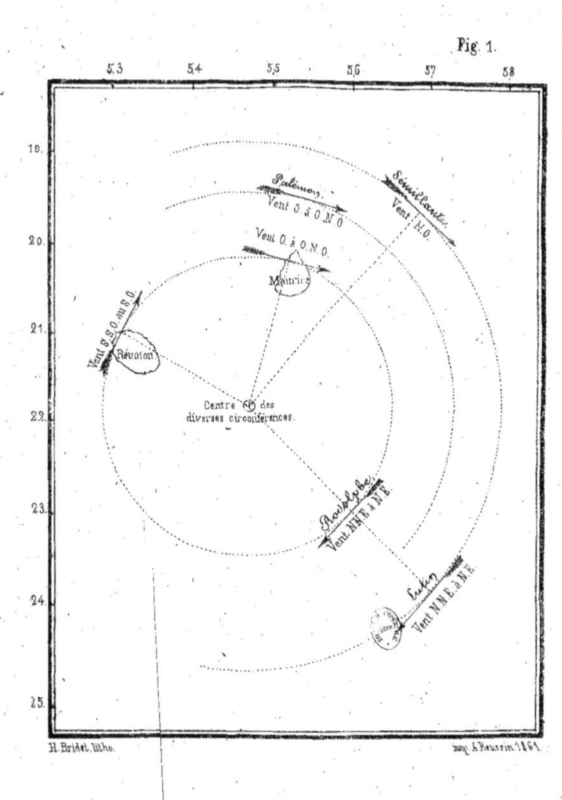

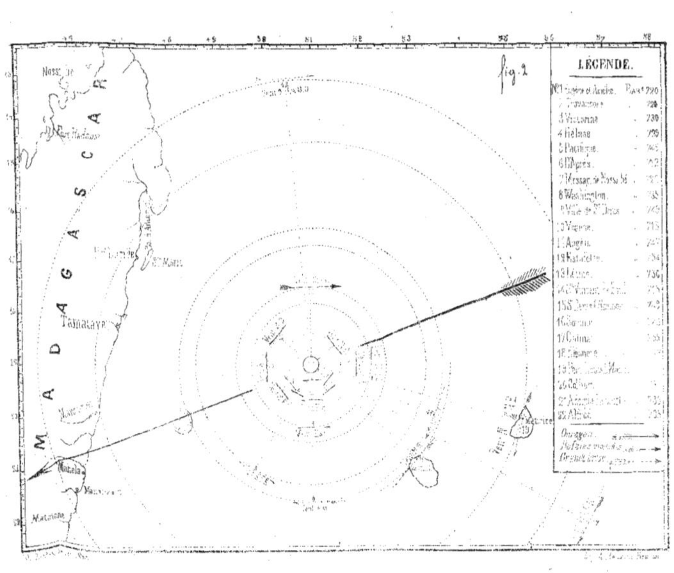

fig. 2
MADAGASCAR
Nossi Bé
Port Radama
Tamatave
LÉGENDE.
N°1 ... et Anche.   Page 720
2 ...   728
3 Victoria ...   730
4 Helena ...   729
5 Pacifique ...   745
6 D'Apres ...
7 Messag. de Nossi bé ...
8 Washington ...
9 Ville de S¹ Denis ...   745
10 Virginie ...   715
11 Angen ...
12 Natal ...   734
13 Léon ...   736
14 ...
15 ...
16 ...
17 Colina ...
18 ...
19 ...
20 Odium ...
21 ...   735
22 Albert ...   735
Ouragan
Rafales
Grande pluie

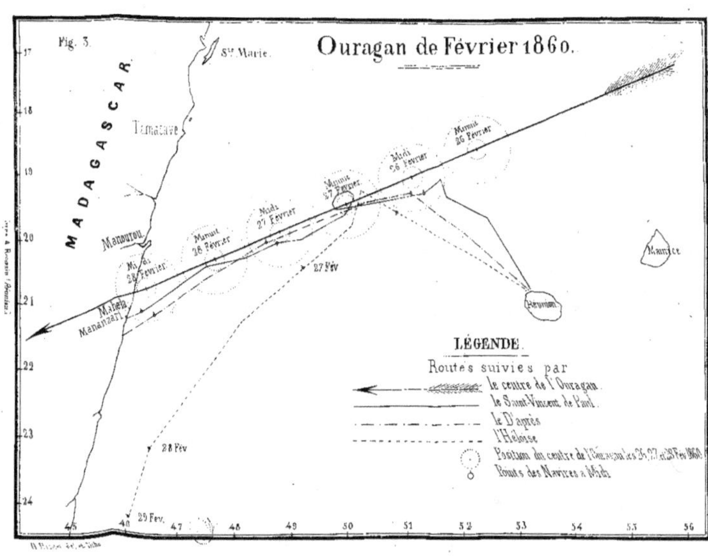

Fig. 3.
Ouragan de Février 1860.
MADAGASCAR
Ste Marie
Tamatave
Mandourou
Maheta
Mananzari
Minuit 28 Février
Midi 28 Février
Minuit 27 Février
Midi 27 Février
Minuit 27 Février
Midi 26 Février
Minuit 26 Février
27 Fév
28 Fév
29 Fév
Maurice
Réunion
LÉGENDE.
Routes suivies par
le centre de l'Ouragan.
le Saint-Vincent de Paul.
le D'Après
l'Héloïse
Position du centre de l'Ouragan les 26, 27 et 28 Fév 1860
Routes des Navires à Midi

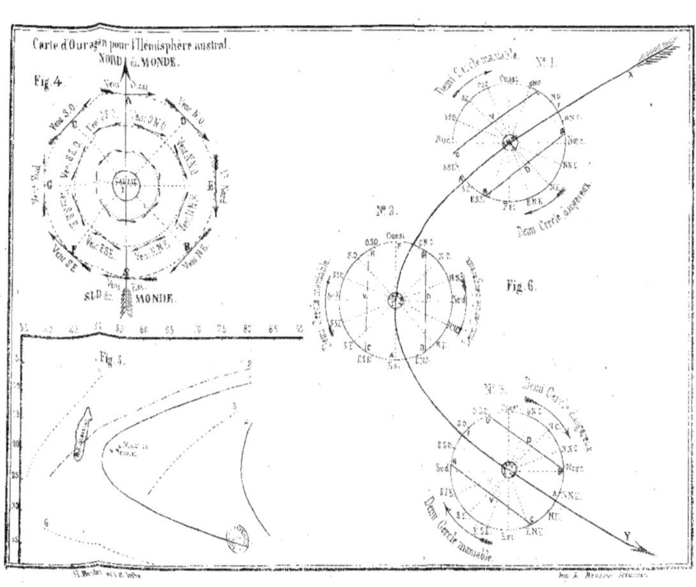

Carte d'Ouragan pour l'Hémisphère austral.
NORD du MONDE.
Fig. 4.
SUD du MONDE.
Fig. 5.
Fig. 6.
No 1.
No 2.
No 3.
Demi Cercle maniable.
Demi Cercle dangereux.
Demi Cercle maniable.

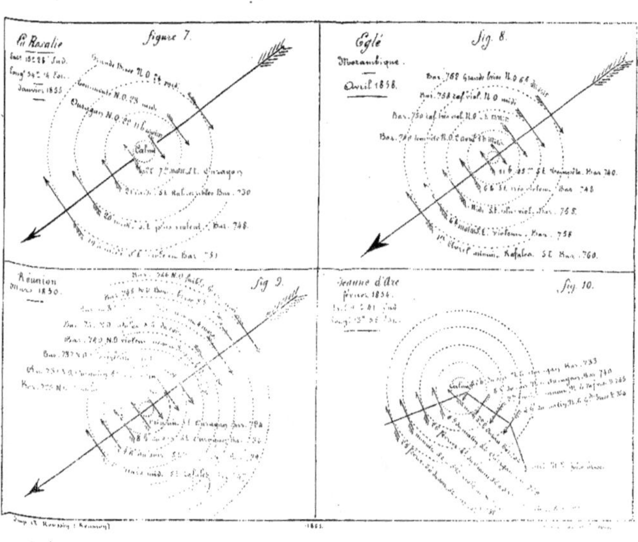
Ste Rosalie
figure 7.
Eglé
fig. 8.
Mozambique.
Avril 1858.
Réunion
Mars 1850.
fig. 9.
Jeanne d'Arc
février 1854.
fig. 10.

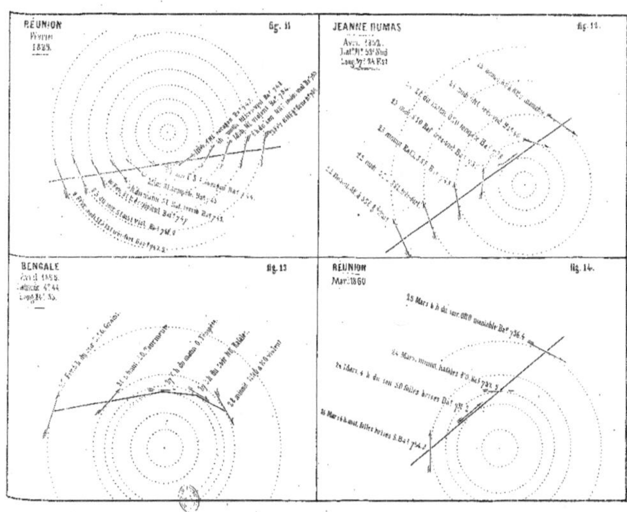

RÉUNION
Février
1829.
fig. 11.
JEANNE DUMAS
Avril 1852.
Lat. N. 53° Sud
Long. 57° 24 Est
fig. 12.
BENGALE
Avril 1855.
Latitude 4° 44
Long. 84° 35.
fig. 13.
RÉUNION
Mars 1860
fig. 14.

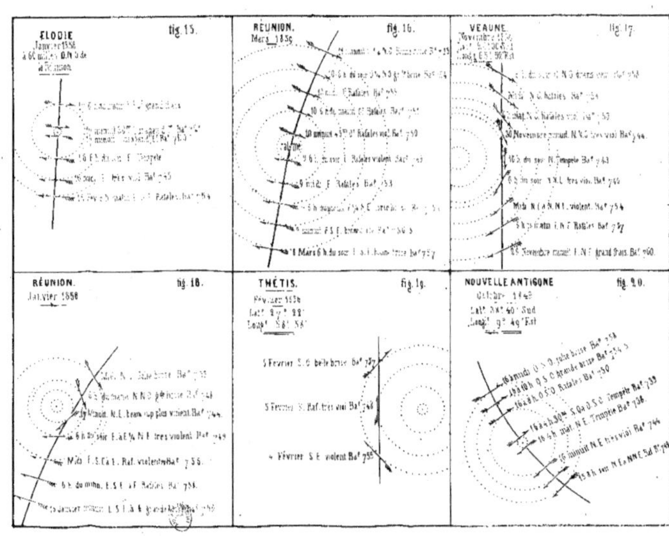

ÉLODIE
Janvier 1856
à 60 milles O.N.O de
à Réunion.
fig. 15.
RÉUNION.
Mars 1856
fig. 16.
VEAUNE
fig. 17.
RÉUNION.
Janvier 1856
fig. 18.
THÉTIS.
Février 1856
fig. 19.
NOUVELLE ANTIGONE
Octobre 1848
fig. 20.

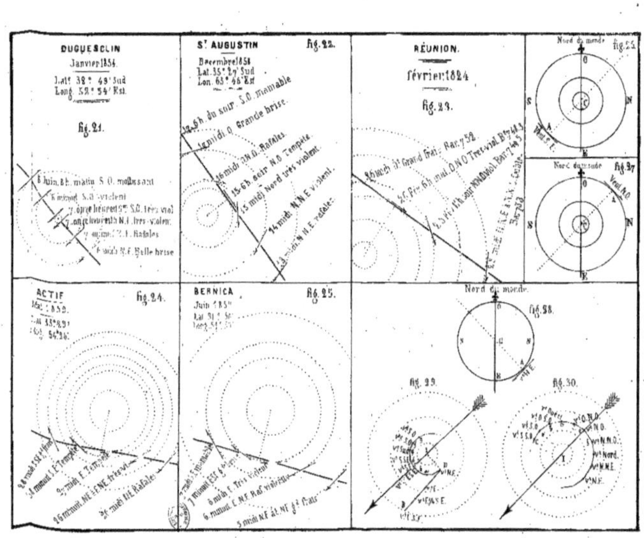

DUGUESCLIN
Janvier 1854.
Lat. 38° 49' Sud
Long. 52° 54' Est.
fig. 21.
ST AUGUSTIN
fig. 22.
Décembre 1851
Lat. 35° 27' Sud
Lon. 63° 46' Est
RÉUNION.
Février 1824
fig. 23.
Nord du monde
fig. 26.
Nord du monde
fig. 27.
ACTIF
fig. 24.
BERNICA
fig. 25.
Juin 1854
Nord du monde.
fig. 28.
fig. 29.
fig. 30.

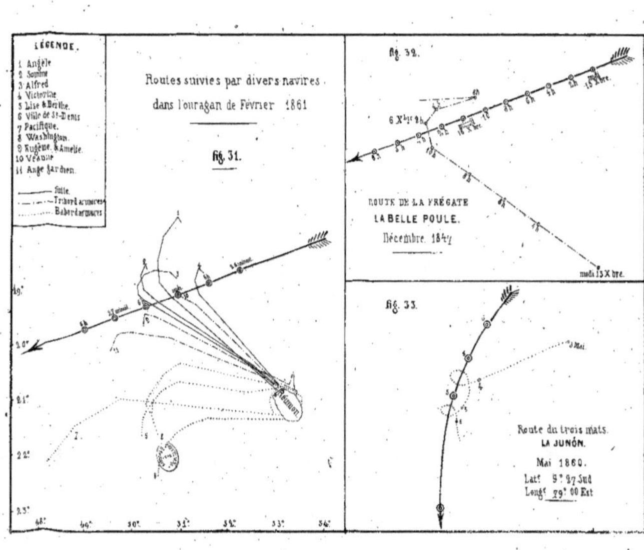
LÉGENDE.
1 Angèle
2 Somme
3 Alfred
4 Victorine
5 Lise & Berthe.
6 Ville de St-Denis
7 Pacifique.
8 Washington.
9 Eugène & Amélie.
10 Véanie
11 Ange Gardien.
Fuite.
Tribord amures
Babord amures
Routes suivies par divers navires
dans l'ouragan de Février 1861
fig. 31.
fig. 32.
6 X.bre 9 h
ROUTE DE LA FRÉGATE
LA BELLE POULE.
Décembre. 1847
midi 15 X.bre.
fig. 33.
3 Mai
Route du trois mâts.
LA JUNÓN.
Mai 1860.
Lat: 9° 37 Sud
Long: 79° 00 Est

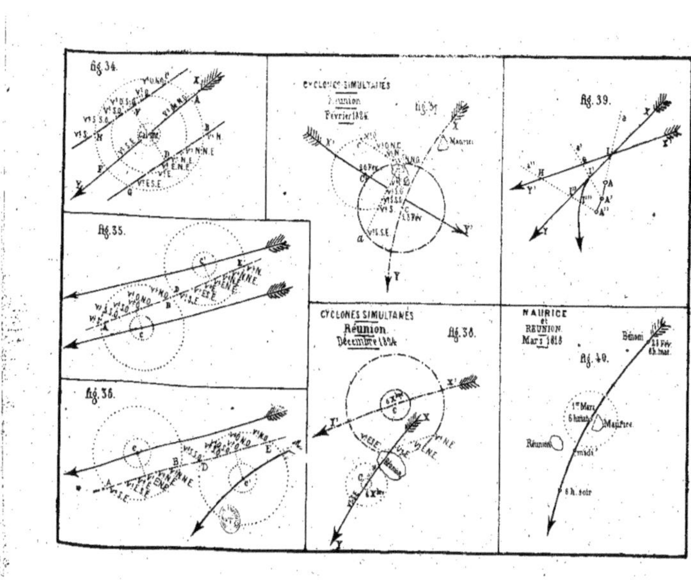

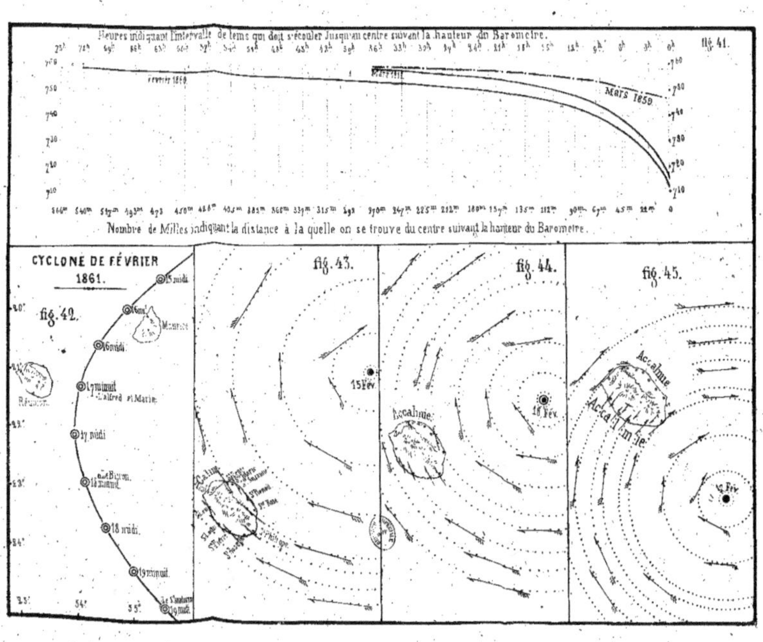

Heures indiquant l'intervalle de tems qui doit s'écouler jusqu'au centre suivant la hauteur du Baromètre.
fig. 41.
Février 1859
Mars 1859
Nombre de Milles indiquant la distance à laquelle on se trouve du centre suivant la hauteur du Baromètre.
CYCLONE DE FÉVRIER
1861.
fig. 42.
Maurice
Réunion
Alfred et Marie
Biron
fig. 43.
15 Fév.
Accalmie
fig. 44.
16 Fév.
Accalmie
fig. 45.
Accalmie
17 Fév.

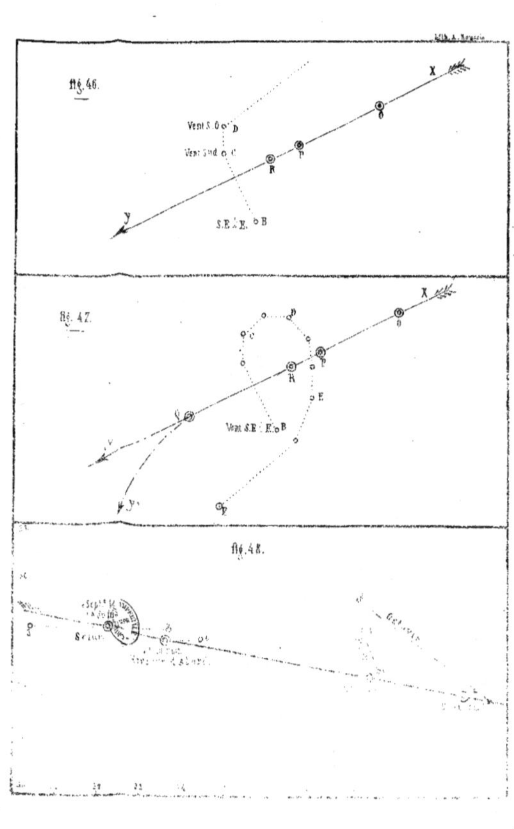
fig. 46.
X
Vent S. O o D
Vent Sud o C
R
P
O
y
S.E.⅓E. o B
fig. 47.
X
D
C
B
R
P
O
E
Q
Vent S.E.⅓E. o B
E
y
fig. 48.

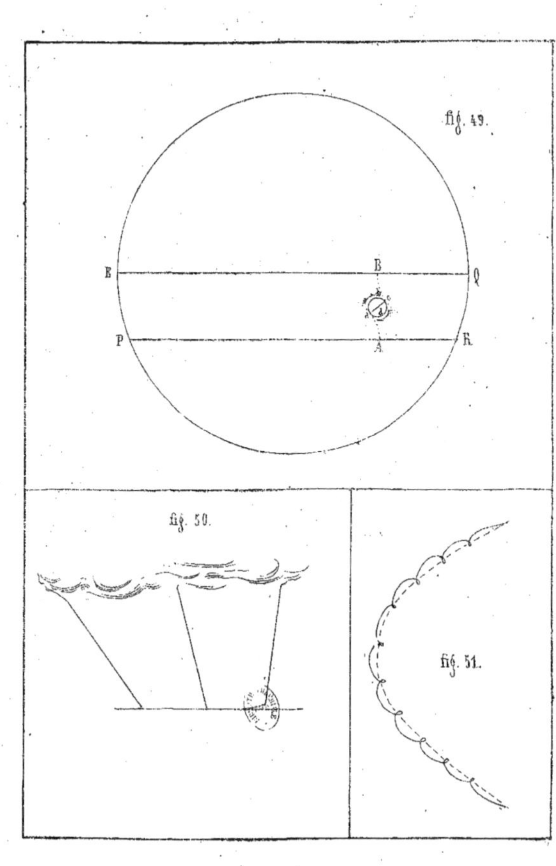

fig. 49.

fig. 50.

fig. 51.